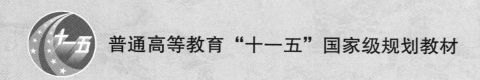

普通高等教育"十一五"国家级规划教材

高等院校精品课程系列教材·省级

C语言程序设计教程

第4版

朱鸣华 罗晓芳 董明 孟军 汪德刚 编著

精课品程

U0191355

C

Programming

Fourth Edition

机械工业出版社

China Machine Press

图书在版编目（CIP）数据

C 语言程序设计教程 / 朱鸣华等编著 . —4 版 .—北京：机械工业出版社，2019.8（2024.2 重印）

（高等院校精品课程系列教材）

ISBN 978-7-111-63415-7

Ⅰ . C…　Ⅱ . 朱…　Ⅲ . C 语言 – 程序设计 – 高等学校 – 教材　Ⅳ . TP312.8

中国版本图书馆 CIP 数据核字（2019）第 164826 号

本书介绍利用 C 语言进行程序设计的基本知识。全书共 11 章，主要内容包括：C 语言的基本概念，数据类型、运算符与表达式，数据的输入和输出，选择结构，循环结构，数组，函数，编译预处理，指针，结构体与共用体，文件等。每章配有大量的习题，便于读者巩固所学知识，掌握程序设计的基本方法和编程技巧。

本书力求概念叙述准确、严谨，语言通俗易懂，适合作为高等院校理工科非计算机专业的 C 语言程序设计课程教材，也可供工程技术人员参考。

出版发行：机械工业出版社（北京市西城区百万庄大街 22 号　邮政编码：100037）

责任编辑：迟振春　　　　　　　　　　　　责任校对：李秋荣

印　　刷：北京铭成印刷有限公司　　　　　版　　次：2024 年 2 月第 4 版第 10 次印刷

开　　本：185mm×260mm　1/16　　　　　印　　张：18

书　　号：ISBN 978-7-111-63415-7　　　　定　　价：59.00 元

客服电话：（010）88361066　68326294

前　言

《C 语言程序设计教程》自 2007 年 2 月出版发行第 1 版以来，被多所学校程序设计课程选用，是学习 C 语言程序设计的理想教材。

为了适应计算机科学技术的发展，更好地满足人工智能、互联网＋形势下高校计算机教学的需求，本教材进行了第 4 版修订。第 4 版共分 11 章，在原教材的基础上进行了语言平台的升级及内容的修订，主要调整如下：

1）程序设计语言平台升级为 Visual C++ 2010，书中实例均在 Visual C++ 2010 环境下调试通过，并在《C 语言程序设计习题解析与上机指导　第 3 版》中对 Visual C++ 2010 环境进行了详细的介绍，方便学生自主学习。

2）对各章节的文字叙述进行了完善和修改。

3）增加了部分章节中的课后习题，以及趣味程序设计实例，以激发学生的学习兴趣。

4）每章都配有精心设计的例题和习题，并配有实验指导教材。

5）为满足学时的安排和教学需要，重新调整了章节的组合，删除了第 2 章"算法与程序设计基础"和第 12 章"面向对象程序设计与 C++ 基础"。

第 4 版秉承原来版本内容全面、衔接有序、通俗易懂、习题丰富以及实践性强的特点，符合社会发展的需要，便于高校程序设计课程的教学安排，以及结合与之配套的国家精品在线开放课程开展线上线下混合式教学实践。

本书第 1 ～ 3 和 5 章由罗晓芳编写，第 4、7 和 8 章由朱鸣华、汪德刚编写，第 6 和 11 章由董明编写，第 9 和 10 章由孟军编写，全书由朱鸣华、罗晓芳统稿。

第 4 版的修订是在第 3 版的基础上进行的，感谢参与第 3 版编写工作的刘旭麟、李慧、杨微、孙大为、赵晶。在本书的编写过程中还得到了大连理工大学程序设计基础课程教学团队各位老师的大力支持和帮助，在此表示诚挚的谢意。由于编者水平有限，书中难免存在疏漏和谬误之处，敬请广大读者指正。

编　者
2019 年 5 月

目　录

第 1 章

C 语言概述

1.1 程序设计的基本概念

计算机的产生是 20 世纪重大的科技成果之一。计算机的飞速发展大大促进了知识经济的发展和社会信息化的进程。人与计算机交流最通用的手段是程序设计语言。当人们想利用计算机解决某个问题时，必须用程序设计语言安排好处理步骤，并存入计算机内供计算机执行，这些用程序设计语言安排好的处理步骤称为**计算机程序**，程序是计算机操作指令的集合。

一个计算机程序主要包括两方面的内容：其一是关于程序实现算法的操作步骤描述，即动作描述；其二是关于算法操作对象的描述，即数据描述。曾经发明 Pascal 语言的著名计算机科学家沃思（Niklaus Wirth）关于程序设计提出了一个著名的公式：

程序 = 算法 + 数据结构

这个公式说明了程序设计的主要任务，也说明了在程序设计过程中"算法"与"数据结构"密不可分的关系。用程序设计语言编制一个能完成某项任务的计算机程序的过程叫作**程序设计**。用计算机解决一个实际问题，首先应进行程序设计，而程序设计主要包括对数据以及处理问题的方法和步骤的完整而准确的描述。

数据是操作的对象，操作的目的是对数据进行处理，以得到期望的结果。对数据的描述，就是指明在程序中要用到数据的哪些类型和组织形式，即数据结构；对问题的方法和步骤的描述，即计算机进行操作的步骤，也就是所采用的算法。

对于程序设计初学者来说，要学会如何设计一个正确的程序，首先要认真考虑和设计数据结构及操作步骤。一个正确的程序通常包含两方面的含义：一是书写正确，二是结果正确。书写正确是程序在语法上正确，符合程序设计语言的规则；而结果正确通常是指对应于正确的输入，程序能够产生所期望的输出。程序设计除了以上两大要素之外，还涉及程序设计的思想和所用的具体语言工具及环境，可以详细地描述为：

程序设计 = 算法 + 数据结构 + 程序设计方法 + 语言工具和环境

这 4 个方面是程序设计人员应具备的基本知识。其中，算法是灵魂，解决"做什么"和"怎么做"的问题，不了解算法就谈不上程序设计。程序中的操作语句就是对算法的实现。算法是从计算机操作的角度对解题过程的抽象，数据结构是从如何组织被处理对象的角度进行抽象。本书不是以数据结构和算法为主展开讨论的，而是着重介绍利用 C 语言进行程序设计的基本方法。

程序设计方法是从宏观的角度处理问题的方法，如结构化程序设计、面向对象的技术等。工具包括使用的程序设计语言及相关的编译系统和调试工具。

程序设计的另一个关键是必须选择且掌握一种程序设计语言，因为程序设计语言是人和计算机直接交流的工具。

程序设计语言通常分为三类：机器语言、汇编语言和高级语言。

机器语言是指由二进制代码组成的，不需翻译就可以被计算机直接执行的指令的集合。这是一种面向机器的语言，执行效率高，但通用性和可读性都很差。

为了克服这些缺点，产生出一种符号语言，也称为**汇编语言**。对于用汇编语言编写的程序，计算机不能直接识别，需要汇编程序把它翻译成机器代码。它比机器语言使用起来方便，但通用性仍然很差。

人们把直接表示数学公式和解题方法的语言称为**高级语言**。这种语言直观通俗，非常接近于人们的"自然描述"语言，便于编写、阅读、修改和维护，通用性强。用高级语言编写的源程序，机器也是不能识别的，必须通过编译程序或解释程序进行翻译，最终生成机器语言程序。目前程序设计语言有很多，新的语言不断涌现。各类语言都有其特点和适用的领域。本书介绍 C 语言。

最后一项指的是，要选择一个合适的**集成开发环境**（Integrated Development Environment，IDE）。IDE 是集成了程序员语言开发中需要的一些基本工具、基本环境和其他辅助功能的应用软件。IDE 一般包含四个主要组件：**源代码编辑器**（editor）、**编译器**（compiler）、**解释器**（interpreter）和**调试器**（debugger）。开发人员可以通过图形用户界面（GUI）访问这些组件，并且实现整个代码编译、调试和执行的过程。现在的 IDE 也提供帮助程序员提高开发效率的一些高级辅助功能，比如代码高亮、代码补全和提示、语法错误提示、函数追踪、断点调试等。

1.2　C 语言发展简史

C 语言是一种通用的程序设计语言，由于它很适合用来编写编译器、操作系统，并进行嵌入式系统开发，因此被称为"系统编程语言"，但它同样适用于编写不同领域中的应用程序。

1. C 语言的产生

C 语言是一种被广泛应用的计算机高级程序设计语言，是在 B 语言的基础上发展起来的，它经历了不同的发展阶段。

早期的系统软件设计均采用汇编语言，例如，大家熟知的 UNIX 操作系统。尽管汇编语言在可移植性、可维护性和描述问题的效率等方面远远不及高级程序设计语言，但是一般的高级语言有时难以实现汇编语言的某些功能。

那么，能否设计出一种集汇编语言与高级语言的优点于一身的语言呢？这种思路促成了 UNIX 系统的开发者（美国贝尔实验室的 Ken Thompson）于 1970 年设计出了既简单又便于硬件操作的 B 语言，并用 B 语言写了第一个 UNIX 操作系统，这个操作系统先在 PDP-7 上实现，1971 年又在 PDP-11/20 上实现。

B 语言的前身是 BCPL（Basic Combined Programming Language），它是英国剑桥大学的 Martin Richards 在 1967 年基于 CPL 语言设计的，而 CPL 语言又是在 1963 年基于 ALGOL 60 产生的。

1972 ～ 1973 年，贝尔实验室的 D. M. Ritchie 在 B 语言的基础上设计出 C 语言，该语言弥补了 B 语言过于简单、功能有限的不足。

1973 年，Ken Thompson 和 D. M. Ritchie 合作将 90% 以上的 UNIX 代码用 C 改写。随着改写 UNIX 操作系统的成功，C 语言也逐渐被人们接受。

1987 年以后，C 语言已先后被移植到大、中、小、微型机上，并独立于 UNIX 和 PDP，从而得到了广泛应用。

2. C 语言的发展和应用

1978 年，B. W. Kernighan 和 D. M. Ritchie 合写了一本经典著作——《C 程序设计语言》(*The C Programming Language*，中文版、影印版均已由机械工业出版社引进出版)，它奠定了 C 语言的基础，被称为标准 C。

1983 年，美国国家标准学会（ANSI）根据 C 语言问世以来的各种版本对 C 的发展和扩充，制定了新的标准，称为 ANSI C。1987 年又公布了新标准，称为 87 ANSI C。目前流行的多种版本的 C 语言编译系统都是以此为基础的。

在 ANSI 标准化后，C 语言的标准在相当一段时间内都保持不变，直到 20 世纪 90 年代才进行了改进，这就是 ISO 9899:1999（1999 年出版）。这个版本就是通常提及的 C99。它于 2000 年 3 月被 ANSI 采用。

3. C 语言和 C++ 语言交融发展

由于 C 语言是面向过程的结构化和模块化的程序设计语言，当处理的问题比较复杂、规模庞大时，就显现出一些不足，由此面向对象的程序设计语言 C++ 应运而生。C++ 的基础是 C，它保留了 C 的所有优点，增加了面向对象机制，并且与 C 完全兼容。绝大多数 C 语言程序可以不经修改直接在 C++ 环境中运行。

1.3　C 语言的特点

C 语言作为一种古老而常青的经典编程语言，具备了现代程序设计的基本结构和元素，其语法是许多语言的基础。目前 C 语言在各类语言排行榜中始终名列前茅，它具有以下优点：

1）**兼具高级、低级语言的双重能力**。C 语言允许直接访问物理地址，能进行位操作，能实现汇编语言的大部分功能，可以直接对硬件进行操作，所以又被称为中级语言。

2）**生成的目标代码质量好，程序执行效率高**。C 语言具有汇编语言的许多特性，一般只比汇编程序生成的目标代码效率低 10% ～ 20%，可以开发出执行速度很快的程序。

3）**语言简洁，结构清晰**。C 程序通常是由若干函数组成的，强大的函数功能为程序的模块化和结构化提供了保证，因此程序简洁清晰，可读性强。

4）**语言表达能力强**。C 语言运算符丰富，例如，在 C 语言中，把括号、赋值、强制类型转换等都作为运算符处理。C 语言具有现代化语言的各种数据结构，如整型、字符型、数组型、指针型、结构体和共用体等，而且具有结构化的控制语句。

5）**程序通用性、可移植性好**。C 语言没有依赖于硬件的输入 / 输出语句，而采用系统的库函数进行输入 / 输出操作，因此 C 语言不依赖于任何硬件系统，这种特性使得用 C 语言编写的程序很容易移植到其他环境中。

当然，C 语言也有自身的不足，和其他高级语言相比，其语法限制不太严格，例如，对变量的类型约束不严格，影响程序的安全性，对数组下标越界不进行检查等。从应用的角度来看，C 语言比其他高级语言较难掌握。

总之，C 语言既具有高级语言的特点，又具有汇编语言的特点；既是一个成功的系统设计语言，又是一个实用的程序设计语言；既能用来编写不依赖计算机硬件的应用程序，又能用来编写各种系统程序。它是一种深受欢迎、应用广泛的程序设计语言。

1.4   简单 C 语言程序举例

在这一节中，我们通过两个简单的 C 语言程序例子来介绍 C 语言的程序结构，并对 C 语言的基本语法成分进行相应的说明，以便使读者对 C 语言程序有一个大致了解。

【例 1-1】 计算矩形的面积。

```
#include <stdio.h>                    //1：编译预处理
int main( )                           //2：主函数
{                                     //3：函数体开始
    float  h, w, area;                //4：声明部分，定义变量
    h=10.5;                           //5：以下 4 条 C 语句为执行部分，给变量 h 和 w 赋值
    w=20.5;
    area=h*w;                         //7：计算矩形的面积
    printf("area=%6.2f\n", area);     //8：输出 area 的值
    return 0;                         //9：返回值为 0
}                                     //10：函数体结束
```

运行结果：

```
area=215.25
```

每行中以 "//" 开始的右边的文本表示程序注释的内容。

第 1 行：是一个编译预处理，在程序编译前执行，指示编译程序如何对源程序进行处理。它以 "#" 开头，结尾不加分号，以示和 C 语句的区别。

第 2 行：main 表示主函数，每一个 C 程序都必须有一个主函数，int 表示主函数为整型。函数体由第 3 行和第 9 行的一对花括号括起来。

第 4 行：是变量声明部分，定义变量 h、w 和 area 为实型变量。

第 5 和 6 行：是两条赋值语句，给变量 h 赋值 10.5，w 赋值 20.5。

第 7 行：将算术表达式 h*w 的值赋予变量 area。

第 8 行：调用函数 printf 输出矩形面积值。

第 9 行：向操作系统返回一个零值，如果程序不能正常执行，则会自动向操作系统返回一个非零值，一般为 -1。

上面的主函数构成了一个完整的程序，称为**源程序**。它以文件的方式存在，文件中包含函数的源程序代码。C 语言规定保存 C 源程序文件的扩展名为 ".c"。

【例 1-2】 计算两个矩形的面积之和。

```
/* 本程序用来计算两个矩形的面积之和。包括主函数 int main( )、
一个子函数 double  area(double  h, double  w )*/
#include <stdio.h>                    //1：编译预处理
double  area(double  h, double  w )   //2：定义函数 area
{
    double s;
    s=h*w;
    return s;                         //6：返回 s 的值，return 是关键字
}
int main( )                           //8：主函数
{
    double  h1, h2, w1, w2, s1, s2;   //10：声明部分，定义变量
    h1=10.5; w1=20.5;
    h2=1.5*h1; w2=1.5*w1;             //12：计算变量 h2, w2 的值
    s1=area(h1, w1);                  //13：调用 area 函数，将得到的返回值赋给变量 s1
    s2=area(h2, w2);
    printf("area=%6.2f \n ", s1+s2);  //15：输出两个矩形的面积之和
    return 0;
}
```

运行结果：

```
area=699.56
```

本程序包括主函数 main、函数 area（被主函数调用）和一个编译预处理指令。

最前面两行中 /*……*/ 内的文本也表示程序注释的内容，这种方式一般用于表示多行注释。

第 2 行：从该行开始到第 6 行定义函数 area，包括函数类型、函数名和函数体等部分。

第 13 和 14 行：调用函数 area，将两次调用的返回值分别赋给变量 s1 和 s2。

第 15 行：计算并输出两个矩形的面积之和。

上面两个函数构成了一个完整的程序，称为**源程序**。可以把这两个函数放在一个文件中，当程序语句多的时候也可以分别以函数为单位放在两个以上的文件中，保存 C 源程序文件的扩展名为 ".c"。

1.5　C 语言程序的组成与结构

通过以上两个例子，我们对 C 语言程序的组成和结构有了初步和直观的了解，总结如下：

1）一个 C 语言程序的主体结构是由一个或若干个函数构成的。这些函数的代码以一个或若干个文件的形式保存。这些函数中必须有且只能有一个名为 main 的主函数。

2）主函数 main 是程序的入口，它可以出现在程序的任何位置。一个 C 程序总是从主函数 main 开始执行。

3）C 程序中的函数包括：主函数 main，用户自定义函数（例如，例 1-2 中的 area），系统提供的库函数（例如，输出函数 printf）。

4）函数由函数头和函数体两部分组成，函数头由函数类型的定义、函数名和参数表组成，函数体由声明部分（所使用变量和函数的说明）和若干执行语句组成。

5）语句由关键字和表达式组成，每个语句和声明部分的结尾都必须加分号。复合语句的开头和结尾使用左、右花括号 {}。

关键字是由 C 语言系统规定的具有特定功能的固定字母组合。例如，例 1-2 中的 int、double 和 return 就是关键字。

用运算符将操作对象连接起来、符合 C 语言语法的式子称为**表达式**。表达式的组成元素有：变量、常量、函数调用、运算符。这些组成元素是以标识符和关键字等形式存在的。例如，例 1-2 中的 h2=1.5*h1 和 w1=20.5 都是表达式。

6）程序中 "/*　*/" 内的文字是程序的注释部分，是便于阅读理解程序的解释性附加文本，程序编译器完全忽略注释部分的内容。此外，在程序调试时，也可以将一部分代码转换为注释保留，而不必删除，以提高程序调试的效率。

另外，一些 C 语言开发工具还支持用 "//" 标识注释部分，如果某行程序代码前面插入符号 "//"，该符号后面的部分就变为注释行，并且本行有效，不能跨行。一般情况下，如果注释内容在程序中占用多行，习惯用 "/*　*/"，而单行注释内容用 "//" 标识即可。

从以上分析可以发现，C 程序的组织和构造与日常文章的结构很类似，如表 1-1 所示。

表 1-1　文章和 C 语言对应的层次结构

文章的层次结构	对应 C 程序的层次结构	文章的层次结构	对应 C 程序的层次结构
文章	程序	句子	语句
章节	文件	词组	表达式
段落	函数	字	常量、变量、关键字、运算符等
开头第一段	主函数		

在一般语言的学习过程中,首先学字、词组,然后造句、阅读范文,最后写作文。现在学习计算机语言,我们也同样遵循这个规律,即先学习常量、变量的类型和定义方法,然后依次学习表达式、语句和函数等,同时阅读一些程序范例,最后编写程序。当然二者也有本质上的区别,一般语言的学习以形象思维为主,而计算机语言的学习是以逻辑思维为主。C语言程序的层次结构如图1-1所示。

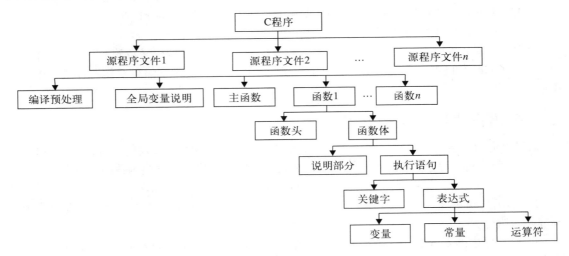

图1-1   C语言程序的层次结构

1.6   C语言程序的开发步骤

一个C语言程序从最初编写到得到最终结果,大致经过以下几个步骤:

1)**编辑源程序**。选择一种C语言开发工具软件(IDE),输入编写好的程序代码,称之为源程序,它以文件的方式存在,文件的扩展名为".c"。

2)**编译源程序**。为了使计算机能执行高级语言源程序,必须把源程序转换为二进制形式的目标程序,这个过程称为编译源程序。

编译是以源程序文件为单位分别进行的,每一个源程序文件对应生成一个目标文件,目标文件的扩展名为".obj"。

编译过程中对源程序的全部内容进行检查,例如,检查程序中关键字的拼写是否正确,根据程序的上下文检查语法是否有错等,编译结束后,系统显示所有的编译出错信息。

一般编译系统的出错信息有两种:一种是**错误**(error)信息,这类错误出现后,系统不生成目标文件,必须改正后重新编译;另一种是**警告**(warning)信息,是指一些不影响程序运行的不合理现象或轻微错误。例如,程序中定义了一个变量,却一直没有使用,出现这类警告信息,系统仍可以生成目标文件。

3)**连接目标文件**。编译结束,得到一个或多个目标文件,此时要用系统提供的"连接程序"(linker)将一个程序的所有目标文件和系统的库文件以及系统提供的其他信息连接起来,最终形成一个可执行的二进制文件,可执行文件的扩展名为".exe"。

4)**运行程序**。运行最终形成的可执行文件,得到运行的结果。

5)**结果分析**。分析程序的运行结果,如果发现结果不对,应检查程序或算法是否有问题,修改程序后再重复上面的步骤。

C语言程序的开发步骤如图1-2所示。

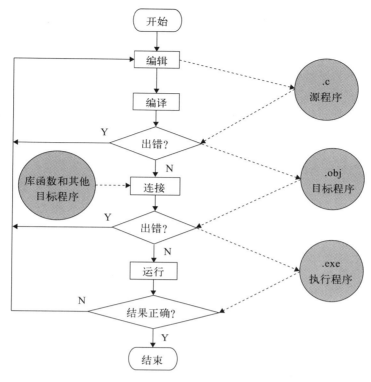

图 1-2　C 语言程序的开发步骤

小结

本章首先叙述了程序设计的基本概念以及 C 语言产生和发展的历史过程，然后与其他高级语言进行对比，列举了 C 语言的特点，再通过两个简单的 C 程序实例，描述了 C 语言程序的基本组成和结构特点，最后介绍了 C 语言程序开发各个步骤的内容。

通过本章的学习，读者应该对程序设计的概念有初步的认识，对 C 语言总体结构和开发步骤有初步的了解。建议学习本章内容后，尽快在计算机上编译、运行一个简单的 C 语言程序。在今后的学习中，读者会发现有些问题用文字叙述很难领会，但上机编程后，很容易理解，即所谓"在编程中学习编程"。

习题

一、简答题

简要回答下列问题。

1. 程序的定义是什么？程序主要由几部分组成？
2. C 语言的主要特点有哪些？
3. C 语言程序是由哪些部分组成的，各部分的作用是什么？

二、选择题

以下各题在给定的四个答案中选择一个正确答案。

1. 以下叙述正确的是（　　　）。

　　A. C 语言允许直接访问物理地址，可以直接对硬件进行操作

　　B. C 语言程序不用编译，即可被计算机识别运行

C. C语言不允许直接访问物理地址，不可以直接对硬件进行操作

D. C语言程序只需编译，不需连接即可被计算机运行

2. 在一个C程序中（　　　　）。

A. main函数出现在所有函数之前，C程序不一定都有main函数

B. main函数可以在任何地方出现，一个C程序必须有且仅有一个main函数

C. main函数必须出现在所有函数之后，一个C程序只能有一个main函数

D. main函数出现在固定位置，一个C程序可以有多个main函数

三、填空题

1. C语言开发工具直接输入的程序代码是　　__A__　　文件，经过编译后生成的是　　__B__　　文件，经过连接后生成的是　　__C__　　文件。

2. C语言源文件的后缀是　　__A__　　，经过编译后生成的文件的后缀是　　__B__　　，经过连接后生成的文件的后缀是　　__C__　　。

四、编写程序题

输入下面的程序，上机调试并运行。

```
#include  <stdio.h>
int main( )
{
    float  r, s;
    r=15.5;
    s=2*3.14*r;
    printf("r=%4.2f, s=%4.2f\n",  r,  s);
    return 0;
}
```

第 2 章

数据类型、运算符与表达式

本章主要介绍 C 语言中的基本符号、各种数据类型及运算符和表达式。

作为一种程序设计语言，C 语言规定了一套严密的语法规则和字符集，程序设计就是根据这些语法规则和基本字符按照实际问题的需要编制出相应的 C 语言程序。因此，程序设计中不能违反这些语法规则，程序语句中也不能使用字符集以外的字符。

2.1　C 语言的基本符号

任何一种高级语言都有自己的基本词汇表。C 语言的基本词汇表有下列几部分：

1）数字：10 个（0 ～ 9）。

2）英文字母：大、小写各 26 个（A ～ Z，a ～ z）。

3）下划线字符 "_"。

4）运算符：是指为表达程序基本操作使用的一些符号。

5）关键字：是指为表达程序功能使用的一些英文单词或单词缩写。

2.1.1　标识符

程序中用来为符号常量、变量、函数、数组、类型、文件命名的有效字符序列称为**标识符**。标识符的命名规则如下：

1）只能由字母、数字和下划线组成。

2）第一个字符必须为字母或下划线。

3）不能使用关键字。

4）区分大小写字符，因此 Sum、sum 和 SUM 被认为是不同的标识符。

ANSI C 没有规定标识符的长度，各个编译系统允许的标识符的长度（标识符中字符的个数）不同。一般情况下，建议标识符的长度不超过 8 个字符。

下面是合法的标识符：

area，Day，DATE，lesson_1，s1，a23

下面是不合法的标识符：

Mr.ret，2a，#sum，a>b，int

在选择标识符时，应该注意做到"见名知意"，即选择有含义的英文单词或缩写作为标识符，以增加程序的可读性，例如用标识符"length"表示长度变量，用"PI"表示圆周率的符号常量。

2.1.2 常量

常量又称为**常数**，是在程序运行过程中其值不能被改变的量。常量的数据类型是由本身隐含决定的。例如，25、0、–13 为整型常量，–55.23、0.57、3.8e3 为实型常量，'B'、'9' 为字符型常量。

在 C 语言中，经常使用一个标识符来代表一个常量，也就是给常量命名，命名后的常量称为**符号常量**，如例 2-1 所示。

【例 2-1】 阅读程序。

```
#define  PI  3.1415926                    // 宏定义
#include <stdio.h>
int main( )
{
    double r=18.5, area, length ;
    area =PI*r*r;
    length =2*PI*r;
    printf("area=%6.2f, length=%6.2f\n",area, length);
    return 0;
}
```

运行结果：

```
area=1075.21, Length=116.24
```

程序中用宏定义的方法定义标识符 PI 代表常量 3.1415926，标识符 PI 称为符号常量。当程序的语句中出现 PI 时，都代表 3.1415926，它可以像常量一样运算。

在程序中，符号常量名习惯采用大写字符，并且与表达的含义相联系，而对于下面要介绍的变量名则习惯采用小写字符，以示区别。

应该注意，符号常量不同于变量，其值在有效范围内（本例中为主函数内）不能改变，也不能再被赋值。例如，在本程序中出现以下语句是错误的：

```
PI=3.14;
```

如果需要修改程序中圆周率的精度，只需修改符号常量 PI 的定义。PI 与圆周率 π 发音相同，便于理解。

由此可见，在程序中使用符号常量，可以做到"含义清楚""一改全改"，从而提高程序的可读性，方便程序的修改。

2.1.3 变量

1. 变量的基本概念

在程序运行过程中其值可以改变的量称为**变量**。变量具有数据类型、变量名和变量值三个属性。变量在其存在期间，在内存中根据指定的类型所占据存储单元长度的不同，可以用来多次存放不同的数值。

选择一个标识符，给变量取一个名字，称为**变量名**，变量名的命名规则与标识符完全相同。

变量名和变量值的概念不同，变量名实际上是一个符号地址，在系统对程序进行编译时，给每一个变量名分配一个具体的内存地址，变量值是对应变量名的存储单元所存放的具体的数值。如图 2-1 所示。

变量的**数据类型**是指变量可以存储的数据的类型，也就是变量值的数据类型，详细说明参见

2.2 节。C 语言规定数据类型不同，在内存中占据存储单元的长度不同。

程序运行时从变量中取值，实际上是通过变量名找到相应的内存地址，从与内存地址相对应的存储单元中读取数据。

在程序中变量名在其有效范围内不能更改，但变量值却可以动态更新。

变量定义后并没有确定的值，或者说值是随机的。但可以采用某些方法给变量赋值，当再次给变量赋值时，新值将替代旧值。

程序在使用变量前，先要对变量进行定义，即必须"先定义，再赋值，后使用"。

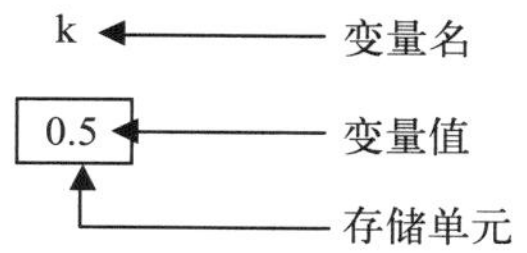

图 2-1　变量名、变量值和存储单元的关系

2. 变量的定义

变量的定义是在程序中指定变量的名字和数据类型。在编译时根据变量的数据类型，系统分配相应大小的存储单元。

变量一般是在函数开头的声明部分定义。(也可在函数中的某一复合语句内定义，但变量起作用的范围只限于它所在的复合语句，详细说明参见第 7 章。)变量定义的一般形式如下：

类型说明符　　　　变量名 1, 变量名 2, 变量名 3, ..., 变量名 n;

例如：

```
int   k, m, n ;          // 定义三个整型变量
char  str;               // 定义一个字符型变量
```

3. 变量的初始化

在 C 语言中，定义变量的同时还可以为变量指定初值，这个过程称为**变量的初始化**。

例如：

```
float   y=0.5;
char    str='a';
int    j=0, sum=100;
```

这种定义变量的方式与下面的语句等价：

```
float   y;
char    str;
int    j, sum;
y=0.5; str='a';
j=0; sum=100;
```

也可以对被定义变量的一部分赋初值。例如：

```
int   i=0, j=0, k, sum;
```

不可以用下面的方式对几个变量同时赋同一个初值：

```
int   i=j=k=0;
```

但下面的做法是允许的：

```
int   i,j,k;
i=j=k=0;
```

2.1.4　关键字

为了清晰地表达程序的功能，C 语言中使用了一些具有特殊意义的英文单词或单词缩写，这些单词称为**关键字**，是 C 语言系统预先规定的。例如，if、int、while 等。这些关键字在后面会详细讲述，所有关键字参见附录 A。

2.2　C 语言的数据类型

数据是程序处理的基本对象，每个数据在计算机中是以特定的形式存储的。例如，整数、实数和字符等。在程序中不同的数据之间往往还存在某些联系，例如，由若干个整型变量组成一个数组。C 语言中根据数据的不同性质和用处，将其分为不同的数据类型，各种数据类型具有不同的存储长度、取值范围及允许的操作。

C 语言将能处理的数据分成两大类型：基本类型和构造类型。构造类型的数据是由若干个基本类型或构造类型按一定的结构组合而成的。

C 语言规定：在程序中用到的数据，都必须指定其数据类型。C 语言的数据类型如图 2-2 所示。

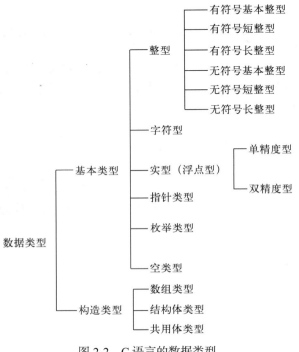

图 2-2　C 语言的数据类型

2.2.1　整型数据

C 语言的整数类型（以下简称整型）用来表示整数，因为计算机只能表示有限位的整数，所以整型是整数的一个有限子集，整型数据又可以分为整型变量和整型常量。

1. 整型变量

（1）整型变量的分类

整型变量按数值的取值范围不同分为以下三种：

- **基本整型**：以 int 作为类型说明符。
- **短整型**：以 short int 或 short 作为类型说明符。
- **长整型**：以 long int 或 long 作为类型说明符。

整型变量在内存中占的字节数与所选择的编译系统有关，不同的编译系统对整型数据的存储是不同的，规定 long 型整数不短于 int 型，short 型整数不长于 int 型。

例如，Visual C++ 系统为 int 型变量和 long int 型变量分配 4 个字节（32 位），因此，值的范围是 $-2^{31} \sim 2^{31}-1$。

　　以上三种类型说明符用来定义带符号（正、负）的整型变量，而实际应用中也可能处理一些不带符号的整型变量，处理方法是将存储单元中的全部二进制位都用来存放数，取消符号位，这类变量称为无符号整型，如图 2-3 所示。

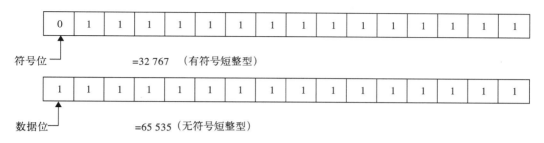

图 2-3　短整型数据在内存中的存储形式

　　无符号整型变量按数值的取值范围不同也分为三种：
- **无符号基本整型**：以 unsigned int 或 unsigned 作为类型说明符。
- **无符号短整型**：以 unsigned short int 或 unsigned short 作为类型说明符。
- **无符号长整型**：以 unsigned long int 或 unsigned long 作为类型说明符。

　　无符号整型变量只能存放不带符号的整数，不能存放负数，它可以存放正数的范围比相应的有符号整型变量大一倍。以 Visual C++ 系统为例，C 语言的整数类型占用的存储空间和取值范围如表 2-1 所示。

表 2-1　Visual C++ 系统整型数据占用的存储空间和取值范围

类型名称	类型说明符		字节数	位数	取值范围	
基本整型	int		4	32	−2 147 483 648 ～ 2 147 483 647	$-2^{31} \sim 2^{31}-1$
短整型	short int	short	2	16	−32 768 ～ 32 767	$-2^{15} \sim 2^{15}-1$
长整型	long int	long	4	32	−2 147 483 648 ～ 2 147 483 647	$-2^{31} \sim 2^{31}-1$
无符号基本整型	unsigned int	unsigned	4	32	0 ～ 4 294 967 295	$0 \sim 2^{32}-1$
无符号短整型	unsigned short int	unsigned short	2	16	0 ～ 65 535	$0 \sim 2^{16}-1$
无符号长整型	unsigned long int	unsigned long	4	32	0 ～ 4 294 967 295	$0 \sim 2^{32}-1$

　　由表 2-1 可见，不同整型类型占用的字节数不同，能够表达的数值范围也不相同。
　　（2）整型变量的定义
　　程序中用到的每一个整型变量，都应在使用前加以定义。
　　【例 2-2】阅读程序。

```c
#include <stdio.h>
int main( )
{
    short   a=-12345, b= 23456;        // 定义 a，b 为短整型变量并初始化
    long   sum1;                       // 定义 sum1 为长整型变量
    unsigned short  c=52800;           // 定义 c 为无符号短整型变量并初始化
    unsigned long  sum2;               // 定义 sum2 为无符号长整型变量
    sum1=b-a;
    sum2=c+b;
    printf ("sum1=%ld, sum2=%u\n",sum1,sum2);
    return 0;
}
```

运行结果：

```
sum1=35801, sum2=76256
```

想一想，如果把变量 sum1 定义成 short 型，sum2 定义成 unsigned short 型，可以吗？

2. 整型常量

（1）整型常量的表达形式

整型常量就是整常数。有以下三种表达形式：

- 十进制数：例如 567、0、-89。
- 八进制数：以数字 0 开头，并由数字 0 ～ 7 组成的数字序列，例如 0125、011。八进制数 0125 转换成十进制数是 85。
- 十六进制数：以 0x 或 0X 开头，并由数字 0 ～ 9 和字符 a ～ f 或者字符 A ～ F 组成的数字序列。习惯上，当以 0x 开头时用小写字母，当以 0X 开头时用大写字母。例如 0x125、0x2ab、0X2AB。十六进制数 0x125 转换成十进制数是 293。

（2）整型常量的类型

我们已经知道，整型变量有 6 种类型，整型常量的类型和所选的编译系统相关。例如在 Visual C++ 系统中整型常量的默认类型是 int。如果非负的整型常量在 unsigned 型的取值范围内，可以赋值给一个 unsigned 型变量，例如，"unsigned short int a=50000;"是可以的，但"unsigned short int a=70000;"不可以（因为 70 000>65 535）。

可以用加后缀方法明确指定整型常量的类型。在一个整型常量后面加一个字母 L（或小写 l），则明确指定该常量是 long int 类型，例如 0L、123L、-234l 等；在一个正的整型常量后面加一个字母 U（或小写 u），则明确指定该常量是 unsigned int 类型，例如 123U、234u 等。

2.2.2 实型数据

C 语言的实型用来表示实数，因为计算机只能表示有限位的实数，所以实型是实数的一个有限子集，实型数据可以分为实型变量和实型常量。

1. 实型变量

（1）实型变量的分类

实型变量按数值的取值范围不同分为以下三种：

- **单精度实型**：以 float 作为类型说明符。
- **双精度实型**：以 double 作为类型说明符。
- **长双精度实型**：以 long double 作为类型说明符。

各种实型变量的数据长度、精度和取值范围与所选择的系统有关，不同的系统有差异。在大多数 C 系统中，float 型数据在内存中占 4 个字节（32 位），double 型数据在内存中占 8 个字节（64 位）。

表 2-2 中列出了 Visual C++ 系统中各种实型变量的数据长度、精度和取值范围。

表 2-2 Visual C++ 系统实型数据的存储空间和取值范围

类型名称	类型说明符	字节数	位数	有效数字	取值范围（绝对值）
单精度实型	float	4	32	6 ～ 7	$10^{-38} \sim 10^{38}$
双精度实型	double	8	64	15 ～ 16	$10^{-308} \sim 10^{308}$
长双精度实型	long double	8	64	15 ～ 16	$10^{-308} \sim 10^{308}$

（2）实型变量的定义

对每一个实型变量，都应在使用前进行定义。例如：

```
float    x, y;          // 定义 x，y 为单精度实数
double   z;             // 定义 z 为双精度实数
```

2. 实型常量

（1）实型常量的表达形式

实型常量就是实常数。有以下两种表达形式：

- 十进制小数形式：例如 0.125、.125、-0.125、-125.0、1.25。
- 指数形式：一般格式是"实数（整数）+e（或 E）+ 整数"。例如，123.456 的指数形式是 1.23456e2、1.23456E2、12.3456e1、0.0123456e4、.123456e3、12345.6e-2 等，而 e2、1.23e3.5、e、12345E 等都是不合法形式。

（2）实型常量的类型

实型常量的类型和所选的编译系统相关。例如 Visual C++ 系统将实型常量作为双精度来处理。

```
float x;
x=1.23456*6543.21;
```

系统将 1.23456 和 6543.21 按双精度存储（占 64 位）和运算，得到一个双精度的乘积，然后取前 7 位赋给变量 x，这样做可以保证计算结果更精确，但是降低了运算的速度。

本例中乘积常量是 double 类型，有些编译系统由于变量 x 和右边表达式的类型不一致，会给出"从'double'转换到'float'，可能丢失数据"的警告。为了避免编译时出现警告，可以在实数常量的后面加字母 f（或 F），例如"x=1.23456f *6543.21f;"，这样系统就会将 1.23456 和 6543.21 按单精度存储（占 32 位）和运算；也可以选择直接将变量 x 定义成 double 类型。

一个实型常量可以赋给一个 float 型、double 型或 long double 型变量，系统根据变量的类型自动截取实型常量中相应的有效数字。

【例 2-3】 阅读程序。

```
#include <stdio.h>
int main( )
{
    float    a;
    double b;
    a=1234.111111f;
    b=1234.111111;
    printf("\na=%f,b=%f\n",a,b);
    return 0;
}
```

运行结果：

```
a=1234.111084 ,b=1234. 111111
```

由此看出，由于 float 型变量 a 只能接受 7 位有效数字，因此最后三位小数是不准确的；而 double 型变量 b 能够接受全部的 10 位数字。产生这种现象的原因是实数在内存中是以指数形式存放的，这里不做详细叙述。

2.2.3 字符型数据

字符型数据用于表示一个字符值。字符型数据在计算机内部的表示形式是字符的 ASCII 代码（二进制形式存储），并非字符本身。字符型数据分为字符常量和字符变量两种。

1. 字符常量

字符常量是括在一对单撇号之间的字符，例如，'a'、'A'、'$'、'5' 等都是字符常量。另外，还有一些特殊的字符常量，C 语言约定以"\"开头的字符序列作为标记，这类字符常量统称为**转**

义字符，从字面上理解就是将反斜杠"\"后面的字符转换成另外的意义，用于代表一种特定的控制功能或表示一个特别的字符。

例如，转义字符 '\n' 中的"n"并不代表字母 n，该转义字符表示在输出过程中将当前位置移到下一行的开头，简称换行。转义字符 '\'' 中的"'"代表字符"'"，转义字符 '\101' 中的"101"是十进制的 ASCII 码 65，代表字符 'A'。常用转义字符如表 2-3 所示。

表 2-3   常用转义字符

表示形式	含　义	ASCII 码
\0	空字符	0
\a	响铃	7
\b	退格，将当前位置移到前一列	8
\t	水平制表（跳到下一个 Tab 位置）	9
\n	换行，将当前位置移到下一行的开头	10
\v	垂直制表（跳到下一个 Home 位置）	11
\f	换页，将当前位置移到下一页的开头	12
\r	回车，将当前位置移到本行的开头	13
\"	双撇号字符	34
\'	单撇号字符	39
\\	反斜杠（"\"）字符	92
\ddd	1～3 位八进制 ASCII 码所代表的字符	
\xhh	1～2 位十六进制 ASCII 码所代表的字符	

【例 2-4】 阅读程序。

```c
#include <stdio.h>
int main( )
{
    printf("c\tlanguags\be\rC\n");
    printf("is\tusef\165\x6c\n");
    return 0;
}
```

运行结果：

```
C       language
is      useful
```

其中，'\t' 表示水平制表，设占 8 列；'\b' 表示退格，将当前位置移到前一列，将已输出的字符 's' 用字符 'e' 替代；'\r' 表示将当前位置移到本行开头，将第一个字符 'c' 用字符 'C' 替代；'\n' 表示换行，将当前位置移到下一行的开头，输出下一行内容；165 是八进制数，转换为十进制 ASCII 码为 117，'\165' 表示字符 'u'；x6c 是十六进制数，转换为十进制 ASCII 码为 108，'\x6c' 表示字符 'l'。

如果用打印机输出，则字符 s 和 e 会重叠打印在同一位置上，小写字母 c 和大写字母 C 也会打印在同一位置上。

2. 字符变量

用来存放一个字符常量的变量称为**字符变量**。同样，字符变量在使用之前必须先定义，以 char 作为类型说明符。例如：

```c
char  c1, c2;              // 定义变量 c1, c2 为字符变量
c1='a'; c2='b';           // 将字符常量存放到字符变量中
```

字符变量在内存中占一个字节，用来存放一个字符，虽然字符在程序中可用字符常量或对

应的 ASCII 码的形式表示，但在内存中是以其 ASCII 码二进制的形式存储的，它与整数的存储形式相类似。因此，在 C 程序中，字符型数据可以当作整型数据进行处理，并且可以与整型数据混合操作和运算。字符型数据可以用字符格式输出，显示字符本身，也可以用整数形式输出，显示字符的 ASCII 码值。

下面的程序详细地说明了这一点。

【例 2-5】 阅读程序。

```c
#include <stdio.h>
int main( )
{
    char ch1;
    int ch2;
    ch1='A'; ch2='B';
    printf("%c,%c\n",ch1,ch2);
    printf("%d,%d\n",ch1,ch2);
    ch1=97; ch2=98;
    ch1=ch1+6;
    ch2=98+6;
    printf("%c,%c\n",ch1,ch2);
    printf("%d,%d\n",ch1,ch2);
    return 0;
}
```

运行结果：

```
A,B
65,66
g,h
103,104
```

3. 字符串常量

字符串常量是括在一对双撇号之间的字符序列（其中也可以包括转义字符）。例如，"C language"、"s"、"$35.56"、"\tChins\ba\n"。

字符串常量中的字符依次存储在内存中一块连续的区域内，并把空字符 '\0'（ASCII 值为 0）自动地附加到字符串的尾部作为字符串的结束标志。因此，对于字符个数为 n 的字符串，所占内存空间应为 $n+1$ 个字节。例如，字符串 "HELLO" 的字符个数为 5，所占内存空间应为 6 个字节。

H	E	L	L	O	\0

不能将字符串赋给一个字符变量。例如：

```c
char ch1,ch2;
ch1='a';         // 正确
ch2="a";         // 错误
```

2.2.4 用 sizeof 计算数据类型所占的内存空间

不同类型的数据所占用的内存空间大小可能不同，即使同种类型的数据在不同的编译器和计算机系统中所占用的内存空间大小也可能不同，用 sizeof 运算符可以准确地计算并显示当前系统的各种数据类型在内存中占用的字节数。一般形式：

```
sizeof（计算对象）
```

返回值：计算对象在内存中占用的字节数。
其中计算对象可以是类型标识符、常量、变量和表达式。

【例 2-6】 阅读程序。

```c
#include <stdio.h>
```

```
int main( )
{
  printf(" 数据类型            所占内存字节数 \n");
  printf("char\t\t%d\n",sizeof(char));
  printf("short\t\t%d\n",sizeof(short));
  printf("int\t\t%d\n",sizeof(int));
  printf("long\t\t%d\n",sizeof(long));
  printf("float\t\t%d\n",sizeof(float));
  printf("double\t\t%d\n",sizeof(double));
  printf("long double\t%d\n",sizeof(long double));
  printf(" 常数            所占内存字节数 \n");
  printf("'A'\t\t%d\n",sizeof('A'));
  printf("\"A\"\t\t%d\n",sizeof("A"));
  printf("100\t\t%d\n",sizeof(100));
  printf("3.14\t\t%d\n",sizeof(3.14));
  return 0;
}
```

在 Visual C++ 系统下，程序运行结果如下：

```
数据类型            所占内存字节数
char            1
short           2
int             4
long            4
float           4
double          8
long double     8
常数              所占内存字节数
'A'             4
"A"             2
100             4
3.14            8
```

2.3　运算符和表达式

运算是对数据进行处理和操作的过程，描述各种处理和操作的符号称为**运算符**（也称为**操作符**）。C 语言把除了控制语句和输入、输出以外的几乎所有的基本处理和操作都作为运算符处理，因此 C 语言的运算符的作用范围很宽泛。按照运算符的作用将其分类，如表 2-4 所示。

表 2-4　运算符的分类

序　号	类　别	运　算　符
1	计算字节数运算符	sizeof
2	算术运算符	*、/、%、+、- 自增运算符 ++、自减运算符 --
3	关系运算符	>、<、==、>=、<=、!=
4	逻辑运算符	!、&&、||
5	位运算符	<<、>>、~、|、^、&
6	赋值运算符	=、+=、-=、*=、/=、%= <<=、>>=、&=、^=、|=
7	条件运算符	?、:
8	逗号运算符	,
9	指针运算符	*、&
10	强制类型转换运算符	（类型），如（int）、（double）等
11	分量运算符	->、.、[ ]
12	其他运算符	如函数调用运算符（）等

用运算符将操作对象连接起来，符合 C 语言语法的式子称为**表达式**。表达式具有如下特点：

1）常量和变量都是表达式，例如，常量 3.14、变量 i 都是表达式。

2）运算符的类型对应表达式的类型，例如，算术运算符对应算术表达式。

3）每一个表达式都有自己的值。

表达式的值也可以说是表达式的运算结果，所有表达式的值只有两类：数值和地址（关于地址的概念和相关操作参见第 9 章）。不管表达式多么复杂，非地址类表达式的运算结果只能是一个数值。

任意一个运算符都具有两个属性：优先级和结合性（结合方向）。

1. 优先级

当若干个运算符同时出现在表达式中时，优先级规定了运算的先后次序。如同算术运算中的"先乘除，后加减"一样，乘、除运算符的优先级高于加、减运算符的优先级。由于 C 语言的运算符种类很多，所以优先级有 15 级之多。详细说明参见附录 C。

C 语言把圆括号作为运算符，规定它的优先级最高，为 15 级，从而保证优先运算圆括号内的式子，逗号运算符的级别最低，为 1 级。

2. 结合性

当若干个具有相同优先级的运算符相邻出现在表达式中时，结合方向规定了运算的先后次序，分为"从左到右"和"从右到左"两个结合方向。

一般来说，大多数运算符的结合方向为"从左到右"，只有单目运算符、赋值运算符和条件运算符的结合方向为"从右到左"，这里单目运算符是指作用于一个操作对象的运算符。

2.3.1　算术运算符和算术表达式

C 语言基本的算术运算符有 5 个，如表 2-5 所示。

表 2-5　基本的算术运算符

符　号	说　明	优　先　级	结　合　性	算术表达式
+	单目取正	14	从右到左	a=+8
−	单目取负	14		b=−a
*	乘	13	从左到右	a=12*5.5
/	除	13		b=14/6.5
%	取余	13		c=12%5
+	加	12	从左到右	a=15+8.5
−	减	12		b=18−8.5

说明：

1）+、−、* 与数学中的意义相同。

2）在除法运算中，两个整数相除的结果为整数（例如 9/2 的结果为 4），舍弃小数部分；如果被除数或除数有一个是负数，则舍弃小数部分的方向是不一定的，例如 −9/2 的运算结果可能是 −5 或 −4。一般采用"向零取整"的规则，取整时向零靠拢。例如，9/2 的运算结果为 4，−9/2 的运算结果为 −4。

3）% 是取余运算符或模运算符，该运算只能作用于两个整型数，运算结果是两个整数相除后的余数，运算结果为整数。同时，规定运算结果的正负符号与被除数的符号一致，如果被除数小于除数，运算结果等于被除数。

例如，9%2 的运算结果为 1，2%9 的运算结果为 2，−9%2 的运算结果为 −1，9%−2 的运算结果为 1，而 9.5%2 是不合法的表达式。

2.3.2　赋值运算符和赋值表达式

C 语言采用赋值运算的方式改变变量的值，或者说为变量赋值。赋值运算符有一般形式和复合形式两种。

1. 一般赋值运算符和赋值表达式

赋值运算符是符号"＝"，它的作用是将一个数据赋给一个变量。由赋值运算符将一个变量和一个表达式连接起来的式子称为**赋值表达式**。赋值表达式的一般形式如下：

变量 = 表达式

其作用是把赋值运算符右边表达式的值赋给赋值运算符左边的变量。例如：

a=10;　a=c;　c=a+c;　b=a=5;

说明：

1）赋值运算后，变量原来的值被表达式的值替换。

【例 2-7】　阅读程序。

```c
#include <stdio.h>
int main( )
{
    int k=10,j=20;
    printf("j=%d,",j);
    j=k+5;
    printf("j=%d\n",j);
    return 0;
}
```

运行结果：

```
j=20, j=15
```

2）赋值表达式的值也就是赋值运算符左边变量得到的值，如果右边表达式的值的类型与左边变量的类型不一致，以左边变量的类型为基准，将右边表达式的值的类型无条件地转换为左边变量的类型，相应的赋值表达式的值的类型与被赋值的变量的类型一致。

【例 2-8】　阅读程序。

```c
#include <stdio.h>
int main( )
{
    int a;
    double  b=3.5;
    a=b+2.1;
    printf("a=%d\n",a);
    return 0;
}
```

运行结果：

```
a=5
```

3）赋值运算符的优先级很低，仅高于逗号运算符。结合方向为"从右到左"。

例如，已知"int a=2,b=5"，计算表达式 x=y=a+b 的值。由于算术运算符的优先级高于赋值运算符的优先级，先计算 a+b，值为 7。按照结合方向"从右到左"，上式可改写为 x=(y=a+b)。然后计算赋值表达式 y=a+b，其值为 7，同时变量 y 等于 7。最后计算表达式 x=y=a+b，其值为 7，同时变量 x 等于 7。

2. 复合赋值运算符和赋值表达式

为使程序书写简洁和便于代码优化，可在赋值运算符的前面加上其他常用的运算符，构成复合赋值运算符，相应地，由复合赋值运算符也可以构成赋值表达式。

复合赋值运算符包括：

+=、-=、*=、/=、%=（与算术运算有关）

<<=、>>=、&=、^=、|=（与位运算有关）

复合赋值运算表达式如表 2-6 所示。

表 2-6 复合赋值运算表达式

序 号	复合赋值运算表达式（算术运算）	等价于	序 号	复合赋值运算表达式（位运算）	等价于
1	a+=b	a=a+b	6	a<<=b	a=a<<b
2	a-=b	a=a-b	7	a >>=b	a=a>> b
3	a*=b	a=a*b	8	a&=b	a=a&b
4	a/=b	a=a/b	9	a^=b	a=a^b
5	a%=b	a=a%b	10	a|=b	a=a|b

后五种复合赋值运算与位运算有关，详细说明参见 2.6 节。

【例 2-9】 已知 "int a, b=5, c=4"，计算表达式 a+=a-=a=b+c 的值。

首先，按照结合方向用加括号的方法确定计算顺序：

a+=(a-=(a=(b+c)))

再改写为常规表示方法：

a=a+(a=a-(a=(b+c)))

依次计算：

a=a+(a=a-(a=9));a=a+(a=a-9);a=a+0;a=0+0;a=0;

最后得出表达式的值为 0，变量 a 的值也为 0。

2.3.3 逗号运算符和逗号表达式

在 C 语言中，逗号不仅可以作为分隔符出现在变量的定义、函数的参数表中，还可以作为一个运算符把多个表达式连接起来，形成逻辑上的一个表达式。逗号表达式的一般形式如下：

表达式 1，表达式 2，表达式 3，…，表达式 n

逗号运算符的优先级是所有运算符中最低的，结合方向为"从左到右"。逗号运算符的功能是使得逗号表达式中的各个表达式从左到右逐个运算一遍，逗号表达式的值和类型就是最右边的"表达式 n"的值和类型。例如：

```
m=1, n=2
a=(m+n, m-n)          //a 等于-1，表达式的值为-1
a=m+n, m-n            // 先计算赋值表达式，a 等于 3，表达式的值为-1
a=m+n, m-n+a          // 先计算赋值表达式，a 等于 3，表达式的值为 2
```

2.4 数据类型转换

2.4.1 不同数据类型的数据间的混合运算

整型、实型和字符型数据可以进行混合运算，在进行运算时，一般类型的数据先转换成标准类型的数据，不同类型的数据要先转换成相同类型的数据。转换规则如表 2-7 所示。

表 2-7　不同类型数据的转换规则

一 般 类 型	转换为标准类型	级　别
char		低
short int	int	
int		
unsigned int	unsigned int	
unsigned short int		
long int	long int	
unsigned long	unsigned long	
float	double	高
double		

说明：

1）在运算过程中，每个数据都要转换为标准类型，以提高运算精度。如果一个数据是 float 型，首先应转换为 double 型；如果一个数据是 short 型或 char 型，首先应转换为 int 型。

例如：

```
char ch1='a';
short  ch2=67;
int ch3;
float x=3.14, y=4.56, z;
  ch3=ch2 -ch1;
  z=x+y;
```

以上程序段首先将 ch1 和 ch2 的值转换为 int 型，然后进行减法运算。在计算表达式 x+y 的值时，首先将 x 和 y 的值转换为 double 型，然后再进行加法运算。

2）通过第一步转换后，如果参与运算的数据类型仍不相同，不同类型的数据要先转换成同一类型的数据，然后进行运算。转换的规则是"由低向高"，也就是说一个表达式的值的类型是其中各个参与运算的数据中级别最高的类型。例如，已知

```
int i;  float f;  double d;  long e;
```

计算表达式 5+'a'+i/f-d*e 的值时，运算次序如下：

- 进行 5+'a' 运算，将 'a' 转换为 int 型 97，然后相加，结果为 102，是 int 型。
- 进行 i/f 运算，将 i 和 f 都转换为 double 型，然后相除，结果为 double 型。
- 将 5+'a' 运算结果 102 转换为 double 型，然后和 i/f 运算结果相加，结果为 double 型。
- 进行 d*e 运算，将 e 转换为 double 型，然后相乘，结果为 double 型。
- 将 5+'a'+i/f 的结果与 d*e 的结果相减，最后的结果为 double 型。

了解转换过程可以控制运算的结果。例如，已知三角形的底为 15，高为 20，如果把求面积的算术表达式写为"1/2*15*20;"，结果面积为 0，产生这种错误结果的原因是：1/2 是两个整型数相除，结果为 0，从而导致面积为 0。如果把表达式改写为"1.0/2*15*20;"或"1/2.0*15*20;"或"1.0/2.0*15*20;"，因为 1.0/2 是一个整型数和一个实型数相除，可以转换为两个 double 型数相除，所以结果为 0.500000，从而最后计算出面积为 150.000000。

以上转换过程是系统自动进行的，也可以称为隐式类型转换，下面将介绍的强制类型转换称为显式类型转换。

2.4.2　强制类型转换

强制类型转换是指将表达式的运算结果（即表达式的值）转换为指定的类型。强制类型转换的一般形式如下：

（类型说明符）表达式

例如：

```
int  k;  double  x, y;
(double)k;                   // 将 k 的值转换为 double 型
(int)(x+y)                   // 将表达式 x+y 的值转换为 int 型
(int) x+y                    // 将 x 的值转换为 int 型，然后和 y 的值相加，最后结果是 double 型
(int) x%k                    // 将 x 的值转换为 int 型，然后和 k 的值求余，最后结果是 int 型
```

说明：

1）对表达式进行强制类型转换时，表达式应该用括号括起来，否则会产生不同的结果，如上面的例子所示。

2）对变量进行强制类型转换时，只能得到一个中间值，并不改变该变量原有的类型。例如，下面的例子中，变量 y 经过强制类型转换后，输出的 y 还是原来的值。

【例 2-10】　阅读程序。

```
#include <stdio.h>
int main( )
{
    double y=7.56;
    int a=2, b;
    b=(int)y%a;
    printf("b=%d,",b);
    printf("y=%f\n",y);
    return 0;
}
```

运行结果：

```
b=1,y=7.560000
```

3）强制类型转换运算符的优先级高于取余运算符 % 的优先级。

2.5　自增运算和自减运算

自增运算符 ++ 和自减运算符 -- 是 C 语言特有的单目运算符，它们只能和一个单独的变量组成表达式。自增、自减运算符使用的一般形式如下：

```
++ 变 量   或   变 量 ++
-- 变 量   或   变 量 --
```

其作用是使变量的值增 1 或减 1，其中变量是指算术类型的变量。

设 x 为算术类型的变量，x++ 和 ++x 的相同之处是：单独作为一个表达式语句被使用时，无论执行了哪一种表达式，执行结束后 x 的值都增加 1。

【例 2-11】　阅读程序。

```
#include <stdio.h>
int main( )
{
    int  i=5,j=5;
    i++;                          // 等价于：i=i+1; 或 i+=1;
    ++j;                          // 等价于：j=j+1; 或 j+=1;
    printf("i=%d, j=%d\n",i,j);
```

```
        return 0;
    }
```

运行结果：

```
i=6, j=6
```

当 x++ 和 ++x 出现在其他表达式中时，也就是说作为其他表达式的一部分时，两个表达式的结果是不同的，原因是作为表达式，x++ 和 ++x 的值不同：表达式 ++x 的值等于 x 的原值加 1，表达式 x++ 的值等于 x 的原值。

换句话说，++x 是先将 x 加 1 后，再在其所在的表达式中使用 x 的值，而 x++ 是在其所在的表达式中先使用 x 的值完成计算后，然后将 x 的值加 1。自减运算与自增运算类似，只是把加 1 改成减 1 而已。

【例 2-12】 阅读程序。

```
#include <stdio.h>
int main( )
{
    int  i=1,j=1,m;
    m=i++;                          // 等价于: m=i;   i+=1;
    printf("i=%d,m=%d\n",i,m);
    m=++j;                          // 等价于: j+=1;   m=j;
    printf("j=%d,m=%d\n", j, m);
    printf("i=%d,j=%d\n", i-- , --j );
    return 0;
}
```

运行结果：

```
i=2,m=1
j=2,m=2
i=2,j=1
```

说明：

1）自增运算符 ++ 和自减运算符 -- 只能用于变量，不能用于常量和表达式。例如，++5、(a+b+3)++ 是错误的。

2）自增运算符 ++ 和自减运算符 -- 的结合方向是"从右到左"，优先级为 14，仅次于圆括号。

3）自增运算和自减运算实质上是算术运算和变量赋值运算两种运算的结合。

【例 2-13】 阅读程序。

```
#include <stdio.h>
int main( )
{
    int  i=1;
    printf("%d,", -i++);
    printf("i=%d\n", i);
    return 0;
}
```

运行结果：

```
-1, i=2
```

变量 i=1，表达式 -i++ 相当于 -(i++)，其值为 -1，然后再将 i 加 1，此时 i 的值等于 2。

2.6 位运算

C 语言是为开发系统软件而设计的，因此它提供了操作二进制数的功能，这些功能通常只有汇编语言才具备。表 2-8 所列的运算符均是针对二进制数的运算，所以统称为**位运算**。位运算只适用于整型数据。

表 2-8　位运算符

符　号	说　明	优　先　级	结　合　性
~	位取反	14	从右到左
<<	左移	11	从左到右
>>	右移		
&	位与	8	从左到右
^	位异或	7	从左到右
|	位或	6	从左到右

假设 A 和 B 是两个整型表达式。以后凡是提到 A 和 B 的值，都是指其二进制形式。

1. 按位取反运算符 ~

一般形式：~ A。

功能：把 A 的各位都取反（即 0 变 1，1 变 0）后所得到的值。

例如：若 int A= 179（十六进制 0xb3、二进制 0000000010110011），则 ~A 的值等于 1111111101001100（ff4c）。

2. 按位与运算符 &

一般形式：A&B。

功能：将 A 的各位与 B 的对应位进行比较，如果两者都为 1，A&B 对应位上的值为 1，否则为 0。

例如：若 short int A= 179（十六进制 0xb3、二进制 0000000010110011），int B=169（十六进制 0xa9、二进制 0000000010101001），则 A&B 值等于 10100001（0xa1 或 161）。

A=	1	0	1	1	0	0	1	1
B=	1	0	1	0	1	0	0	1
A&B	1	0	1	0	0	0	0	1

3. 按位或运算符 |

一般形式：A | B。

功能：将 A 的各位与 B 的对应位进行比较，如果两者中至少有一个为 1，A | B 对应位上的值为 1，否则为 0。

例如：若 short int A= 179（十六进制 0xb3、二进制 0000000010110011），int B=169（十六进制 0xa9、二进制 0000000010101001），则 A|B 值等于 10111011（0xbb 或 187）。

A=	1	0	1	1	0	0	1	1
B=	1	0	1	0	1	0	0	1
A|B	1	0	1	1	1	0	1	1

4. 按位异或运算符 ^

一般形式：A^B。

功能：将 A 的各位与 B 的对应位进行比较，如果两者不同，A^B 对应位上的值为 1，否则为 0。

例如：若 short int A= 179（十六进制 0xb3、二进制 0000000010110011），int B=169（十六进制 0xa9、二进制 0000000010101001），则 A^B 值等于 00011010（0x1a 或 26）。

A=	1	0	1	1	0	0	1	1
B=	1	0	1	0	1	0	0	1
A^B	0	0	0	1	1	0	1	0

5. 左移运算符 <<

一般形式：A<<n，其中n为一个整型表达式，且大于0。

功能：把A的值向左移动n位，右边空出的n位用0填补。如果左移时移走的高位中全部都是0，这种操作相当于对A进行n次乘以2的运算。

例如：若short int A= 27（二进制 0000000000011011），则 A<<2 值等于 108（二进制 01101100）。

A=	0	0	0	1	1	0	1	1
A<<2	0	1	1	0	1	1	0	0

6. 右移运算符 >>

一般形式：A>>n，其中n为一个整型表达式，且大于0。

功能：把A的值向右移动n位，左边空出的n位用0（或符号位）填补。

注意 在对 unsigned int 类型的无符号值进行右移位时，左边空出的部分将用0来填补。当对 int 类型的有符号值进行右移位时，某些机器对左边空出的部分将用符号位来填补（即算术移位），而另一些机器对左边空出的部分将用0来填补（即逻辑移位）。

例如：若 unsigned short A= 0xb3（二进制 0000000010110011），则 A>>3 值等于 22（二进制 00010110）。

A=	1	0	1	1	0	0	1	1
A>>3	0	0	0	1	0	1	1	0

7. 应用举例

【例 2-14】 阅读程序。

```c
#include <stdio.h>
int main( )
{
  unsigned  int A=0xb3,B=0x9a;
  printf(" ~ A=%x\n", ~ A);
  printf("A&B=%x\n", A&B);
  printf("A|B=%x\n", A|B);
  printf("A^B=%x\n", A^B);
  A=27; B=28;
  printf("A<<1=%u\n", A<<1);
  printf("B>>1=%u\n", B>>1);
  return 0;
}
```

运行结果：

```
 ~ A=ffffff4c
A&B=92
A|B=bb
A^B=29
A<<1=54
B>>1=14
```

小结

本章概念性叙述较多，是今后编程的理论基础，通过本章的学习，可以掌握以下几点：

1）程序中用来为符号常量、变量、函数、数组、类型、文件命名的有效字符序列称为标识符。本章详细介绍了 C 语言的基本符号和关于标识符的规定。

2）变量和常量：常量又称为常数，是在程序运行过程中其值不能被改变的量。常量的类型是由本身隐含决定的。

在程序运行过程中其值可以改变的量称为变量。变量具有数据类型、变量名和变量值三个属性。变量在其存在期间，在内存中按照指定的类型占据不同长度的存储单元，可以用来多次存放不同的数值。

3）数据类型：C 语言中根据数据的不同性质和用处，将其分为不同的数据类型，学习中要注意区分各种数据类型具有不同的存储长度、取值范围及允许的操作。

C 语言规定：在程序中用到的数据都必须指定其数据类型。不同数据类型的数据之间按照由低向高的规则进行运算，在程序中还可以对变量进行强制类型转换。

4）运算符和表达式：描述各种操作的符号称为运算符。C 语言把除了控制语句和输入、输出以外的几乎所有的基本操作都作为运算符处理。

用运算符将操作对象连接起来，符合 C 语言语法的式子称为表达式。表达式的值也可以说是表达式的运算结果，所有表达式的值只有两类：数值和地址。对于任意一个运算符而言，都具有两个属性：优先级和结合性（结合方向）。

当若干个运算符同时出现在表达式中时，优先级规定了运算的先后次序。C 语言优先级有15 级之多。

当若干个具有相同优先级的运算符相邻出现在表达式中时，结合方向规定了运算的先后次序。一般来说，大多数运算符的结合方向为"从左到右"，只有单目运算符、赋值运算符和条件运算符的结合方向为"从右到左"。

本章介绍了算术表达式、赋值表达式、逗号表达式以及自增、自减运算和位运算。

习题

一、计算题

设有变量定义"char a='a'; int i=3, j=5, b; float x=2.5; double y=5.0, z;"，计算下面表达式的值。

1. a+i-j+x/y

2. (x+y)+i++

3. y+=i-=j*=++x;

4. b=a+=j%i

5. a=a+i, a+j

6. a=(a+i, a+j)

7. y=(x=2, x+1, x+2)

8. i-=j*=x+y

9. (i++)*(--j)

10. z=(i++)*(j++)

11. (int)x / (int)y+y

12. (float)i/(++j)

13. -j%i+j

14. (int)y% i %(int)(x+y)

二、选择题

以下各题在给定的四个答案中选择一个正确的答案。

1. 下列叙述正确的是（　　　）。

  A. C语言中的数据类型，在不同的编译系统中占据内存的存储单元的大小是一样的

  B. C语言中的数据的类型不同，在内存中占据不同长度的存储单元，采用不同的存储方式

  C. C语言中的常量是没有类型的

  D. C语言中的数据的类型不同，但取值范围都是相同的

2. 下列关于C语言用户标识符的叙述中正确的是（　　　）。

  A. 用户标识符中可以出现下划线和中划线（减号）

  B. 用户标识符中不可以出现中划线，但可以出现下划线

  C. 用户标识符中可以出现下划线，但不可放在标识符开头

  D. 用户标识符中可以出现下划线和数字，它们都可以放在用户标识符的开头

3. 下列转义字符中，错误的是（　　　）。

  A. '\0xa5'　　　　　　　　B. '\031'　　　　　　　　C. '\b'　　　　　　　　D. '\"'

4. 字符串 "\\\\1234\\\\\n" 在内存中占用的字节数是（　　　）。

  A. 14　　　　　　　　　　B. 9　　　　　　　　　　C. 10　　　　　　　　　D. 11

5. 已知梯形的上底为a，下底为b，高为h，用C语言写的正确的面积公式是（　　　）。

  A. 1/2*(a+b)*h　　　　B. 1.0/2*(a+b)*h　　　C. 1.0/2.0(a+b)h　　　D. 1.0\2*a+b*h

6. 与 k=n++ 完全等价的表达式是（　　　）。

  A. n=n+1, k=n　　　　B. k+=n+1　　　　　　C. k=++n　　　　　　D. k=n, n=n+1

三、阅读程序题

写出下列程序在屏幕上的显示结果。

1.
```c
#include <stdio.h>
int main( )
{
    printf("this\tis\tc\bC\tprogram.\rT\n");
    return 0;
}
```

2.
```c
#include <stdio.h>
int main( )
{
    printf("*\\abd\bc\t\r\\*ABCD\105\x46*\\");
    return 0;
}
```

第 3 章

数据的输入和输出

本章主要介绍 C 语言中数据输入和输出的方法。

主机向外部输出设备（包括显示器、打印机等）输出数据称为**数据的输出**，反之，使用外部输入设备（键盘、扫描仪等）向计算机主机输入数据称为**数据的输入**。C 语言本身并没有提供专门的数据输入 / 输出语句，而是通过调用系统提供的标准输入 / 输出库函数来实现数据的输入和输出。

在使用标准的输入 / 输出库函数时，使用编译预处理命令 " #include <stdio.h> " 将 stdio.h 头文件写在程序的开头，该文件包含了与输入 / 输出相关的变量定义、宏定义和函数声明。

3.1 数据的输出

3.1.1 格式输出函数 printf

1. 函数的基本功能

一般形式：

```
printf( 格式控制字符串, 输出表列 )
```

功能：按指定格式，向终端（或系统隐含指定的输出设备）输出若干个任意类型的数据。

2. 函数的使用说明

printf 函数需要提供两类参数，一类是**格式控制字符串**，另一类是**输出表列**。

格式控制字符串用来指出在输出设备（以后均设定输出设备是屏幕）上输出的格式，该字符串指出输出后显示的样式。格式控制字符串也称转换控制字符串，它包括格式说明符和普通字符两种信息：

1）**格式说明符**：由 " % " 和格式符组成，如 %d、%f 等。它的作用是将输出表列的数据转换为指定的格式输出。格式说明符总是由 " % " 字符开始。

2）**普通字符**：是指格式控制字符串中除格式说明符外的其他字符，其中包括转义字符，这是一类需要原样输出的字符。

"输出表列" 是需要输出的一系列数据，可以是常量、变量和表达式。

"格式控制字符串"中格式说明符的个数和输出表列的项数相等，顺序为从左到右依次对应。

printf 函数按格式控制字符串的格式输出信息，输出过程是从左到右逐个考察函数中格式控制字符串的每个字符。如果该字符是普通字符，就将它原封不动地输出到显示器上；如果该字符是格式说明符，就在输出表列中从左到右找到对应的数据项，按格式说明符指定的类型和格式输出。

在使用格式说明符时特别要注意，除了在可显示的字符范围内，整型和字符型格式说明符可以互换，%f 格式说明符可以用来输出单精度实数和双单精度实数外，格式说明符的类型必须与其对应的输出表列中数据的类型一致。

【例 3-1】 阅读程序。

```c
#include <stdio.h>
int main( )
{
    int a=3,b;
    printf("a=%d,b=%d\n",a,b=4);
    return 0;
}
```

其中

"a=%d,b=%d"	格式控制字符串
a,b=4	输出表列
%d	格式说明符
"a=" " ",""b="	普通字符

运行结果：

a=3,b=4

3. 格式说明符

在 C 语言中，格式输入和输出函数对不同类型的数据必须采用不同的格式说明符。

一般形式：

%[- 或 0][m][.][n][l] 格式符

说明：

1）方括号中的内容是可选项。数据的宽度表示数据输出到屏幕上时所占的水平位置的长度，与数据实际字符的个数一致，例如 3.14 的宽度为 4。

2）-（负号）：表示当实际数据的宽度小于显示宽度时，数据左对齐，数据右边用空格填充。0 表示当实际数据的宽度小于显示宽度时，数据右对齐，数据左边空格用 0 填充。

3）m：表示占用数据的宽度，如果实际数据的宽度大于 m，按实际宽度输出。如果实际数据的宽度小于 m，数据右对齐，数据左边用空格填充。

4）n：表示指定输出的数据中有 n 位小数，或者表示取字符串中左端 n 个字符输出。如果不指定该项，一般系统默认输出 6 位小数。

5）m.n：表示指定输出的数据共占 m 列，其中有 n 位小数，舍去的部分系统自动四舍五入。如果输出的是字符串，表示取字符串中左端 n 个字符输出。

6）l：用于长整型或双精度型的数据。

7）用 %% 表示字符 %。

注意　本章中规定用字符"□"表示空格，以便读者能清楚地分辨出显示的空格个数。

格式符的种类很多，如果输出表列的每项数据的类型不同，格式说明符中需要选择不同的格式符与之对应，printf 函数中使用的格式符参考表 3-1。

表 3-1 printf 函数中使用的格式符

格式字符	作　用	输出类型
d,i o x,X u	以十进制带符号的形式输出整数 以八进制无符号的形式输出整数 以十六进制无符号的形式输出整数 以十进制无符号的形式输出整数	整型
f e,E g ,G	以小数形式输出单、双精度实数 以指数形式输出单、双精度实数 选用 %f 或 %e 格式中输出宽度较短的一种格式	实型
c s	以字符形式输出一个字符 以字符形式输出一个字符串	字符型
p	输出指针	void* 类型

下面按照输出的数据类型的不同，详细介绍各种格式符在程序中的使用方法。

（1）整型数据

一般形式：

`%[- 或 0][m][l] 格式符`

格式符与对应的输出形式如表 3-1 所示。如果不指定数据宽度和对齐方式，例如 %d，系统自动按整型全部输出。

说明：

1）d 格式符（或 i 格式符），用来输出十进制整数。有以下几种：

● %d：按整型数据输出。

● %ld：输出长整型数据。但在 Visual C++ 系统中，%d 和 %ld 没有区别。

2）o 格式符，以八进制数形式输出正整数或无符号整数。

o 格式符是将内存单元中各位的值（0 或 1）按八进制形式输出，因此输出的数值不带符号。例如：

`printf("%d, %o",8,8);`

结果是：

`8, 10`

3）x 格式符，以十六进制数形式输出正整数或无符号整数，同样不会出现负的十六进制数。它有两种写法，即 %x 和 %X，分别对应十六进制数中字母的大小写形式。例如：

`printf("%d, %x, %X",15,15,15);`

结果是：

`15, f, F`

4）u 格式符，以十进制形式输出 unsigned 型数据，即无符号整数。

（2）实型数据

一般形式：

`%[- 或 0][m][.][n] 类型符`

实型数据的输出有以下三种格式符：

1）f 格式符，以小数形式输出实数。

一般形式：

%[- 或 0][m][.][n]f

如果不指定数据宽度和对齐方式，例如 %f，系统将自动指定，使整数部分全部如数输出，并输出 6 位小数。

2）e 格式符，以指数形式（科学记数法）输出实数。

一般形式：

%[- 或 0][m][.][n]e 或 %[-][m][.][n]E

对应的输出形式是：

（数字部分）e（指数部分）或（数字部分 E 指数部分）

数值按标准化指数形式输出，即小数点前有且仅有一位非零数字。

【例 3-2】 阅读程序。

```c
#include <stdio.h>
int main( )
{
  float x=12.345f;
  double y=2.346;
  printf("x1=%f,x2=%6.2f,x3=%-6.2f,x4=%.2f\n",x,x,x,x);
  printf("x5=%e,x6=%10.2e,x7=%-10.2e,x8=%.2e\n",x,x,x,x);
  printf("y1=%f,y2=%6.2f,y3=%-6.2f,y4=%.2f\n",y,y,y,y);
  printf("y1=%lf,y2=%6.2lf,y3=%-6.2lf,y4=%.2lf\n",y,y,y,y);
  return 0;
}
```

运行结果：

```
x1=12.345000,x2=□12.35,x3=12.35□,x4=12.35
x5=1.234500e+001,x6=□1.23e+001,x7=1.23e+001□,x8=1.23e+001
y1=2.346000,y2=□□2.35,y3=2.35□□,y4=2.35
y1=2.346000,y2=□□2.35,y3=2.35□□,y4=2.35
```

3）g 格式符，用来输出实数，它根据数值的大小，自动选 f 格式或 e 格式中输出时占宽度较小的一种。

（3）字符型数据

字符型数据的输出有以下两种格式符：

1）c 格式符，用来输出一个字符。

一般形式：

%c

一个整数，只要它的值在 33 ～ 126 范围内，就可以用字符形式输出，在输出前，将该整数转换成相应的 ASCII 字符；反之，一个字符数据，只要它的 ASCII 码值在 33 ～ 126 范围内，就可以用整数形式输出。

【例 3-3】 阅读程序。

```c
#include <stdio.h>
int main( )
{
  char ch='a'; int i=97;
  printf("%c,%d\n",ch,ch);
  printf("%c,%d\n",i,i);
  return 0;
}
```

运行结果：

```
a,97
a,97
```

2）s 格式符，用来输出一个字符串。

一般形式：

%[- 或 0][m][.][n]s

如果不指定字符宽度和对齐方式，例如 %s，系统将自动指定，使整个字符串全部输出。

【例 3-4】 阅读程序。

```
#include <stdio.h>
int main( )
{
    printf("s1=%05.2s,s2=%-5.2s,s3=%.2s,s4=%3s,s5=%s\n",
           "abcd","abcd","abcd","abcd","abcd");
    return 0;
}
```

运行结果：

```
s1=000ab,s2=ab □□ ,s3=ab,s4=abcd,s5=abcd
```

3.1.2 字符输出函数 putchar

一般形式：

int putchar(char ch)

功能：向终端（或系统隐含指定的输出设备）输出一个字符。

返回值：成功时返回输出字符的 ASCII 码，否则返回 -1。

说明：

1）可以输出转义字符。

2）可以将字符变量定义成 int 型或 char 型。

【例 3-5】 阅读程序。

```
#include <stdio.h>
int main( )
{
    char c1='A',  c2=66 ;
    int  c3='\103', c4 ;
    c4=c3+1;
    putchar(c1); putchar(c2);
    putchar('\n');
    putchar(c3); putchar(c4);
    putchar('\n');
    return 0;
}
```

运行结果：

```
AB
CD
```

3.2 数据的输入

3.2.1 格式输入函数 scanf

1. 函数的基本功能

一般形式：

scanf（格式控制字符串，地址表列）

功能：按指定格式，用键盘（或系统隐含指定的其他输入设备）输入若干个任意类型的数据。

说明：

1）scanf 函数需要提供两类参数，一类是格式控制字符串，另一类是地址表列。

2）"格式控制字符串"用来指出在输入设备（以后均设定输入设备是键盘）上输入的格式，包括格式说明符和普通字符两种信息，格式说明符的基本含义与 printf 函数中的"格式说明符"相同。

3）"地址表列"是由若干个地址组成的表列，可以是变量的地址或字符串的首地址。

格式控制字符串中格式说明符的个数和地址表列的项数相等，顺序为从左到右依次对应。scanf 函数按格式控制字符串的格式输入信息，输入过程是函数从左到右逐个考察格式控制字符串的每个字符。如果该字符是普通字符，则必须按照该字符的内容原封不动地用键盘输入到显示器上；如果该字符是格式说明符，则按格式说明符指定的类型和格式输入一个数字或字符。

scanf 函数中使用的格式符参考表 3-2。

表 3-2　scanf 函数中使用的格式符

格式字符	作　　用	输入值类型
d,i o x,X u	用来输入带符号十进制整数 用来输入无符号八进制整数 用来输入无符号十六进制整数 用来输入无符号十进制整数	整型
f, e, E, g, G	用来输入实数。可以用小数形式或指数形式输入	实型
c s	用来输入单个字符 用来输入一个字符串	字符型

2. 函数的使用说明

1）键盘输入时如何与格式控制字符串对应，从而使变量获得准确数据？这个问题可分为以下 4 种情况：

- 格式控制字符串无任何普通字符。在程序运行中需要输入非字符类数据时，两个数据之间以一个或多个空格间隔，也可以按回车键、制表键（Tab）间隔。例如：

```
int a,b,c;
scanf("%d%d%d", &a,&b,&c);
```

其中，"%d%d%d"表示按十进制整数形式输入数据。对应的键盘输入为：

3<Tab>4< 空格 >5< 回车 >

或

3< 回车 >4< 回车 >5< 回车 >

或

3< 空格 >4< 空格 >5< 回车 >

注意　在本书中，< 回车 > 表示 Enter 键，< 空格 > 表示空格键，<Tab> 表示 Tab 键。

- 格式控制字符串中存在普通字符。格式控制字符串中的普通字符一般用来分隔输入的数据项。在程序运行中需要输入数据时，对于"普通字符"，必须按照该字符的内容原封不动地用键盘输入到显示器上，如果输入的内容和格式字符串的内容不一致，则 scanf 函数立即结束。

【**例 3-6**】　阅读程序。

```
#include <stdio.h>
int main( )
{
  int a=0,b=0,c=0;
  printf("Input a=,b=,c=\n");
  scanf("a=%d,b=%d,c=%d", &a,&b,&c);
  printf("a=%d,b=%d,c=%d",a,b,c);
  return 0;
}
```

程序运行情况：

```
Input a=,b=,c=
a=1,b=2,c=3 <回车>
a=1,b=2,c=3
```

上例中，如果键盘输入内容是：

```
a=1,a=2,c=3<回车>
```

运行结果：

```
a=1,b=0,c=0
```

在输入变量 b 值之前，出现错误，把 "b=" 误写为 "a="，导致 scanf 函数立即结束，因此，变量 b 和变量 c 仍然保持原来的值。

- 可以指定输入数据所占列数，系统将根据指定列数自动截取所需数据。例如：

```
scanf("%3d%3d",&a,&b);
```

输入：

```
123456789<回车>
printf("a=%d,b=%d",a,b);
```

输出：

```
a=123,b=456
```

- 数字型数据和字符型数据混合输入。

【**例 3-7**】　阅读程序。

```
#include <stdio.h>
int main( )
{
  int a,b,c,d;
  scanf("%d%c%c%c",&a,&b,&c,&d);
  printf("a=%d,b=%c,c=%c,d=%c\n",a,b,c,d);
  return 0;
}
```

输入：

```
123abc<回车>
```

运行结果：

```
a=123,b=a,c=b,d=c
```

如果输入 123<回车>abc<回车>，结果为 a=123,b=,c=a,d=b，系统将<回车>作为有效字符赋给字符变量 b，依次向后推移，将 'a' 赋给字符变量 c，将 'b' 赋给字符变量 d，从而导致错误的结果。

2）输入 double 型数据时，必须使用格式说明符 %lf 或 %le，不能直接使用 %f 或 %e。例如：

```
double x,y;
scanf("%lf%lf",&x,&y);
```

3）输入数据时不能规定精度。例如，下面的输入语句是非法的：

```
float x;
scanf("%6.2f",&x);
```

4）对 unsigned 型数据，可以用 %u、%d 或 %o、%x 格式输入。

5）% 后的"*"为附加说明符，用来表示跳过相应的数据。例如：

```
scanf("%2d,%*3d,%2d",&a,&b);
printf("a=%d,b=%d\n",a,b);
```

输入：

```
12,345,67< 回车 >
```

运行结果：

```
a=12,b=67
```

系统自动跳过了 345，使得 b=67。

3.2.2　字符输入函数 getchar

一般形式：

```
int  getchar()
```

返回值：成功时返回输入字符的 ASCII 码，否则返回 -1。
功能：从键盘（或系统隐含指定的输入设备）接收一个字符。
说明：
1）只能接收一个字符。
2）可以将获得的字符赋给 int 型或 char 型的变量。
3）可以用来接收键盘输入的不必要的回车或空格，或使运行的程序暂停。

【例 3-8】 阅读程序。

```
#include <stdio.h>
int main( )
{
  char c1;
  int  c2;
  printf("\nInput three characters:\n");        // 输入提示
  c1=getchar();                                  // 将键盘输入的字符赋值给变量 c1
  putchar(c1);                                   // 输出
  c2=getchar();
  putchar(c2);
  putchar(getchar());                            // 将键盘输入的字符直接输出
  putchar('\n');
  return 0;
}
```

程序运行情况：

```
Input three characters:
HEI< 回车 >
HEI
```

【例 3-9】 程序用 getchar() 接收键盘输入的不必要的回车或空格。

```c
#include <stdio.h>
int main( )
{
  int a;
  char b;
  printf("Input a,b:\n ");
  scanf("%d",&a);
  getchar();                    // 接收上条语句回车避免将其作为有效字符输入给字符变量 b
  scanf("%c",&b);
  printf("a=%d,b=%c\n",a,b);
  return 0;
}
```

程序运行情况：

```
Input a.b:
12< 回车 >
K< 回车 >
a=12,b=k;
```

【例 3-10】 程序用 getchar() 实现暂停。

```c
#include <stdio.h>
int main( )
{
  printf("Step 1:\n");
  printf("Step 2:\n");
  printf("Step 3:\n");
  printf(" 按 Enter 键继续 ......");
  getchar();
  printf("Step 4:\n");
  printf("Step 5:\n");
  printf("Step 6:\n");
  return 0;
}
```

程序运行情况：

```
Step 1:
Step 2:;
Step 3:
按 Enter 键继续 ...... < 回车 >
Step 4:
Step 5:;
Step 6:
```

3.3　应用举例

【例 3-11】 输入直角三角形的两个直角边的边长，求斜边的长度和三角形的面积。

```c
#include <math.h>                    // 包含一个数学函数库头文件
#include <stdio.h>
int main( )
{
  double a,b,c,area;
  printf("Input a,b\n");             // 输入提示,a,b 为两个直角边长度
  scanf("%lf%lf",&a,&b);             // 输入 a,b 值
  printf("a=%f, b=%f\n",a,b);        // 输出 a,b 值验证一下
  c=sqrt(a*a+b*b);                   //sqrt 是数学平方根函数
  area=1./2*a*b;
  printf("c=%-7.2f",c);
  printf("area=%-7.2f\n",area);
  return 0;
```

```
}
```

程序运行情况：

```
Input a,b
3 □ 4< 回车 >
a=3.000000,b=4.000000
c=5.00 □□□ area=6.00
```

【例 3-12】 根据下面的输出结果编写程序，要求用 scanf 函数输入。

```
ch='A',ASCII=65
i=1 □□ j=2
x=12.34 □□□ y=56.78
```

编写程序如下：

```
#include <stdio.h>
int main( )
{
  char c;
  int i,j;
  float x,y;
  printf("Input c,i,j,x,y\n");              // 输入提示
  scanf("%c,%d,%d,%f,%f",&c,&i,&j,&x,&y);   // 键盘交互输入
  printf("ch=\'%c\', ASCII =%d\n",c,c);     // 输出 c 值并换行
  printf("i=%-3dj=%d\n",i,j);               // 输出 i,j 值并换行
  printf("x=%-8.2fy=%.2f\n",x,y);           // 输出 x,y 值
  return 0;
}
```

输入：

```
A,1,2,12.34,56.78< 回车 >
```

运行结果与题目要求一致。由于输入格式中有逗号，因此运行时输入数据也要加上逗号。

小结

　　C 语言本身并没有提供专门的数据输入 / 输出语句，而是通过调用系统提供的标准输入 / 输出库函数来实现数据的输入和输出。将 stdio.h 头文件写在程序的开头，该文件包含了与输入 / 输出相关的变量定义、宏定义和函数声明。

　　C 语言中有关输入和输出函数的规定比较烦琐，建议读者通过编程实践来逐步掌握。对于数据的输入，初学者经常出现由于没有正确地使用 scanf 函数，导致程序中变量的数据不正确，即使程序的其他部分没有错误，也可能造成最后的结果不正确。因此，建议初学者在 scanf 函数前加一个 printf 函数，输出一个有关变量输入内容的提示。在 scanf 函数被执行后再加一个 printf 函数，输出各个变量的值，从而保证输入内容的正确无误。

　　数据的输出也很重要，要求输出表列的数据项与格式说明符的个数相同，依次对应，最重要的是类型匹配。否则由于系统不给出错误提示，即使前面程序的算法没有错误，计算结果正确，也不能看到正确的输出结果，可谓"功亏一篑"。

习题

一、选择题

　　以下各题在给定的四个答案中选择一个正确的答案。

1. 已有定义 "char s1,s2;"，下面正确的语句是（　　　）。

　　A. scanf ("%s%c", s1,s2);　　　　　　　　B. scanf ("%s%c", s1,&s2);

C. scanf ("%c%c", &s1,&s2);   D. scanf ("%c%c",s1,s2);

2. 为下面的程序输入数据，使得 i=10，k='a'，j=15，正确的键盘输入方法是（   ）。

```
#include <stdio.h>
int main( )
{
    int  i,j;  char k;
    scanf("%d%c%d",&i,&k,&j);
    printf("i=%d,k='%c',j=%d\n",i,k,j);
    return 0;
}
```

A. 10,a,15< 回车 >

B. 10< 回车 >a< 回车 >15< 回车 >

C. 10'a'15< 回车 >

D. 10a15< 回车 >

3. 运行下面的程序，正确的输出结果是（   ）。

```
#include <stdio.h>
int main( )
{
    double  x=68.7563, y= -789.127;
    printf ("%f, %10.2f\n", x,y);
    return 0;
}
```

A. 68.756300, □□ -789.12

B. 68.756300, □□ -789.13

C. 68.75, □□□ -789.13

D. 68.75, -789.12

4. 已知 "float x=2.23,y=4.35;"，根据下面的输出结果，正确的程序段是（   ）。

```
x=2.230000,y=4.350000
y+x=6.58,y-x=2.12
```

A. printf("x=%8.2f,y=%8.2f",x,y);
   printf("y+x=%4.2f,y-x=%4.2f\n",y+x,y-x);

B. printf("x=%8.6f,y=%8.6f\n",x,y);
   printf("y+x=%4.2f,y-x=%4.2f\n",y+x,y-x);

C. printf("x=%7.2f,y=%7.2f\n",x,y);
   printf("y+x=%3.2f,y=%3.2f\n",y+x,y-x);

D. printf("x=%f,y=%f\n",&x,&y);
   printf("y+x=%f,y=%f\n",y+x,y-x);

二、完善程序题

以下各题在每题给定的 A 和 B 两个空中填入正确内容，使程序完整。

1. 用 scanf 函数输入数据，使得 x=1.23，y=67.1234。

```
#include <math.h>
#include <stdio.h>
int main( )
{
    double  x,y,z;
    scanf("___A___", ___B___);
    z=2*x+y/sin(3.1415/4);
    printf("z=%6.2f",z);
    return 0;
}
```

2.
```
#include  <___A___>
int main( )
{
    char  str;
    ___B___=getchar();
    putchar(str);
    return 0;
}
```

3. 根据下面的输出结果，完善程序。

```
s1=C,ASCII is 67
x=655.35,y=765.43
```

```
#include <stdio.h>
int main( )
{
        A   x=655.3524,y=765.4271;

    char s1='C';
    printf(   B   ,  s1,s1,x,y);
    return 0;
}
```

4. 用 scanf 函数输入数据，使得程序运行结果为 a=2, b='x', c='z'。

```
#include <stdio.h>
int main( )
{
  int   a, b;
  scanf("%d%c",   A   );
  printf("   B   ",a,b,b+2);
  return 0;
}
```

三、阅读程序题

写出以下程序的运行结果。

1.
```
#include <stdio.h>
int main( )
{
  int i=19,j=12;
  double  x=3.1415,y=153.125;
  char ch='*';
  printf("(1)\ti=%d\tj=%d\n",i,j);
  printf("(2)\tx=%.2f\ty=%.2e\n",x,y);
  printf("(3)\t%c\t%c\t%c\n",ch,ch,ch);
  printf("(4)\t%s\t%.3s\t%.2s\n","Hello","Hello","Hello");
  return 0;
}
```

运行结果：_____。

2.
```
#include <stdio.h>
int main( )
{
  char str=65;
  printf("str=%c,ASCII=%d",str,str);
  printf("\nstr=%c,ASCII=%d\n",str+1,str+1);
  return 0;
}
```

运行结果：_____。

四、程序改错题

指出下列程序中两处错误的语句，并改正。

1.
```
#include <stdio.h>
int main( )
{
  float  x,y,z;
  scanf("%5.2f, %5.2f" ,&x,&y);
  z=x+y;
```

```
    printf("z=%5.2f\n",&z);
    return 0;
}
```

2.
```
#include <stdio.h>
int main( )
{
    short int x=7654123;
    x*=10;
    printf("x=%d\n,x);
    return 0;
}
```

3.
```
#include <stdio.h>
int main( )
{
    float  c1=67;
    char   c2;
    c2=c1+5;
    printf("c1=%c,c2=%c\n",c1,c2);
    printf("c1=%d,c2=%d\n",&c1,&c2);
    return 0;
}
```

五、编写程序题

已知 "char ch='b'; int i=3, j=5; float x=22.354,y=435.6789;"，根据下面的输出结果编写程序。

```
ch='b',ASCII=98
i=3 □□□□□ j=5
x=22.35 □ y=435.68
```

第 4 章

选 择 结 构

结构化程序具有结构清晰、层次分明、可读性好等优点，任何一个结构化程序都可以用顺序结构、选择结构及循环结构来表示。

在前面的章节中，我们已经学会了编写简单的程序，这些程序一般都涉及输入程序所需要的数据、进行某些运算和数据处理以及输出运算结果等操作，这是最基本的 C 程序语句，也是 C 程序中最常用的顺序程序结构。

在顺序程序结构中，程序的流程只能按照语句书写的先后顺序来执行，不能进行跳转，因此无法对一些特殊的情况进行处理。而在实际问题处理中往往需要根据不同情况来选择执行不同程序流程的操作步骤，即通过判断特定的条件，从多个分支中选择一个分支执行，这就是**选择结构**。

本章主要介绍如何用合法的 C 语言表达式描述判断条件，以及在 C 语言中实现选择结构的程序设计方法。

4.1 算法的概念及其描述方法

在人们进行程序设计的过程中，不管选用哪种程序设计语言，编程者都要在程序中详细地说明想让计算机做什么以及如何做，即正确地描述出程序实现的算法，本节简要介绍算法的概念及其描述方法。

4.1.1 算法的概念

用计算机解决一个实际问题，首先应进行程序设计，而程序设计主要包括对数据以及处理问题的方法和步骤的完整而准确的描述。所谓对数据的描述，就是指明在程序中要用到数据的哪些类型和组织形式，即数据结构；对问题的方法和步骤的描述，即计算机进行操作的步骤，也就是所采用的算法。

什么是算法呢？算法是规则的有限集合，是对特定问题求解步骤的一种逻辑描述。

一个算法就是一个有穷规则的集合，其中的规则规定了一个解决某个特定类型的问题的运算序列。简单地说，任何解决问题的过程都是由一定的步骤组成的，我们把解决问题的方法和有限的步骤称为**算法**。

算法分为**数值运算算法**和**非数值运算算法**两种。数值运算算法是指对问题的数值求解，例如对微分方程求解，对一元二次方程求解等；非数值运算算法包括非常广泛的领域，如信息检索、事务管理、数据处理等。数值运算有确定的数学模型，一般都有比较成熟的算法。许多常用的算法已经被编写成通用程序或标准库形式，例如数学程序库、数学软件包等，需要时可以直接调用。而非数值运算的种类繁多，要求不一，很难形成规范的算法，需要用户按不同要求进行设计。

一般可用如下 5 个基本特性来衡量算法的正确性：

1）**有穷性**。一个算法必须在执行有限步骤之后结束，即一个算法必须包含有限的操作步骤，而不是无限地执行下去。

2）**确定性**。算法的每一个步骤都应当是确定的、无二义性的，而不应当是含糊的、模棱两可的。所谓确定是指算法应当满足具体问题的要求，对于一切合法的输入都能产生满足规格说明要求的结果。

3）**可行性**。算法的每一步都是能够实现的，即可操作的，并得到确定的结果，也称为算法的有效性。

4）**允许没有输入或者有多个输入**。所谓输入是指在执行算法时，计算机需从外界获得必要的信息。有些算法不需要从外界输入数据，而有些算法则需要输入数据。

5）**必须有一个或多个输出**。算法的目的是求解，"解"就是输出。一个算法可以有一个或若干个输出，没有输出的算法是没有意义的。

一般来说，应该考虑采用方法简单、运算步骤少、占用计算机存储空间小的算法。也就是说，为了有效地进行解题，不仅需要保证算法的正确性，还要考虑算法的质量。

4.1.2 算法的描述方法

为了表示一个算法，可以使用不同的算法描述方法。

1. 自然语言

所谓自然语言，就是人们日常使用的语言，可以使用汉语、英语或其他语言来描述算法。

例如，用自然语言描述求 $n!$ 的算法。

如果 $n=5$，即求 $1 \times 2 \times 3 \times 4 \times 5$。先设 s 代表累乘之积，t 代表乘数，采用自然语言表示的 $n!$ 的算法如下：

步骤 1：使 $s=1$，$t=1$；

步骤 2：使 $s \times t$，得到的积仍放在 s 中；

步骤 3：使 t 的值加 1；

步骤 4：如果 $t \leqslant n$，返回步骤 2，重新执行，否则循环结束，此时，s 中的值就是 $n!$，输出 s。

用自然语言描述算法通俗易懂，比较符合人们的日常思维习惯，但描述文字比较烦琐、冗长，容易产生歧义，难以清楚地表达算法的逻辑流程。因此，自然语言一般适用于描述较为简单的算法。

2. 流程图

流程图是用一些几何图形、线条以及文字说明来描述算法的逻辑结构。该方法形象、简明直观、易于理解、便于交流。ANSI 规定了一些常用的流程图符号，如图 4-1 所示。

传统流程图用流程线指出各框的执行顺序，对流程线的使用没有严格限制。因此，使用者可以毫不受限制地使流程随意转向，这往往使流程图变得毫无规律，难以阅读、修改，使算法的可靠性和可维护性难以保证。

（1）顺序结构

顺序结构是最简单的一种程序结构，程序依据语句书写的先后顺序依次执行，即程序执行了语句 1 后才能执行语句 2。顺序结构流程图如图 4-2a 所示。

（2）选择结构

选择结构也称为**分支结构**，此结构必须包含一个条件判断框，根据条件判断结果决定程序执行的顺序，这种结构流程图如图 4-2b 所示。当"条件"为"真"（成立）时，执行语句块 1；当"条件"为"假"（不成立）时，执行语句块 2。

（3）循环结构

循环结构也称为**重复结构**，通常用来重复执行某些操作语句。用计算机实现反复做某项工作是通过使用循环结构来完成的。循环结构是先判断循环条件，若条件成立，则执行循环体，如图 4-2c 所示。此结构表示当给定的条件成立时，反复执行循环体，直到条件不成立时，跳出循环。

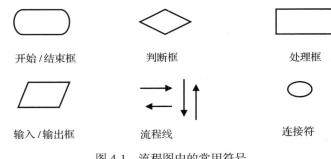

开始 / 结束框　　　　　判断框　　　　　处理框

输入 / 输出框　　　　　流程线　　　　　连接符

图 4-1　流程图中的常用符号

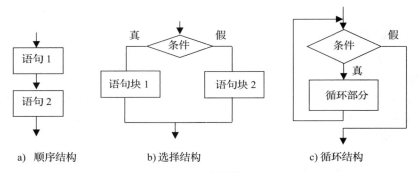

a) 顺序结构　　　　b) 选择结构　　　　c) 循环结构

图 4-2　三种控制结构的流程图

3. N-S 流程图

N-S 流程图是为简化控制流向，由美国学者 I. Nassi 和 B. Shneiderman 提出的表示算法的图形工具。该表示方法的基本单元是矩形框，用不同的形状线作为分割。流程图中只有一个入口、一个出口，没有流程线。

N-S 流程图的优点是比文字描述直观、形象、易于理解，比传统流程图紧凑易画。尤其是它废除了流程线，避免了流程任意转向，增加了可读性。整个算法结构是由各个基本结构按顺序组成的，N-S 流程图中的上下顺序就是执行时的顺序。

图 4-3 是用 N-S 流程图表示的程序的三种基本结构，其中图 a 表示顺序结构，图 b 表示选择结构，图 c 表示循环结构。

4. 伪代码

伪代码是介于自然语言和计算机语言之间的一种用文字和符号来描述算法的工具。伪代码并不对应于某种计算机语言，而是一种类似计算机语言的代码。伪代码表示方法不能被计算机所理解，但接近于某种语言编写的程序，便于转换成计算机程序。

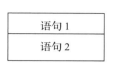

a）顺序结构　　　　　　　b）选择结构　　　　　　　c）循环结构

图 4-3　三种基本结构的 N-S 流程图

4.2　关系运算符与关系表达式

在分支程序设计中，需要根据条件判断选择所要执行的程序分支，其中条件可以用表达式来描述，如关系表达式和逻辑表达式。

4.2.1　关系运算符

所谓"关系运算"就是进行"比较运算"，关系运算符的功能是对两个操作数进行比较并产生运算结果 0（假）或 1（真）。C 语言提供了六种关系运算符，如表 4-1 所示。

表 4-1　C 语言中的关系运算符

运　算　符	含　　义	优　先　级
>	大于	高
>=	大于等于	
<	小于	
<=	小于等于	
==	等于	低
!=	不等于	

说明：

1）在以上六种关系运算符中，前四种（>、>=、<、<=）的优先级相同，后两种（==、!=）的优先级相同，前四种的优先级高于后两种的优先级。

2）关系运算符的结合性为从左到右。

3）在 C 语言中，注意不要使用等号"="代替关系运算符"=="进行关系相等判断，"="是赋值运算符，这也是初学者容易犯的错误。

4.2.2　关系表达式

关系表达式是用关系运算符将两个操作数（运算量）连接起来组成的表达式。两个操作数（运算量）可以是算术表达式、字符表达式、赋值表达式、关系表达式和逻辑表达式等。在 C 语言中，可以用关系表达式来描述给定的一些条件。

例如，以下均为合法的关系表达式：

```
i<=100    m!=0    ch>='A'    x==15
```

关系表达式的值为逻辑值，即"真"或"假"。由于 C 语言中没有提供布尔数据类型，因此，判断条件的两种结果用 1 表示"真"，0 表示"假"。这种真假值判断策略给程序在判断条件的表达上带来了很大的灵活性，使得任何类型的 C 表达式都可以作为判断条件。

例如，判断"x 是否为负数"可以用关系表达式 x<0，它比较两个操作数 x 和 0。如果 x 是

负数，条件成立，该表达式的值为"真"；如果 x 不是负数，条件不成立，该表达式的值为"假"。

再如，判断"y 不是偶数"可以用关系表达式 y%2!=0，它表示如果 y 被 2 求余结果不为 0，即 y 不能被 2 整除，则关系表达式的值为真，因此 y 不是偶数，反之 y 是偶数。也可以用关系表达式 y%2 代替 y%2!=0，二者是等价的。

在 C 语言中，表达式的求解是根据运算符的优先级和结合性进行的，在表达式 y%2!=0 的求解中，由于算术运算符"%"的优先级高于关系运算符"!="的优先级，因此表达式计算时，优先计算 y%2 的值，然后将计算的结果与 0 进行关系比较运算。

例如，若有 a=5>3>4，因"5>3"的值为 1，"1>4"的值为 0，则 a 的值为 0，表达式的值为 0。

再如，设 a=5，b=3，则

```
a>b!=7              值为 1（真）
(a==b)>10           值为 0（假）
(a+b)<'d'           值为 1（真）
(a-'a')<(b-'b')     值为 0（假）
```

4.3 逻辑运算符与逻辑表达式

在程序设计中，对于简单的条件判断使用关系运算符就可以表达了，但是当涉及的操作数多于两个时，用关系表达式就难以正确表示，为了表达更加复杂的判断条件，就需要用到逻辑运算符和逻辑表达式。

4.3.1 逻辑运算符

C 语言提供了三种逻辑运算符，如表 4-2 所示。

表 4-2 C 语言中的逻辑运算符

运 算 符	含 义
&&	逻辑与
||	逻辑或
!	逻辑非

说明：

1）"&&"和"||"为双目运算符，要求有两个操作数（运算量）。当"&&"两边的操作数（运算量）均为非 0 时，运算结果为 1（真），否则为 0（假）。当"||"两边的操作数（运算量）均为 0 时，运算结果为 0（假），否则为 1（真）。

2）"!"为单目运算符，只要求有一个操作数（运算量），其运算结果是使操作数（运算量）的值为非 0 者变为 0，为 0 者变为 1。

3）三种逻辑运算符的优先级由高到低依次为：!、&&、||。

4）逻辑运算符与其他运算符的优先次序如下：

- 关系运算符的优先级低于算术运算符的优先级，其结合方向为从左到右。
- 逻辑运算符中"&&"和"||"的优先级低于关系运算符的优先级，结合方向为从左到右；"!"的优先级高于算术运算符的优先级，其结合方向为从右到左。
- 以上三种运算符的优先级均高于赋值运算符的优先级。

各种运算符的优先级如图 4-4 所示。

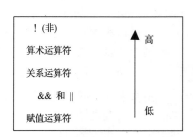

图 4-4 运算符的优先级

4.3.2 逻辑表达式

逻辑表达式是由逻辑运算符将逻辑运算对象连接起来构成的式子，其值反映了逻辑运算的结果。逻辑表达式的值是一个逻辑量"真"或"假"。C 语言编译系统在给出逻辑运算结果时，以数值 0 代表"假"，以 1 代表"真"，但在判断一个量是否为"真"时，则以非 0 代表"真"，以 0 代表"假"。因此，逻辑运算符两侧的运算对象可以是任何类型的数据，系统最终以 0 和非 0 来判断它们属于"真"或"假"。表 4-3 给出了三种逻辑运算的真值表。

表 4-3　逻辑运算真值表

x	y	x&&y	x||y	!x	x	y	x&&y	x||y	!x
0	0	0	0	1	非 0	0	0	1	0
0	非 0	0	1	1	非 0	非 0	1	1	0

例如，如下都是合法的 C 语言逻辑表达式：

```
a+b<c&&c==d 等价于 ((a+b)<c)&&(c==d)
a-!d||m>n+3 等价于 (a-(!d))||(m>(n+3))
```

系统在求解表达式时自左向右扫描表达式，并根据运算符的优先级进行计算。例如：

```
8.5<'a'&&'\0'||6>5-!0
```

该表达式完整的求解过程是：

1）关系运算 8.5<'a' 的结果为 1。

2）逻辑运算 1&&'\0' 的结果为 0。

3）逻辑运算 !0 的结果为 1。

4）算术运算 5-1 的结果为 4。

5）关系运算 6>4 的结果为 1。

6）逻辑运算 0||1 的结果为 1。

该表达式最终的结果为 1。

【例 4-1】 写出描述 x 是否在闭区间内的 C 语言表达式，即 -1<=x<=1。

正确的逻辑表达式为：

```
x>=-1&&x<=1    或    (x>=-1)&&(x<=1)
```

当 x>=-1 和 x<=1 的值同时为"真"时，该表达式的值为"真"。如果用 -1<=x<=1 来表示，则不能正确表达题目要求。因为表达式求解从左向右进行，首先求出 x>=-1 的结果，然后用此结果与 1 进行 <= 比较。由于关系运算符" >= "和" <= "的优先级高于逻辑运算符" && "的优先级，因此可以省略括号。

【例 4-2】 写出满足下列条件的 C 语言表达式。

1）ch 是英文字母。

2）year 是闰年（year 是闰年的条件为：year 能被 4 整除但不能被 100 整除，或者 year 能被 400 整除）。

3）m 能被 3 整除且能被 5 整除。

判断 ch 是英文字母的逻辑表达式：

```
(ch>='a'&&ch<='z')||(ch>='A'&&ch<='Z')
```

判断 year 是闰年的逻辑表达式：

```
(year%4==0&&year%100!=0)||(year%400==0)
```

判断 m 是否能被 3 整除且能被 5 整除的逻辑表达式：

```
m%3==0&&m%5==0
```

注意　C 语言在逻辑表达式的求解过程中，并非所有的逻辑运算符都被执行，只有在必须执行下一个逻辑运算符才能求出表达式的解时，才执行该运算符。

例如，对于逻辑表达式

```
a&&b&&c
```

只有 a 为真时才判断 b 的值，只有 a&&b 的值为真时才判断 c 的值。也就是说，若 a 为假，表达式的值已确定，就不再判断 b 和 c；若 a 为真，b 为假，则不判断 c。

同样，对于逻辑表达式

```
a||b||c
```

只要 a 为真，表达式的值就为真，不必判断 b 和 c；只有 a 为假时，才判断 b；只有 a 和 b 均为假时，才判断 c。

【**例 4-3**】 设 a=3，b=2，c=6，d=5，m=7，n=8，求出下面逻辑表达式的值和 n 的值。

```
(m=a<b)&&(n=c-d)
```

逻辑表达式的值为 0，n 的值为 8。

由于 a<b 的值为 0，故 m=0，此时整个逻辑表达式的值已确定为 0，n=c-d 将不被执行，故 n 的值不是 1，仍保持原值 8。

4.4　选择语句

在 C 语言中，使用 if 语句和 switch 语句来实现选择结构，它们可根据给定的条件，选择所给出的一组操作执行，决定语句的执行顺序，实现程序的分支流程。

4.4.1　if 语句

if 语句是条件选择语句，它能够根据对给定条件的判断（结果为真或假），来决定所要执行的操作。

if 语句的一般形式：

```
if(表达式)
    语句1
[else
    语句2 ]
```

说明：

1）if 后面的表达式可以为关系表达式、逻辑表达式、算术表达式等。

2）if 语句根据不同的条件可以分为单分支结构和双分支结构。其执行流程如图 4-5 所示。

1. 单分支选择结构 if 语句

上述 if 语句中，方括号中的内容为可选项，此时 if 语句的形式为单分支选择结构，这是最简单的分支结构，如图 4-5a 所示。单分支选择结构语句的形式如下：

```
if(表达式)  语句A
```

单分支 if 语句的执行过程是：首先计算表达式的值，然后判断表达式的值，若表达式的值为真（非 0），则执行语句 A；否则直接执行 if 语句下面的语句。

例如，下面都是合法的 if 语句。

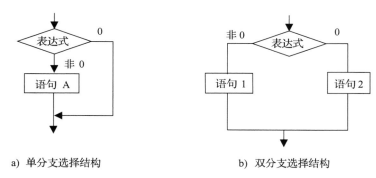

a) 单分支选择结构　　　　　　b) 双分支选择结构

图 4-5　if 语句的执行流程

```
if(a>=1&&a<10)
    printf("x=%d,y=%d\n", x, 2*x+1);
if(flag)
    printf("Found!\n");
if(!a)
    printf("The answer is wrong.\n");
```

【例 4-4】 编写程序，输入任意整数，计算并输出其绝对值。

该程序采用单分支选择结构，其解决思路可以归结为以下三步：

1）输入整数 a。

2）求 a 的绝对值并重新赋给 a。

3）输出 a。

而求 a 的绝对值的简单方法就是，如果 a 为负数，再对它取一次负即变为正数。

```
#include <stdio.h>
int main()
{
  int a, a1;
  scanf("%d",&a);
  a1=a;
  if(a<0)
    a=-a;
  printf("|%d|=%d",a1,a);
  return 0;
}
```

输入：

-5< 回车 >

运行结果：

|-5|=5

【例 4-5】 运行下列程序，观察语句的执行情况。

```
#include <stdio.h>
int main()
{
    int a;
    scanf("%d",&a);
    if (a>50) printf("%d",a);
    if (a>40) printf("%d",a);
    if (a>30) printf("%d",a);
    return 0;
}
```

输入：

68< 回车 >

运行结果：

686868

输入：

35< 回车 >

运行结果：

35

上述程序将顺序执行三个 if 语句，并根据输入不同的值，执行相应的后续语句。

2. 双分支选择结构 if-else 语句

一般形式为：

```
if( 表达式 )
    语句 1
else
    语句 2
```

if-else 语句的执行过程是：首先计算表达式的值，然后判断表达式的值，若表达式的值为真（非 0），则执行语句 1，否则执行语句 2。然后退出语句，接着执行下面的语句。

【例 4-6】 编写程序计算并输出两个数中的较大值。

用 if-else 语句编写，程序的算法流程如图 4-6 所示。

```
#include <stdio.h>
int main()
{
    int a,b,max;
    printf("Input a  b:" );
    scanf("%d%d",&a,&b);
    if(a>b)
        max=a;
    else
        max=b;
    printf("max=%d\n",max);
    return 0;
}
```

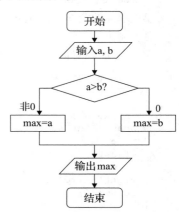

图 4-6　例 4-6 的算法流程

3. 复合语句

在 if 语句中，内嵌的语句 1 和语句 2 均可为一条语句或多条语句，当为多条语句时，需要用 "{ }" 将这些语句括起来，构成复合语句，否则将导致程序逻辑错误。这是因为，分支语句在语法上只允许每个分支中放置一条语句，如果多于一条语句，忘记加大花括号，编译器就只认为 if 后面的第一条语句是其分支中的语句，而其他的语句却被隔离到 if 语句之外，从而导致 else 不能正确地与前面的 if 配对，并显示语法错误。请看下面的 if 语句：

```
if(a>b)
    max=a;
    printf("max=%d\n", a);
else
    max=b;
    printf("max=%d\n", b);
```

会导致什么结果呢？程序编译时，会显示如下错误信息提示：

```
error C2181: 没有匹配 if 的非法 else
```

避免发生这种错误的最简单方法是，无论 if 语句的分支是一条还是多条语句，都将其用花括号括起来，构成复合语句。例如：

```
if(a>b)
{
    max=a;
    printf("max=%d\n", a);
}
else
{
    max=b;
    printf("max=%d\n", b);
}
```

```
if(a>b)
{
    max=a;
}
else
{
    max=b;
}
printf("max=%d\n", max);
```

```
if(a<b)
{
    t=a;
    a=b;
    b=t;
}
printf("max=%d\n", a);
```

为了使程序的层次结构清晰，便于阅读、维护，建议将位于每个分支的复合语句中的语句向右缩进 4 个空格。实际上，在程序代码编辑时，输入每个语句回车后，光标会自动跳到正确的缩进位置上。

在进行分支程序设计时，需注意：

- if 语句后面的表达式必须用括号括起来。
- 表达式后面不加分号。
- if 语句的内嵌语句最好使用复合语句形式。

4.4.2 if 语句的嵌套

简单的 if 语句只能通过对给定条件的判断决定执行给出的两种操作之一，而不能从多种操作中进行选择，此时可通过 if 语句的嵌套来解决多分支选择问题。if 语句中又包含一个或多个 if 语句称为 **if 语句的嵌套**。if 语句嵌套的一般形式：

```
if( 表达式 1)
    if( 表达式 2) 语句 1
    else        语句 2
else
    if( 表达式 3) 语句 3
    else        语句 4
```

说明：

1）在上述格式中，if 与 else 既可成对出现，也可以不成对出现，且 else 总是与最近的且未被匹配的 if 相配对，这样就避免了因分支结构不同而导致程序出现二义性。在书写这种语句时，每个 else 应与对应的 if 对齐，形成锯齿形状，这样能够清晰地表示 if 语句的逻辑关系。此外，为了避免程序阅读困难，对于 if 和 else 下的语句段，建议一律使用复合语句加以封装。例如：

```
if(s>=0)
{
    if(s>0)
        t=1;
    else
        t=0;
}
```

若要使 else 与最上面的 if 配对，则可写成如下形式：

```
if(s>=0)
{
    if(s>0)
        t=1;
```

```
}
else
    t=0;
```

2）当 if-else 结构中的语句 2 是另一条基本 if 语句时，就构成了 else-if 语句形式，这是最常用的实现多分支的方法。其语句的一般形式如下：

```
if( 表达式 1)      语句 1
else if( 表达式 2)  语句 2
else if( 表达式 3)  语句 3
    …          …
else if( 表达式 n)  语句 n
else               语句 n+1
```

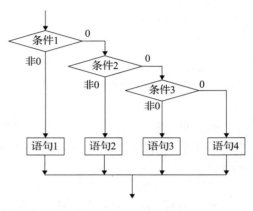

此结构实质上是 if 语句的多层嵌套，它的程序流程是在多个分支中仅执行表达式为真的那个 else if 后面的语句。若所有表达式的值都为 0，则执行最后一个 else 后面的语句。这种 else-if 结构适合多分支情况的分支结构。当 n=3 时，其执行流程如图 4-7 所示。

图 4-7   else-if 流程

【例 4-7】 编写程序，从键盘输入一个字符，当该字符是 +、-、* 或 / 时，显示其对应的英文单词：plus、minus、multiplication 或 division。若输入其他字符，则显示"Error!"。

```
#include <stdio.h>
int main()
{
  char c;                // 定义字符变量 c 来接收通过键盘输入的字符
  c=getchar();
  if('+'==c)  printf("plus\n");
  else  if(c=='-')      printf("minus\n");
  else  if(c=='*')      printf("multiplication\n");
  else  if( c=='/')     printf("division\n");
  else    printf("Error!\n");
  return 0;
}
```

此程序采用了 if 语句嵌套的形式来实现多分支选择功能。由于 if 语句的嵌套层次太多，使得程序的可读性较差。若采用下面将要介绍的 switch 语句，将会使程序变得简单明了。

4.4.3   switch 语句

上面介绍的 if 语句常用于两种情况的选择结构。要表示两种以上的条件选择，可采用 if 语句的嵌套形式，但如果 if 语句的嵌套层次太多，会使得程序的可读性大大降低。C 语言中的 switch 语句给多分支的条件选择带来了极大的方便。switch 语句的一般形式为：

```
switch( 表达式 )
{
  case 常量表达式 1: [ 语句序列 1]
  case 常量表达式 2: [ 语句序列 2]
      …
  case 常量表达式 n: [ 语句序列 n]
  [default: 语句序列 n+1]
}
```

其中，方括号中的内容是可选项。

switch 语句的执行过程是：首先计算 switch 后表达式的值，然后将其结果值与 case 后常量表达式的值依次进行比较。若此值与某 case 后常量表达式的值一致，即转去执行该 case 后的语句序列；若没有找到与之匹配的常量表达式，则执行 default 后的语句序列。

说明：

1）switch 后的表达式和 case 后的常量表达式必须为整型、字符型或枚举类型。

2）同一个 switch 语句中各个常量表达式的值必须互不相等。例如，以下两种写法均存在语法错误：

```
int x=1,y;
case 0<x<1:  printf("y=%d",x+10);
case x>0&&x<1:  printf("y=%d",x+10);
```

3）case 后的语句序列可以是一条语句，也可以是多条语句，此时多条语句不必用花括号括起来。

4）由于 case 后的"常量表达式"只起语句标号的作用，而不进行条件判断，故在执行完某个 case 后的语句序列后，将自动转移到下一个 case 继续执行，直到遇到 switch 语句的右花括号或 break 语句为止。因此，通常在每个 case 语句执行完后，增加一个 break 语句来达到终止 switch 语句执行的目的。例如，将例 4-7 程序修改后可有如下程序描述：

```
switch(c=getchar())
{
  case '+':  printf("plus\t"); break;
  case '-':  printf("minus\t"); break;
  case '*':  printf("multiplication\t"); break;
  case '/':  printf("division\t"); break;
  default:   printf("error\n");
}
```

在上例中，若输入 '*'，则输出结果为：multiplication 。但若每个 case 语句中没有 break 语句，同样输入 '*'，输出结果则变为：

```
multiplication   division   error
```

5）case 和 default 的次序可以交换，也就是说，default 可以位于 case 前面。并且改变 case 后常量出现的次序，也不影响程序的运行结果，但从执行效率的角度考虑，一般将发生频率高的 case 常量放在前面。

```
int  c=3;
switch(c)
{
  case 1:  c++;
  default: c++;
  case 2:  c++;
}
printf("c=%d\n", c);
```

以上程序段的输出结果为：

```
c=5
```

由此可以看出，在上述情况下，执行完 default 后的语句序列后，程序将自动转移到下一个 case 继续执行。

6）多个 case 可以执行同一个语句序列。例如：

```
switch(ch=getchar())
{
  case 'y':
  case 'Y':  printf("You are right"); break;
        ...
}
```

该语句表示：当键入 'Y' 或 'y' 时，都执行同一组语句。

7）switch 语句可嵌套使用，其执行过程与简单 switch 语句类似。值得注意的是，嵌套 switch 语句中的 break 语句仅对当前的 switch 语句起作用，并不会跳出外层 switch 语句。例如：

```
int main()
{
    int a;
    char b;
    switch(a=2)
    {
      case 1:  printf("Hello!\n"); break;
      case 2:  switch(b= 'y')
               {
                 case 'Y':  printf("How do you do?\n"); break;
                 case 'y':  printf("How are you?\n"); break;
                 default: printf("Hi! \n");
               }
      case 3:  printf("I am fine. Thank you!\n"); break;
      default: printf("No answer.\n");
    }
    return 0;
}
```

运行结果：

```
How are you?
I am fine. Thank you!
```

上述程序段即为 switch 语句的双重嵌套。程序首先执行外层的 switch 语句，a 被赋值为 2，同时将赋值表达式的结果与 case 后面的常量进行匹配，然后以第二个 case 作为程序的入口，执行内层的 switch 语句，b 被赋值为 'y'，又将该赋值表达式的结果与 case 后面的常量进行匹配，找到程序的入口后执行相应的语句组，输出 "How are you?"，然后遇到 break 语句跳出内层 switch 语句，程序自动转移到外层 switch 语句的下一个 case 继续执行，输出 "I am fine. Thank you!"，随后执行 break 语句结束外层 switch 语句。

【例 4-8】 试分析以下程序段的输出结果。

```
int a=10;
switch(a)
{
  case  10:
  case  9:   a++;
  case  8:
  case  7:   a+=2; break;
  case  6:   a+=3;
  default:   a+=4;
}
printf("a=%d\n",a);
```

运行结果：

```
a=13
```

首先根据 a 的值找到匹配的入口标号 10，执行其后面的语句 a++，顺序执行下面的语句 a+=2 后，遇到 break 语句，程序流程跳出 switch 结构，输出 a 的值。

4.5 条件运算符与条件表达式

条件运算符是 C 语言中唯一的一个三目运算符，它要求有三个操作对象。条件表达式的一般形式：

```
表达式 1? 表达式 2: 表达式 3
```

条件表达式的执行顺序是：先求解表达式 1，若其值为真，则求解表达式 2，整个条件表达式的值即为表达式 2 的值；若表达式 1 的值为假，则求解表达式 3，将表达式 3 的值作为整个条件表达式的值。例如：

```
a>b?a+b:a-b
```

若 a>b，则条件表达式的值为 a+b 的值，否则为 a-b 的值。

说明：

1）条件运算符的优先级低于算术运算符、关系运算符及逻辑运算符的优先级，高于赋值运算符和逗号运算符的优先级。

2）条件运算符的结合性为"从右到左"。例如：

```
grade=score>=90? 'A': score<=70? 'C': 'B'
```

等价于

```
grade=score>=90? 'A': (score<=70? 'C': 'B' )
```

它表示：若 score<=70 成立，则将字符 'C' 赋给变量 grade；若 70<score<90 成立，则将字符 'B' 赋给变量 grade；若 score>=90 成立，则将字符 'A' 赋给变量 grade。

3）条件表达式中三个表达式的类型可以不同，当表达式 2 与表达式 3 类型不同时，条件表达式值的类型为二者中较高的类型。例如：

```
m<n?3.5:2
```

若 m<n 成立，则条件表达式的值为 3.5，否则其值为实型数 2.0，而非整型数 2。

4）某些情况下，若仅需在不同情形下完成不同的函数调用，而无须关心条件表达式的值，即可按如下方式使用条件表达式：

```
表达式 1? 函数调用 1: 函数调用 2
```

例如：

```
a>b?printf("max=%d",a):printf("max=%d",b)
```

【例 4-9】　编写程序输出两个整数中的较小者。

```c
#include <stdio.h>
int main()
{
  int a,b,min;
  scanf("%d%d", &a,&b);
  min=(a<b)?a: b;
  printf("min=%d\n", min);
  return 0;
}
```

输入：

```
26 7< 回车 >
```

运行结果：

```
min=7
```

4.6　应用举例

【例 4-10】　通过键盘输入三个整数，按照由小到大的顺序输出。

在对三个数进行排序时，首先将第一个数依次与后面的两个数进行比较，若第一个数比后面的数大，则交换两个数的值，这样即可将三个数中最小的数放在最前面；然后将后面的两个数进行比较，若第二个数大于第三个数，继续交换两个数的值。这样，就可将三个数按照由小到大的顺序进行排列。

```c
#include <stdio.h>
int main()
{
  int a,b,c,t;
  printf("Please input 3 integers:\n");
  scanf("%d%d%d", &a,&b,&c);
  if(a>b)                              // 若 a 大于 b，则交换 a 与 b 的值
    { t=a; a=b; b=t; }
  if(a>c)                              // 若 a 大于 c，则交换 a 与 c 的值
    { t=a; a=c; c=t; }
  if(b>c)                              // 若 b 大于 c，则交换 b 与 c 的值
    { t=b; b=c; c=t; }
  printf("The sorted number is: %d %d %d\n", a,b,c);
  return 0;
}
```

程序运行情况：

```
Please input 3 integers:
12  5 8< 回车 >
The sorted number is: 5 8 12
```

【例 4-11】 求方程 $ax^2+bx+c=0$ 的解。

方程的解有以下几种可能：

1）$b^2-4ac=0$，方程有两个相等实根。

2）$b^2-4ac>0$，方程有两个不等实根。

3）$b^2-4ac<0$，方程有两个共轭复根。

程序中需要判断 b^2-4ac 是否等于 0，由于 b^2-4ac 是实数，而实数在计算和存储时会有一些微小的误差，因此不能直接进行 $(b*b-4*a*c)==0$ 的判断。这样可能会出现本来是 0 的量，由于上述误差被判别为不等于 0 而导致结果错误。所以采取的办法是判别其绝对值是否小于一个很小的数（例如 10^{-6}），如果小于此数，就认为它等于 0。算法流程如图 4-8 所示。

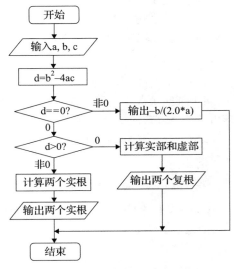

图 4-8　例 4-11 的算法流程

```c
#include <stdio.h>
#include <math.h>
int main()
{
  double a,b,c,disc,x1,x2,realpart,imagpart;
  scanf("%lf,%lf,%lf",&a,&b,&c);       // 输入三个数据时用逗号作为输入分隔符
  disc=b*b-4*a*c;
  if(fabs(disc)<=1e-6)                 // 若 b²-4ac 等于 0，计算并输出两个相等实根
    printf("has two equal roots:%8.4lf\n", -b/(2*a));
  else if(disc>1e-6)                   // 若 b²-4ac 大于 0，计算并输出两个不等实根
    {
      x1=(-b+sqrt(disc))/(2*a);
      x2=(-b-sqrt(disc))/(2*a);
      printf("has distinct real roots:%8.4lf and %8.4lf\n",x1,x2);
    }
  else                                 // 若 b²-4ac 小于 0，计算并输出两个共轭复根
    {
```

```
        realpart= -b/(2*a);
        imagpart=sqrt(-disc)/(2*a);
        printf("has complex roots:\n");
        printf("%8.4lf+%8.4lf i \n",realpart, imagpart);
        printf("%8.4lf — %8.4lf i \n",realpart, imagpart);
        }
    return 0;
}
```

输入：

5,3,7< 回车 >

运行结果：

```
has complex roots:
-0.3000+   1.1446 i
-0.3000-   1.1446 i
```

【例 4-12】 将学生的百分制成绩转换为五分制。

转换原则：

A——90 ≤ score ≤ 100

B——80 ≤ score ＜ 90

C——70 ≤ score ＜ 80

D——60 ≤ score ＜ 70

E——0 ≤ score ＜ 60

算法流程如图 4-9 所示。

```
#include <stdio.h>
int main()
{
    int score;
    printf("Please input score:");
    scanf("%d", &score);
    if (score < 0 || score > 100)
        printf("Input error!\n");
    else if (score >= 90)
        printf("grade:A\n");
    else if (score >= 80)
        printf("grade:B\n");
    else if (score >= 70)
        printf("grade:C\n");
    else if (score >= 60)
        printf("grade:D\n");
    else
        printf("grade:E\n");
    return 0;
}
```

图 4-9　例 4-12 的算法流程

【例 4-13】 从键盘输入年号和月号，试计算该年该月共有几天。

由于不同月份的天数不同，该题目属于多分支选择的情况，可用 switch 语句来实现，而 2 月份的天数又与闰年有关，故还需要考虑闰年问题。判断某一年 year 是否为闰年的条件是：year 能被 4 整除但不能被 100 整除，或能被 400 整除。

```
#include <stdio.h>
int main()
{
  int year, month, days=0,flag=1;
  printf("Please input year and month:\n");
```

```
    scanf("%d,%d",&year, &month);
    switch(month)
     {
        case 1:
        case 3:
        case 5:
        case 7:
        case 8:
        case 10:
        case 12:   days=31; break;
        case 4:
        case 6:
        case 9:
        case 11:   days=30; break;
        case 2:
                if(0== year%4 && 0!= year%100 || 0== year%400)    // 判断该年是否为闰年
                        days=29;
                else
                        days=28;
                break;
        default:   printf("Data error! ");flag=0;
    }
    if(flag)
        printf("%d年%d月有%d天。\n", year, month, days);
    else
        printf(" 输入有误,请重新输入! ");
    return 0;
}
```

程序运行情况:

Please input year and month:
2019, 2< 回车 >
2019 年 2 月有 28 天。

小结

　　本章主要介绍了结构化程序中的选择结构。这种结构的特点是，根据给定条件有选择地执行程序中的某一部分语句。在这种选择结构下，程序中形成了若干个分支，因此，选择结构也称为分支结构。在 C 语言中，主要运用关系表达式、逻辑表达式等强调数值结果的表达式构成选择结构中的条件。

　　本章介绍的主要内容如下:

　　1）关系运算符、逻辑运算符及其对应的表达式。

　　2）简单 if 语句、if-else 语句的应用及 if 语句的嵌套。

　　3）运用 switch 语句实现多分支选择结构。

　　4）条件运算符的应用。

　　选择结构是结构化程序的重要组成部分。利用关系表达式和逻辑表达式正确表达问题的条件设置是程序设计的基础。书写程序时，建议使用缩进式和复合语句，并适当使用程序注释，这样不仅使程序条理清楚，而且也能避免程序中许多易发生的错误。

习题

一、判断题

　　以下各题的叙述如果正确，则在题后括号中填入"Y"，否则填入"N"。

1. 能正确表达逻辑关系"0<a<1 并且 0<b<1"的表达式是 (0<a<1)&&(0<b<1)。(　　　　)

2. 所有逻辑运算符的优先级都高于关系运算符的优先级。(　　　)

3. 在 switch 语句中，switch 与 case 后的表达式可以为任意类型。(　　　)

4. 在 if 语句中，if 后面的表达式可以是关系表达式与逻辑表达式，而不能是算术表达式。(　　　)

5. 在逻辑表达式的求解过程中，并非所有的逻辑运算符都被执行。(　　　)

6. switch 语句嵌套使用时，一条 break 语句可用于跳出所有的嵌套 switch 语句。(　　　)

二、选择题

以下各题在给定的四个答案中选择一个正确答案。

1. 下列表达式中，值为 0 的表达式是 (　　　)。

　　A. 3!=0　　　　　　　　B. 3!=3>4　　　　　　　C. 3>4==0　　　　　　D. 6>5>4

2. 下列表达式中，结果为 1 的表达式是 (　　　)。

　　A. !0==1　　　　　　　B. !6　　　　　　　　　　C. !2>=3　　　　　　　D. !3!=0

3. 设有 "int a=3;"，则表达式 a<1&&--a>1 的运算结果和 a 的值分别是 (　　　)。

　　A. 0 和 2　　　　　　　B. 0 和 3　　　　　　　　C. 1 和 2　　　　　　　D. 1 和 3

4. 设整型变量 x、y、z 的值分别为 3、2、1，则下列程序段的输出是 (　　　)。

```
if(x>y)    x=y;
if(x>z)    x=z;
printf("%d,%d,%d\n",x,y,z);
```

　　A. 3，2，1　　　　　　B. 1，2，3　　　　　　　C. 1，2，1　　　　　　D. 1，1，1

5. 执行下面程序段后，ch 的值是 (　　　)。

```
char ch='a';
ch=(ch>='A'&&ch<='Z')?(ch+32):ch;
```

　　A. z　　　　　　　　　　B. Z　　　　　　　　　　C. a　　　　　　　　　　D. A

6. C 语言的 switch 语句中 case 后面 (　　　)。

　　A. 可为任何量或表达式

　　B. 可为常量、表达式或有确定值的变量及表达式

　　C. 只能为常量或常量表达式

　　D. 只能为常量

三、完善程序题

以下各题，在每题给定的 A 和 B 两个空中填入正确内容，使程序完整。

1. 下列程序的主要功能是输入实数 *x*，按照下列公式计算并输出 *y* 的值。

$$y=f(x)=\begin{cases} -1 & x<0 \\ 0 & 0 \leq x \leq 1 \\ 1 & x>1 \end{cases}$$

```
#include <stdio.h>
int main()
{
    int y;
    float x;
    scanf("%f",&x);
    if(____A____)
        y=-1;
    else if(____B____)
        y=0;
    else
        y=1;
    printf("y=%d\n",y);
```

```
        return 0;
    }
```

2. 某物品原有价值为 p，使用后其价值降低，价值的折扣率根据时间 t（月数）确定如下：

$$t < 3 \qquad\qquad 无折扣$$
$$3 \leqslant t < 6 \qquad\qquad 2\% 折扣$$
$$6 \leqslant t < 12 \qquad\qquad 5\% 折扣$$
$$12 \leqslant t < 21 \qquad\qquad 8\% 折扣$$
$$t \geqslant 21 \qquad\qquad 10\% 折扣$$

下述程序根据输入的时间和原有的价值计算物品的现有价值。

```c
#include <stdio.h>
int main()
{
  int t,d;
  float p;
  scanf("%d,%f",&t,&p);
  switch(_____A_____)
  {
    case 0:  d=0; break;
    case 1:  d=2; break;
    case 2:
    case 3:  d=5; break;
    case 4:
    case 5:
    case 6:  d=8; break;
    default: d=10;
  }
  printf("Price=%f\n",p*(1-_____B_____));
  return 0;
}
```

3. 下列程序的功能是计算并输出分段函数 $f(x)$ 的值（保留两位小数）。要求使用数学函数。

$$y = f(x) = \begin{cases} x^5 + 2x + \dfrac{1}{x} & x < 0 \\ \sqrt{x} & x \geqslant 1 \end{cases}$$

```c
#include <stdio.h>
    _____A_____
int main()
{
  int x;
  float y;
  scanf("%d",&x);
  if(x<0)
      y=pow(x,5)+2*x+1.0/x;
  else if(x>=1)
      y=_____B_____;
  printf("y=%f\n",y);
  return 0;
}
```

四、阅读程序题

写出下列程序的运行结果。

```c
1. #include <stdio.h>
  int main()
  {
    int x;
```

```
  switch(x=1)
  {
     case 0:   x=5; break;
     case 1:   switch(x=1)
     {
        case 1:   x=10; break;
        case 2:   x=20; break;
     }
  }
  printf("x=%d\n",x);
  return 0;
}
```

运行结果：_____。

2. ```
#include <stdio.h>
int main()
{
   int a=-1,b=6,c;
   c=(++a<0)&&(--b>=0);
   printf("%d,%d,%d\n",a,b,c);
   return 0;
}
```

运行结果：_____。

3. ```
#include <stdio.h>
int main()
{
   int y=2,z=2;
   if(y-z)
      printf("###");
   else
      printf("***");
   return 0;
}
```

运行结果：_____。

五、编写程序题

1. 输入一个字符，若是小写字母，转换成大写字母输出；若是大写字母，则转换成小写字母输出。

2. 输入一个大写字母，输出字母表中它前面的字母和后面的字母。如果输入的字母为 A 或 Z，则分别输出提示信息"没有前面的字母"或"没有后面的字母"。

3. 输入一个百分制成绩，要求输出成绩等级"A""B""C""D""E"。90 分以上为"A"，80～89 分为"B"，70～79 分为"C"，60～69 分为"D"，60 分以下为"E"。

4. 输入今天的日期 y（年）、m（月）、d（日），输出明天的日期。

5. 输入三条线段的长度，判定它们能否构成一个三角形。如果能构成三角形，打印它们所构成的三角形的名称，包括等边、等腰、直角或任意三角形。

第 5 章

循 环 结 构

在日常科学计算和工程实际中，经常会反复多次地执行某些操作以进行问题的求解，在程序设计中，重复执行一个语句或程序段，称为**循环**。

循环是有规律的重复操作，即将复杂问题分解为简单的操作过程，程序只对简单过程进行描述，这些过程的多次重复就可完成对问题的求解。计算机高速运算的特点为频繁重复提供了强有力的支持，循环在程序设计中占有重要的地位！

本章主要介绍循环程序设计的概念，以及 C 语言中设计循环的三种结构，并通过实例介绍如何进行循环程序设计。

5.1 循环结构概述

结构化程序设计的三种基本程序结构是顺序结构、选择结构和循环结构。各种程序设计语言一般都具有这三种结构，但是它们的表示形式有所不同。已经证明，由三种基本结构表示的算法，可以解决任何复杂的问题。

【例 5-1】 输出 100 以内能够被 3 整除，同时被 7 整除余 1 的数。在没有学习循环语句之前只能这样完成：

```
#include <stdio.h>
int main( )
{
   int  n=0;
   n++; if( n%3==0 && n%7==1) printf("%d", n);     //第 5 行
   n++; if( n%3==0 && n%7==1) printf("%d", n);     //第 6 行
   n++; if( n%3==0 && n%7==1) printf("%d", n);     //第 7 行
   ……                                              //第 8 ~ 105 行
   return 0;
}
```

从第 5 行开始中间的 100 条语句完全一样，能不能换一种描述方法使得在给出这条语句执行次数的基础上只写一次呢？ C 语言提供的循环结构可以实现这个功能。

循环结构也称为**重复结构**，通常用来重复执行某些操作语句。用计算机实现反复做某项工作

是通过使用循环结构来完成的。循环结构有两种形式。

形式一：先判断循环条件，若条件成立，则执行循环体，如图 5-1a 所示。此结构表示当给定的条件成立时，反复执行循环体，直到条件不成立时，跳出循环。

形式二：先执行循环体，再判断循环条件是否成立，如果条件成立，则继续执行循环体，直到条件不成立时，跳出循环，如图 5-1b 所示。

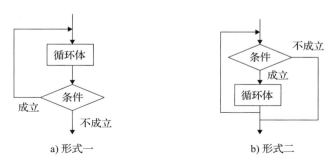

a) 形式一　　　　　　　　b) 形式二

图 5-1　循环结构

C 语言为了实现循环结构，提供了三种循环语句：while 循环语句、do-while 循环语句和 for 循环语句。

5.2　循环语句

5.2.1　while 循环语句

while 循环语句的一般形式：

```
while（表达式）语句
```

while 循环语句的执行过程：

1）计算表达式并检查表达式的值是否为 0（真），如果为 0，while 循环语句结束执行，接着执行 while 循环语句的后继语句；如果表达式的值为非 0（真），则执行步骤 2。

2）执行 while 循环语句中的语句，然后返回步骤 1。

while 循环语句的执行流程如图 5-2 所示。

说明：

1）while 循环语句中的语句也称为**循环体**，可以是单语句也可以是复合语句。表达式类型不限，按其值是 0 或非 0 决定是否进行循环。

2）执行 while 循环语句时，如果表达式的值第一次计算就等于 0（假），则循环体一次也不被执行。

3）循环体若包含一个以上语句，应该用花括号括起来（使用复合语句）。

4）循环体内应注意设置修改循环条件的语句，否则循环无法终止。

5）发生下列情况之一时，while 循环结束执行：

● 表达式的值为 0。

● 循环体内遇到 break 语句（见 5.4.1 节）。

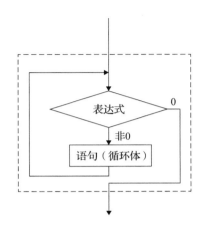

图 5-2　while 循环语句的执行流程

- 循环体内遇到 goto 语句，且与该 goto 语句配合使用的标号所指定的语句在本循环体外（见 5.4.3 节）。
- 循环体内遇到 return 语句 (见 7.1.5 节)。

【例 5-2】 求级数 1+2+3+…的前 10 项之和。算法流程见图 5-3。

```c
#include <stdio.h>
int main()
{
    int i=1;              // 循环变量赋初值
    int sum=0;            // 容器变量清空
    while(i<=10)          // 循环条件
    {
        sum=sum+i;        // 累加求和
        i++;              // 循环变量修正
    }
    printf("sum=%d\n",sum);
    return 0;
}
```

运行结果：

```
sum=55
```

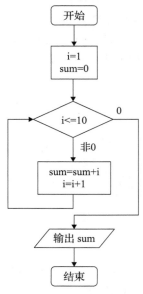

图 5-3 例 5-2 的算法流程

本例利用 while 循环语句实现了数据累加运算，用循环控制变量 i 自增运算的重复执行来控制循环次数，用 sum 变量实现容器的效果。累加运算的容器变量也必须赋初值，一般是将其赋值为零，俗称**清空**。

用循环控制变量（以下简称循环变量）实现的循环结构必须具有三要素：**循环变量赋初值**、**循环条件**和**循环变量修正**。如果缺少其一，必然会得到错误的结果。

想一想，该例中如果去掉" i++;"语句，或者没有给 i 变量赋初值，结果会怎样？

【例 5-3】 输入一批正数，输入的数为 0 时表示输入这批正数的结束，求这些正数的和。算法流程见图 5-4。

```c
#include <stdio.h>
int main()
{
    int i,sum=0;
    scanf("%d",&i);                 // 循环变量赋初值
    while(i!=0)                      // 循环条件
    {
        sum=sum+i;
        scanf("%d",&i);   // 循环变量修正
    }
    printf("sum=%d\n",sum);
        return 0;
}
```

输入：

```
5 4 3 2 1 0< 回车 >
```

运行结果：

```
sum=15
```

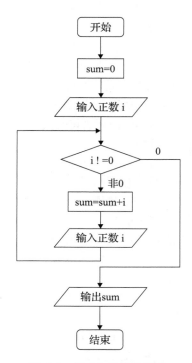

图 5-4 例 5-3 的算法流程

本例先从键盘读入一个值，然后判断该值是否为 0，若不为 0，则执行循环体" sum=sum+i;"，然后再反复从键盘读入值，若为 0，则跳出循环，执行输出语句。

本例 while 循环语句实现了读入数据和累加运算的重复执行，用循环变量 i 控制循环的执行次数。和例 5-2 相比，本例没有固定的循环次数，而是通过循环变量 i 的特征值来控制循环的运行。当 i 的值为 0 时循环结束。

【例 5-4】 输出 100 以内能够被 3 整除，同时被 7 整除余 1 的数。

```c
#include <stdio.h>
int main( )
{
    int  n=1;               // 循环变量赋初值
    while(n<100)            // 循环条件
    {
        if( n%3==0 && n%7==1)
            printf(" %d ", n);
        n++;                // 循环变量修正
    }
    return 0;
}
```

本例解决了例 5-1 提出的问题，循环体有选择和 n 变量自增两条语句，利用循环结构对 1 ～ 100 每一个数都做一次遍历，用 if 语句进行筛选，如果满足设定的条件就将其输出。

5.2.2 do-while 循环语句

do-while 循环语句的一般形式：

    do 语句 while (表达式);

do-while 循环语句的执行过程：

1）执行夹在关键字 do 和 while 之间的循环体中的语句。

2）计算表达式，如果该表达式的值为非 0，则转到步骤 1）继续执行；如果表达式的值为 0，则 do-while 循环语句结束执行，执行 do-while 循环语句的后继语句。

do-while 循环语句的执行流程如图 5-5 所示。

说明：

1）在关键字 do 和 while 之间的语句，也称为**循环体**，可以是单语句，也可以是复合语句。

2）do-while 循环语句是首先执行循环体，然后计算表达式并检查循环条件，所以循环体至少被执行一次。

3）循环体内应注意设置修改循环条件的语句，否则循环无法终止。

【例 5-5】 求级数 1+2+3+ … 的前 10 项之和。算法流程如图 5-6 所示。

程序一：

```c
#include <stdio.h>
int main()
{
    int i,sum=0;
    i=1;
    do{
        sum=sum+i;
        i++;
    }while(i<=10);
    printf("sum=%d\n",sum);
    return 0;
}
```

运行结果：

sum=55

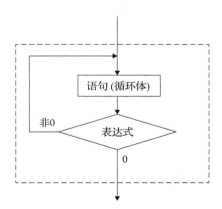

图 5-5 do-while 循环语句的执行流程

程序二:

```
#include <stdio.h>
int main()
{
    int i=1,sum=0;
    do
        sum=sum+i++;
    while(i<=10);
    printf("sum=%d\n",sum);
    return 0;
}
```

运行结果:

sum=55

本例利用两种方法编程都实现了累加运算和循环控制变量 i 自增运算的重复执行。

第二种方法将累加求和与 i 变量的自增复合在一起,作为循环体,使得循环体只有一条语句了。

【例 5-6】 输入一批整数,输入 0 时表示输入结束,求正整数的个数。

```
#include "stdio.h"
int main( )
 {
    int   x,count=0;                   // 计数变量清零
    do{   printf(" 输入整数 \n");       // 输入提示
          scanf("%d",&x);              // 循环变量赋初值,循环变量修正
          if(x>0)  count++;            // 对正数计数
      }while(x);                       // 循环条件
    printf("count=%d\n",count);        // 输出结果
    return 0;
}
```

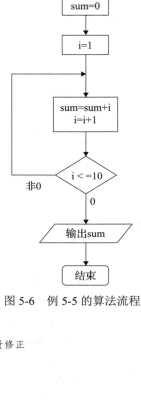

图 5-6　例 5-5 的算法流程

本例中循环条件是一个变量表达式 x,当 x 值为 0 时结束循环语句,此处也可以写成 x!=0。变量 count 用来计数,必须初始化为 0。

5.2.3　for 循环语句

for 循环语句的一般形式:

　　for(表达式 1; 表达式 2; 表达式 3) 语句

for 语句结构和循环三要素的对应关系是:

for(循环变量赋初值 ; 循环条件 ; 循环变量修正) 循环体

执行过程:

1)计算表达式 1。

2)计算表达式 2,如果表达式 2 的值为非 0,则执行循环体中的语句。

3)计算表达式 3。

4)转到步骤 2,如果表达式 2 的值为 0,则 for 循环语句结束执行,执行 for 循环语句的后继语句。

for 循环语句的执行流程如图 5-7 所示。

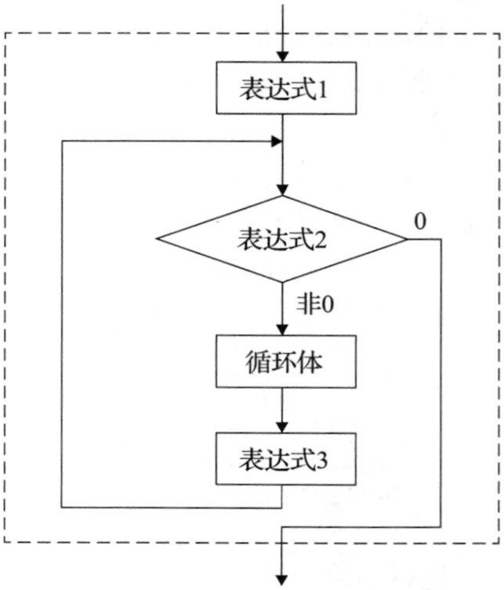

图 5-7　for 循环语句的执行流程

说明：

1）"表达式 3"后面的语句也被称作循环体，循环体可以是单语句，也可以是复合语句。

2）三个表达式都可以省略，但是起分隔作用的两个分号不可省略。可以把"表达式 1"放在 for 循环语句之前，把"表达式 3"放在循环体的最后。"表达式 2"省略，则计算机默认其值为非 0，for 循环语句将循环不止（称为"死循环"），为防止产生"死循环"，循环体中应有退出循环的语句。

3）"表达式 1"只被执行一次，可以是设置循环控制变量初始值的赋值表达式，也可以是与循环控制变量无关的其他表达式。"表达式 2"的值决定了是否继续执行循环。"表达式 3"的作用通常是不断改变循环控制变量的值，最终使"表达式 2"的值为 0。

4）由于第一次计算"表达式 2"时，其值可能就等于 0，因此 for 循环语句的循环体可能一次也不被执行。

【例 5-7】 求级数 1+2+3+ …的前 10 项之和。算法流程如图 5-3 所示。

程序一：

```
#include <stdio.h>
int main()
{
    int i,sum=0;
    for(i=1;i<=10;i++)
        sum=sum+i;
    printf("sum=%d\n",sum);
    return 0;
}
```

程序二：

```
#include <stdio.h>
int main()
{
    int i,sum=0;
    i=1;
    for(;i<=10;)// 省略表达式 1 和表达式 3
    {
        sum=sum+i;
        i++;
    }
    printf("sum=%d\n",sum);
    return 0;
}
```

程序三：

```
#include <stdio.h>
int main()
{
    int i,sum;
    for(sum=0,i=1;i<=10;i++) // 表达式 1 是逗号表达式
        sum=sum+i;
    printf("sum=%d\n",sum);
    return 0;
}
```

程序二的 for 语句中省略了表达式 1 和表达式 3，但循环的三要素不能省略，表达式 1 放到了 for 语句的前面，表达式 3 放到了 for 语句循环体的最后，这样做和 while 语句的结构类似。

程序三的 for 语句中表达式 1 是一个逗号表达式，通过计算表达式 1，可以完成循环变量 i 和容器变量 sum 的初始化。

三个程序的运行结果都是：

```
sum=55
```

【例 5-8】 分别输出 100 以内 (包括 100) 所有偶数的和与所有奇数的和。算法流程如图 5-8 所示。

```
#include <stdio.h>
int main()
{
    int i,s1=0,s2=0;
    for(i=1;i<=100;i++)
      if(i%2==0)
        s2+=i;
      else
        s1+=i;
    printf("s1=%d,s2=%d\n",s1,s2);
    return 0;
}
```

运行结果：

```
s1=2500,s2=2550
```

本例首先设置两个容器变量 s1、s2 并将其清零,for 循环语句中 i 赋初始值 1,"表达式 2"确定了循环是否进行的条件,"表达式 3"则是使循环控制变量 i 递增。循环体是一个 if 选择结构语句,分别实现了对偶数和奇数的累加。

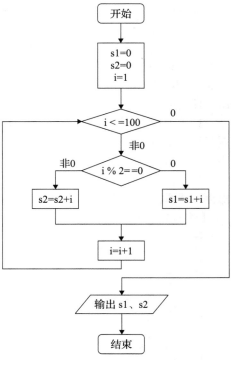

图 5-8　例 5-8 的算法流程

5.2.4 空语句

空语句的一般形式：

;(只由一个分号构成)

功能：

空语句什么也不做。但它确实是一个语句,可以出现在程序中任何语句可以出现的地方。

【例 5-9】 求级数 $1^2+2^2+3^2+\cdots$ 的前 10 项之和。

```
#include <stdio.h>
int main()
{
    int i,sum;
    for(sum=0,i=1;i<=10;sum+=i*i,i++);   // 空语句做循环体
    printf("sum=%d\n",sum);
    return 0;
}
```

运行结果：

```
sum=385
```

本例空语句是 for 循环语句的循环体,表达式 1 是逗号表达式,实现对 i 和 sum 变量赋初值,表达式 2 实现对循环的控制,表达式实现累加和循环控制变量 i 递增。

注意 编程时习惯在每行代码上加一个分号,有时编译没有问题,但运行时会得到错误的结果。

【例 5-10】 求级数 $1^2+2^2+3^2+\cdots$ 的前 10 项之和。

```
#include <stdio.h>
int main()
{
    int i,sum;
    for(sum=0,i=1;i<=10; i++);   //5：空语句做循环体
        sum+=i*i;                //6：累加求和
    printf("sum=%d\n",sum);
    return 0;
}
```

运行结果：

sum=121

本例运行结果错误的原因是在第 5 行的最后加上一个分号，该分号作为空语句的同时又作为 for 循环的循环体被执行了 10 次，此时 i 变量的值为 11，第 6 行变成了普通的复合赋值语句，不在循环体内，只被执行一次，这样 sum 的值是 11 的平方。将第 5 行的分号去掉后，该程序可得到正确的结果。

【例 5-11】　求级数 $1^2+2^2+3^2+\cdots$ 的前 10 项之和。

```
#include <stdio.h>
int main()
{
    int i,sum;
    for(sum=0,i=1;i<=10; sum+=i*i,i++);   //5：空语句做循环体
    printf("sum=%d\n",sum);
    return 0;
}
```

运行结果：

sum=385

本例虽然在第 5 行的最后加上一个分号，该分号作为空语句的同时又作为 for 循环的循环体，但此时表达式 3 变成了逗号表达式，在执行了空语句这个循环体后，分别执行逗号表达式中的求和以及变量 i 递增两个操作，所以该程序仍然可以得到正确的结果。

5.2.5　三种循环语句的比较

前面介绍的三种循环语句一般可以互相代替，例如用三种循环方法都实现了"求级数 1+2+3+ …的前 10 项之和"。

for 循环语句和 while 循环语句都是先检查循环条件是否成立，后执行循环体，因此循环体可能一次也不被执行；而 do-while 循环语句是先执行循环体，后检查循环条件是否成立，循环体至少被执行一次。

对于 while 和 do-while 循环语句，对"表达式"中的循环控制变量赋初始值是在执行这两个循环语句之前完成的；而对于 for 循环语句，对"表达式 2"中的循环控制变量赋初始值既可在"表达式 1"中完成又可在执行 for 循环语句之前完成。

为了防止出现"死循环"，while 和 do-while 循环语句的循环体中一般应包括改变"循环条件表达式"中循环控制变量值的语句，以便使循环操作趋于结束；标准的 for 循环语句是在"表达式 3"中包含改变循环控制变量的值的操作，而 while 语句一般在循环体的最后。

实际应用中，当循环次数确定时，一般比较喜欢用 for 语句，一般表示形式（已知循环次数 N、循环变量 i）如下：

```
for(i=1;i<=N;i++){…}    或    for(i=0;i<N;i++){…}
for(i=N;i>0;i--){…}     或    for(i=N-1;i>=0;i--){…}
```

【例 5-12】 while 语句和 do-while 语句对比。

程序一：

```
#include <stdio.h>
int main( )
{
  int i , s=0;
  scanf("%d",&i);
  while(i<=10)
  {
    s=s+5;
    i++;
  }
  printf("s=%d\n", s);
  return 0;
}
```

程序二：

```
#include <stdio.h>
int main( )
{
  int i , s=0;
  scanf("%d",&i);
  do {
    s=s+5;
    i++;
  }while(i<=10) ;
  printf("s=%d\n", s);
  return 0;
}
```

运行程序：

键盘输入：1

程序一输出：s=50   程序二输出：s=50

键盘输入：11

程序一输出：s=0   程序二输出：s=5

两个程序除了选择不同的循环语句以外，其他基本相同，当为变量 i 赋值 11 时，程序一的循环体没有执行，而程序二的循环体执行了一次，从而导致不同的结果。

5.3   循环嵌套

while 循环、do-while 循环和 for 循环在语法层面上就是一条控制语句，一个循环语句的循环体中又包含循环语句，这种程序结构称为**循环嵌套**。循环嵌套可以是二层或多层嵌套。while 循环、do-while 循环和 for 循环除各自本身可以循环嵌套外，它们之间也可以互相嵌套。

嵌套的外层循环与内层循环的循环控制变量不能同名，但并列的同层循环允许有同名的循环控制变量。例如，下面程序段是正确的：

```
for(j=1;j<=10;j++)
{
  for(i=0;i<=15;i++)
  {
          ⋮
  }
  for(i=0;i<=5;i++)
  {
          ⋮
```

```
        }
    }
```

但如果将两个并列的同层循环语句之一的循环控制变量 i 改成 j，则该程序段运行结束，其运行结果是不可信的。这是因为内外层循环控制变量同名破坏了外层 for 循环原有的循环次序。

循环语句无论是单层还是多层嵌套，无论循环体是简单还是复杂，在语法结构上就是一条控制语句，如果将其放置到循环体内，就增加了一层嵌套，如果执行到该语句时把所有层的循环由内至外都执行一遍，该循环语句就执行完毕，接着执行后继的语句。

执行循环嵌套时先由外层循环进入内层循环，并在内层循环终止后接着执行下一次外层循环，再由外层循环进入内层循环，当外层循环全部终止时，循环结束。

【例 5-13】 输出两层循环嵌套变量的值。

```c
#include <stdio.h>
int main()
{
    int i,j,k;
    for(i=1;i<=2;i++)              // 外循环,i 控制行号
    {
        for(j=1;j<=3;j++)          // 内循环,j 控制列号
        printf("A(%d,%d)  ",i,j);
        printf("\n");             // 内循环执行完毕,输出一行后执行换行操作
    }
    return 0;
}
```

本例带有循环控制变量 i 的 for 循环 (简称 i 循环，也是外循环) 的循环体中有两条语句，用 i 循环控制输出的行数 (共 2 行)，用带有循环控制变量 j 的 for 循环 (简称 j 循环，也是内循环) 输出每一行 j 的值，也就是每一行的列号 (共 3 列)，每一行输出结束用 " printf("\n"); " 语句实现换行。

执行本程序时，i、j 的变化情况见表 5-1。

表 5-1　例 5-13 中循环控制变量 i、j 值的变化

i 值的变化	j 值的变化	输　　出
1	1	A(1,1)
1	2	A(1,2)
1	3	A(1,3)
2	1	A(2,1)
2	2	A(2,2)
2	3	A(2,3)

程序运行结果：

```
A(1,1)  A(1,2)  A(1,3)
A(2,1)  A(2,2)  A(2,3)
```

【例 5-14】 利用循环嵌套的方法输出下面的图形（行与行之间无空行，列与列之间无空列）。

```
   #
   ##
  ###
  ####
```

```
#include <stdio.h>
int main()
{
    int i,j,k;
    for(i=1;i<=4;i++)              // 外循环,i 控制行号
    {
        for(j=1;j<=5-i;j++)       // 内循环,j 控制输出空格数
            printf(" ");
        for(k=i;k>=1;k--)         // 内循环,k 控制输出 # 数
            printf("#");
        printf("\n");}            // 输出一行后换行
    return 0;
}
```

本例带有循环控制变量 i 的 for 循环（简称 i 循环，也是外循环）的循环体中有两个并列的 for 循环（内循环），这两个并列的 for 循环的循环体各自只有一个语句，每执行一次这两个循环的循环体，输出一个"空格"和一个字符"#"。

用 i 循环控制输出的行数（共 4 行），用 j 循环控制每一行字符"#"的输出起始位置，用 k 循环控制每一行输出字符"#"的个数，每一行输出结束后用"printf("\n");"语句实现换行。

执行本程序时，i、j、k 值的变化情况见表 5-2。

表 5-2　例 5-14 中循环控制变量 i、j、k 值的变化

执行 i 循环体次数	i 值的变化	j 值的变化	k 值的变化
1	1	1, 2, 3, 4, 5	1, 0
2	2	1, 2, 3, 4	2, 1, 0
3	3	1, 2, 3	3, 2, 1, 0
4	4	1, 2	4, 3, 2, 1, 0

输出的"空格"个数随着 i 的增加而减少，"#"的个数随着 i 的加而增加。

【例 5-15】　输出九九乘法表。

```
#include <stdio.h>
int main ( )
{
  int i, j;
  for ( i=1; i<=9; i++ )
  {
      for ( j=1; j<=i; j++ )
        printf ("%d%d=%-2d",i,j,i*j);
      printf ("\n");
  }
  return 0;
}
```

运行结果：

```
1×1=1
2×1=2    2×2=4
3×1=3    3×2=6    3×3=9
4×1=4    4×2=8    4×3=12   4×4=16
5×1=5    5×2=10   5×3=15   5×4=20   5×5=25
6×1=6    6×2=12   6×3=18   6×4=24   6×5=30   6×6=36
7×1=7    7×2=14   7×3=21   7×4=28   7×5=35   7×6=42   7×7=49
8×1=8    8×2=16   8×3=24   8×4=32   8×5=40   8×6=48   8×7=56   8×8=64
9×1=9    9×2=18   9×3=27   9×4=36   9×5=45   9×6=54   9×7=63   9×8=72   9×9=81
```

本例用双重循环来完成，外循环用变量 i 控制输出的行号 (共 9 行)，同时变量 i 也是被乘数。内循环用变量 j 循环控制列号，同时变量 j 也是乘数，规定列号不能大于行号，每一行输出结束后换行。

【例 5-16】 输入 6 名学生 5 门课程的成绩，分别统计出每个学生 5 门课程的平均成绩。

```
#include <stdio.h>
#define N 6
#define M 5
int main()
{
    int i,j;
    float g,sum,ave;
    for(i=1;i<=N;i++)
    {                                       // 用 i 表示学生序号
        sum=0;                              //sum 存放每名学生成绩总和，初值为 0
        j=1;
        while(j<=M)
        {
            scanf("%f",&g);
            sum=sum+g;                      // 累加 5 门课程成绩
            j++;
        }
        ave=sum/M;                          //ave 存放第 i 位学生的平均分
        printf("No.%d ave=%6.2f\n",i,ave);  // 输出序号和平均分
    }
    return 0;
}
```

本例用双重循环来完成题目要求。内层循环读入第 i 名学生 5 门课程的成绩，并进行累加；外层循环每循环 1 次就求出该名学生的平均分，并输出平均分，循环 6 次，处理了 6 名学生的数据。

本程序定义了两个符号常量 M 和 N，如果处理的学生人数或课程门数有所改变，只需改变 #define 行中与 M 和 N 对应的值而不必改动程序的其他部分。

5.4　循环流程控制

使用循环语句的时候，有时试图控制循环的执行过程，或提前结束循环，或进行跳转。这种操作过程称为**循环流程控制**，本节介绍三个经常用于循环流程控制的语句。

5.4.1　break 语句

第 4 章已经介绍了 break 语句的应用，本章对 break 语句的应用进行进一步的介绍。

break 语句的功能为：终止执行包含该语句的最内层的 switch、for、while 或 do-while 语句。

说明：

1）break 语句只能出现在 switch、for、while 或 do-while 四种语句中。

2）若循环嵌套，则 break 语句只能终止执行该语句所在的一层循环，并使执行流程跳出该层循环体。

3）当 break 语句出现在循环体中的 switch 语句体内时，其作用只是使执行流程跳出该 switch 语句体；若循环体中包含有 switch 语句，当 break 语句出现在循环体中，但并不在 switch 语句体内时，则在执行 break 语句后，使执行流程跳出本层循环体。

如图 5-9 所示，在 for 语句的循环体中执行 break 语句后，后面的语句 2 和表达式 3 不再执行，接着执行 for 语句后的下一条语句。

【例 5-17】 输入一个整数并判断是否为素数。

设输入的数是 n，用 2，3，4，…，$\sqrt{n}$ 依次试除 n，如果 n 能被 $2 \sim \sqrt{n}$ 之中任何一个整数整除，则输出该数不是素数的信息并提前结束循环；如果 n 不能被 $2 \sim \sqrt{n}$ 之中任何一个整数整除，则该数是素数，输出该数是素数的信息。

```c
#include <stdio.h>
#include <math.h>
int main()
{
    int n,i=1;
    double k;
    scanf("%d",&n);
    k=sqrt(n);
    while(++i<=k)
    {
      if(n%i==0)
      {
        printf("%d is not prime\n",n);
        break;  // 发现 n 不是素数，结束循环
      }
    }
    if(i>k)
        printf("%d is a prime\n",n);
    return 0;
}
```

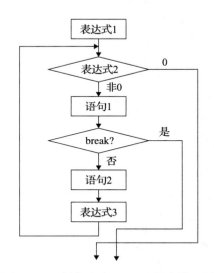

图 5-9　for 语句中应用 break 语句流程图

输入：

```
19 <回车>
```

运行结果：

```
19 is a prime
```

输入：

```
20 <回车>
```

运行结果：

```
20 is not prime
```

在程序中，变量 i 依次取值 2，3，4，…，直至 $i > \sqrt{n}$，输出 n 是素数的信息；如果在循环过程中找到一个能整除 n 的 i 值，利用 break 语句立即结束循环，然后输出 n 不是素数的信息。

【例 5-18】 输出九九乘法表。

```c
#include <stdio.h>
int main ( )
{
  int i, j;
  for ( i=1; i<=9; i++ )
  {
    for ( j=1; ; j++ ) // 省略表达式 2
    {
        if(j>i) break; // 终止内循环
          printf ("%dx%d=%-2d",i,j,i*j);
    }
    printf ("\n");
  }
```

```
    return 0;
}
```
程序运行结果与例 5-15 相同。

与例 5-15 比较，本例中的内循环省略了表达式 2，也就是没有给出循环条件表达式 j<=i，但是在循环体内，判断结束循环条件 j>i 为真时，终止内循环，这样可以达到相同的效果。

5.4.2　continue 语句

continue 语句的一般形式：

```
continue ;
```

功能：终止循环体的本次执行，继续进行是否执行循环体的检查判定。

对于 for 循环语句，跳过循环体中 continue 语句下面尚未执行的语句 2，转去执行表达式 3，然后执行表达式 2；对于 while 和 do-while 循环语句，跳过循环体中 continue 语句下面尚未执行的语句 2，转去执行关键字 while 后面括号中的表达式。如图 5-10 所示。

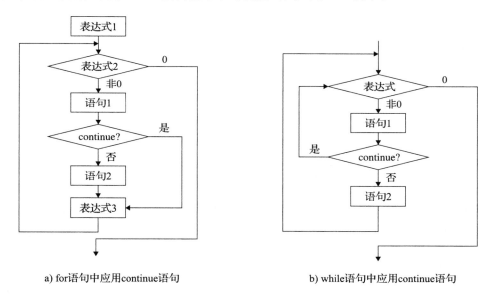

a) for语句中应用continue语句　　　　　b) while语句中应用continue语句

图 5-10　应用 continue 语句

【例 5-19】　下面的程序分别实现如下功能：

1）从键盘输入 10 个整数，对其中非零数求和。

2）从键盘输入若干个整数，对其中 10 个非零数求和。

程序一：

```
#include <stdio.h>
int main( )
{
    int i,m,sum=0;
    for(i=0;i<10;i++)
    {
        scanf("%d",&m);
        if(m==0)
            continue;
        sum=sum+m;
    }
```

```
    printf ("sum=%d",sum);
    return 0;
}
```

输入：

0 1 2 3 4 5 6 7 8 9 <回车>

运行结果：

sum=45

程序二：

```
#include <stdio.h>
int main ( )
{
    int i=0,m,sum=0;
    while(i<10)
    {
        scanf("%d",&m);
        if(m==0)
            continue;
        sum=sum+m;
        i++;
    }
    printf ("sum=%d",sum);
    return 0;
}
```

输入：

0 1 2 3 4 5 0 7 8 9 10 <回车>

运行结果：

sum=55

本例程序一中如果输入 0，执行 continue 语句，不再求和，然后执行表达式 3 "i++"，开始下一次循环，并且只能输入 10 个数，结果是对其中非零整数求和。程序二是用 while 语句替换 for 语句，如果输入 0 执行 continue 语句，不再求和，也不执行 i++，本次循环再重新开始，结果是对 10 个非零整数求和，如果输入的数据是 0，要求重新输入，所以循环的次数大于或等于 10 次。

由此看来，尽管大多数 for 循环可以转换为 while 循环，但并非全部，例如，当循环体中间有 continue 语句时，就不能相互替换。

【例 5-20】　从键盘输入 10 个字符，统计其中数字字符的个数。

```
#include <stdio.h>
int main( )
{
    int i,num=0;
    char c;
    for(i=1;i<=10;i++)
    {
        c=getchar( );
        if(c< '0' ||c> '9')     // 不是数字字符
            continue;                // 跳转到表达式 3
        ++num;
    }
    printf("num=%d",num);
    return 0;
}
```

本例循环控制变量 i 没有参与循环体中的具体运算和操作，只是起到最终控制循环体执行次数的作用。continue 语句的作用是当输入的字符不是数字字符时，使执行的流程不执行 ++num 语句，而转去执行表达式 3(即 i++)，然后进行是否继续执行循环体的检查判定。

可以不用 continue 语句，而用其他方法编程实现本题的要求。

5.4.3　goto 语句

goto 语句的一般形式：

```
goto 标号；
        ⋮
标号：语句
        ⋮
```

功能：当程序执行到 goto 语句时，改变程序自上而下的执行顺序，转向执行语句标号指定的语句，并从该语句继续往下顺序执行程序。

说明：

1）标号与 goto 语句配合使用才有意义，单独存在没有意义，不起作用。

2）标号的构成规则与标识符相同。

3）与 goto 语句配合使用的标号只能存在于该 goto 语句所在的函数内，并且唯一；不可以利用 goto 语句将执行的流程从一个函数中转移到另一个函数中去。

4）允许多个 goto 语句转向同一标号。

5）结构化程序设计方法限制 goto 语句的使用，但是 goto 语句使用灵活，有时可以简化程序，例如用于快速跳出多重循环或者跳向共同的出口位置，进行退出前的错误处理等场合，因而不应一概排斥 goto 语句的使用。

【例 5-21】　输出一个各位不同且能被 4 整除的三位数。

设 k、j、i 分别代表个、十、百位上的数，将 i 依次赋值 1，2，3，…，9，j、k 依次赋值 0，1，2，3，…，9，则 100*i+10*j+k 覆盖了所有的三位数，删除有相同位的三位数，然后逐个考察，输出一个数之后立即退出程序。

```c
#include <stdio.h>
int main()
{
    int i,j,k;
    for(i=1;i<10;i++)
        for(j=0;j<10;j++)
            for(k=0;k<10;k++)
            {
                if(i==j||j==k||k==i)
                    continue;
                if((100*i+10*j+k)%4==0)
                {
                    printf("%4d",100*i+10*j+k);
                    goto L1;
                }
            }
    L1:;
    return 0;
}
```

运行结果：

本程序利用 continue 语句避免了输出各位相同的三位数，并继续进行是否执行循环体的检查判定。

输出一个数之后立即退出程序，不能使用 break 语句，因为它只能终止包含该 break 语句的一层循环。本例利用空语句与 goto 语句的相互配合来退出多重嵌套的循环语句。

5.4.4　三种语句的区别

【例 5-22】 比较 goto 语句和 break 语句的区别。

程序一：

```c
#include <stdio.h>
int main()
{
    int i, j, count=0;
    for(i=1; i<=10; i++ )
    {
        for(j=1;j<= 3;j++ )
        {
            if(i == 6) goto stop;
            count++;
        }
    }
    stop: printf("Stop: i=%d\n", i );
    printf(" 循环次数 :%d",count);
    return 0;
}
```

运行结果：

```
Stop: i=6
循环次数: 15
```

程序二：

```c
#include <stdio.h>
int main()
{
    int i,j,count=0;
    for(i=1; i<=10; i++ )
    {
        for(j=1;j<=3;j++)
        {
            if(i == 6) break;
            count++;
        }
    }
    printf("Stop: i=%d\n",i);
    printf(" 循环次数 : %d\n",count);
    return 0;
}
```

运行结果：

```
Stop: i=11
循环次数: 27
```

本例中的两个程序基本相同，都是计算内循环的次数 count，如果不设置任何条件，内循环的次数是 10 乘以 3，count 应为 30。两个程序的差别是：

程序一："if(i == 6) goto stop;"表示当进行到第 6 次外循环时，利用 goto 语句跳出外循环，所以外循环只做了 5 次，内循环的次数是 5 乘以 3，count 是 15 次。

程序二："if(i == 6)break;"表示当进行到第 6 次外循环时，利用 break 语句跳出内循环，所以第 6 次外循环没有做，后面的第 7 次到第 10 次外循环正常执行，外循环做了 9 次，内循环的次数是 9 乘以 3，count 是 27 次。

程序利用 goto 语句跳出多重循环，利用 break 语句跳出所在的循环。

【例 5-23】　比较 continue 语句和 break 语句的区别。

程序一：

```c
#include <stdio.h>
int main()
{
    int i,j,count=0;
    for(i=1;i<=10;i++)
    {
        for(j=1;j<=3;j++ )
        {
            if(j == 2 ) continue;
                count++;
        }
    }
    printf("Stop: i=%d\n", i );
    printf(" 循环次数 :%d\n", count);
    return 0;
}
```

运行结果：

```
Stop: i=11
循环次数: 20
```

程序二：

```c
#include <stdio.h>
int main()
{
    int i,j,count=0;
    for ( i=1; i<=10; i++ )
    {
        for (j=1; j<=3; j++ )
        {
            if (j == 2 ) break;
             count++;
        }
    }
    printf("Stop: i = %d\n", i );
    printf(" 循环次数 : %d\n", count);
    return 0;
}
```

运行结果：

```
Stop: i=11
循环次数: 10
```

本例中的两个程序基本相同，都是计算内循环的次数 count，如果不设置任何条件，内循环的次数是 10 乘以 3，count 应为 30。两个程序的差别是：

程序一："if(j == 2)continue;"表示当进行到第 2 次内循环时，利用 continue 语句结束本次内循环，后面的第 3 次内循环仍然正常执行。所以内循环的计数只做了 2 次，外循环的次数仍然是 10，10 乘以 2，count 是 20 次。

程序二："if(j == 2)break;"表示当进行到第 2 次内循环时，利用 break 语句结束内循环，开始新的外循环，所以每次内循环计数只做 1 次，外循环的次数仍然是 10，10 乘以 1，count 是 10 次。

程序利用 continue 语句结束所在循环当前次的操作，开始下一次循环，利用 break 语句结束所在的循环的所有操作。

5.5　程序设计实例

5.5.1　穷举法

穷举法也叫**枚举法**或**蛮力法**。它的基本思想是，根据所提出的问题列举所有可能的情况，并依据题目的部分条件确定答案的大致范围，然后在此范围内对所有可能的情况逐一验证，直到全部情况验证完为止。若有符合题目条件的情况，则是本题的一个答案；若验证完后所有情况均不符合题目条件，则本题无解。利用计算机运算速度快的特点，可以很方便地进行穷举法问题的求解。

穷举法的一般步骤是：

1）将问题描述成计算机能够理解的模型。

2）确定问题求解范围。

3）确定筛选条件。

4）循环遍历求解。

穷举法基本结构：循环 + 选择。

和其他算法比较，穷举法的优点是算法简单，容易理解；缺点是运算量大。

【**例 5-24**】　找出 100 ～ 999 之间的所有"水仙花"数 (Armstrong 数)。所谓"水仙花"数是指一个三位数，其各位数字的立方和等于该数本身，例如 $153=1^3+3^3+5^3$，所以 153 是"水仙花"数。

程序一：

```c
#include <stdio.h>
int main()
{
    int i,j,k,n;
    for(n=100;n<=999;n++)              // 设置问题的求解范围
    {
        i=n/100;                       // 拆分数字百位
        j=n/10%10;                     // 拆分数字十位
        k=n%10;                        // 拆分数字个位
        if(n==(i*i*i+j*j*j+k*k*k))     // 进行筛选
            printf("%d\n",n);
    }
    return 0;
}
```

运行结果：

```
153
370
371
407
```

程序一的解题思路是：

设 $100 \leqslant n \leqslant 999$，$i$、$j$、$k$ 分别代表数 n 百位、十位、个位上的数字，则：

$$i = n/100$$

$$j = n/10\%10$$

$$k = n\%10$$

如果 $j^3 + i^3 + k^3 == n$，则 n 是所求。

程序二：

```c
#include <stdio.h>
int main()
{
    int i,j,k,n;
    for(i=1;i<=9;i++)                    // 百位,利用三重循环设置问题的求解范围
      for(j=0;j<=9;j++)                  // 十位
        for(k=0;k<=9;k++)                // 个位
        {
          n=i*100+j*10+k;                // 还原要测试的数
          if(n==i*i*i+j*j*j+k*k*k)       // 进行筛选
            printf("%d\n",n);
        }
    return 0;
}
```

运行结果：

```
153
370
371
407
```

程序二的解题思路是：

设 $100 \leqslant n \leqslant 999$，利用三重循环设置问题的求解范围，$i$、$j$、$k$ 分别代表数 n 百位、十位、个位上的数字，则 $n = i * 100 + j * 10 + k$。如果 $j^3 + i^3 + k^3 == n$，则 n 是所求。

【例 5-25】 假设某年级期末有英语、计算机、数学三门课程的考试。排考要求：考试安排在周一到周五五天内完成，但每天最多只能考一门。数学必须是三门中最早考的，而计算机的考试时间不能安排在周四。要求输出可行的排考方案个数以及各种具体的排考方案。

1）设置三个整型变量 math、english、computer 分别代表三门课的考试时间，其取值范围都是 1 ～ 5，用三重循环实现对所有方案的遍历。

2）数学是三门中最早考的，其表达式为 math<english && math<computer，这个表达式也隐含了数学和其他两个变量的值不可能相等。

3）每天最多只能考一门，所以三个变量的值都不能相等，只需表示成 computer!=English。

4）计算机的考试时间不能安排在周四的表达式是：computer!=4。

5）将三个条件做逻辑与运算，得到筛选条件。

程序一：

```c
#include <stdio.h>
int main()
{
    int math,english,computer,count=0;
    for(math=1;math<=5;math++)              // 利用三重循环设置问题的求解范围
      for(english=1;english<=5;english++)
        for(computer=1;computer<=5;computer++)
          if(math<english  && math<computer && english!=computer
             && computer!=4)                // 构造筛选条件
          {
              count++;
            printf("math=%d,english=%d,computer=%d\n",
                     math, english, computer);
          }
        printf("count=%d\n", count);
    return 0;
}
```

运行结果：

```
math=1,english=2,computer=3
math=1,english=2,computer=5
math=1,english=3,computer=2
math=1,english=3,computer=5
math=1,english=4,computer=2
math=1,english=4,computer=3
math=1,english=4,computer=5
math=1,english=5,computer=2
math=1,english=5,computer=3
math=2,english=3,computer=5
math=2,english=4,computer=3
math=2,english=4,computer=5
math=2,english=5,computer=3
math=3,english=4,computer=5
count=14
```

程序二：

```c
#include<stdio.h>
int main( )
{
  int math,english,computer,count=0;
  for(math=1;math<=3;math++)
    for(english=math+1;english<=5;english++)
      for(computer=math+1;computer<=5;computer++)
        if(computer!=english&&computer!=4)
        {
          count++;
          printf("math=%d,english=%d,computer=%d\n"
            ,math, english, computer);
        }
    printf("count=%d\n", count);
    return  0;
}
```

程序二中缩小了问题的求解范围，减少了筛选的次数，具体改进如下：

1）由于每天最多只能考一门，所以三个变量的值都不能相等；同时又限制了数学在三门中最早考，所以 math 的取值上限应该为 3 而不是 5。

2）巧妙地运用这两个条件又可以将 english 和 computer 的初值设为从 math+1 开始，即这两门课一定在 math 之后考，这样后面对"每天最多只能考一门"的条件描述就只需用"english!=computer"来简单描述即可。

3）筛选条件简化为 computer!=english && computer!=4。

【例 5-26】 在数学中有一类数，由于符合 $a^2+b^2=c^2$ 的规定，a、b、c 可以构成直角三角形的三条边，而被称为勾股数。寻找直角三角形每边长为 20 以内的勾股数。

设三角形的三边长分别为 a、b、c，且 $c>b\geqslant a$。设斜边 c 的变化范围是 3 至 20；根据直角三角形斜边一定大于直角边的规定，对于确定的 c，b 的取值范围是 1 至 $c-1$；对于确定的 c 和 b，a 的取值范围是 1 至 b。因而，可用三重循环编写寻找 20 以内勾股数的程序。找到勾股数时以"(a,b,c)"的方式输出，例如 3、4、5 是一组勾股数，则输出成 (3, 4, 5)，要求输出三组换行。

```c
#include <stdio.h>
 int main()
 {
      int a,b,c,n=0;
      for(c=3;c<=20;c++)//利用三重循环设置问题的求解范围
      for(b=1;b<c;b++)
        for(a=1;a<=b;a++)
```

```
                    if(a*a+b*b==c*c)  // 筛选条件
                      {
                          printf("(%2d,%2d,%2d) ",a,b,c);
                          n++;
                          if(n%3==0)   // 输出三组后换行
                            printf("\n");
                      }
        return 0;
    }
```

运行结果：

```
( 3, 4, 5) ( 6, 8,10) ( 5,12,13)
( 9,12,15) ( 8,15,17) (12,16,20)
```

本例利用三重循环设置直角三角形三条边 a、b、c。当表达式 a*a+b*b==c*c 的运算结果为非 0 时，输出所得的结果。

【例 5-27】　五家共井问题。我国古代数学巨著《九章算术》中有题为："今有五家共井，甲二绠（汲水用的井绳）不足，如（意为接上）乙一绠；乙三绠不足，如丙一绠；丙四绠不足，如丁一绠；丁五绠不足，如戊一绠；戊六绠不足，如甲一绠。如各得所不足一绠，皆逮（及，指达到水面）。问井深，绠长各几何。答曰：井深七丈二尺一寸。甲绠长二丈六尺五寸，乙绠长一丈九尺一寸，丙绠长一丈四尺八寸，丁绠长一丈二尺九寸，戊绠长七尺六寸。"假定该题没有给出答案，试编程求解此题。

设井深为 X，甲井绳长为 A，乙井绳长为 B，丙井绳长为 C，丁井绳长为 D，戊井绳长为 E，可有如下方程组：

$$2A + B = X$$
$$3B + C = X$$
$$4C + D = X$$
$$5D + E = X$$
$$6E + A = X$$

化简上述方程组得：$721D = 129X$。这是一个不定方程。

我国大部分地区水井的深度是 50 寸 $\leqslant X \leqslant 1000$ 寸，并且已知所有绠长都是以寸为单位的整数。可以让 X 从 50 变到 1000，找出最先满足方程 $721D = 129X$ 的整数 D，进而算出 A、B、C、E。

利用穷举算法编程如下：

```
#include "stdio.h"
int main( )
{
    int a,b,c,d,e,x;
    x=50;
    while(x<=1000)
    {
        d=129*x/721;
        if(1.0*129*x/721-d<1e-5)
        {
            e=x-5*d;
            a=x-6*e;
            b=x-2*a;
            c=x-3*b;
            break;
        }
        x++;
    }
```

```
    printf("X=%ld,A=%ld,B=%ld,C=%ld,D=%ld,E=%ld",x,a,b,c,d,e);
    return 0;
}
```

程序运行结果：

```
X=721,A=265,B=191,C=148,D=129,E=76
```

还有一类问题是遍历二维图形的每一个像素点或者坐标点，给出修改和输出的处理方法，这一类问题也可以归属为穷举法。

【例 5-28】 输出图 5-11 所示的菱形图案。

```
#include <stdio.h>
#include <math.h>
 int main()
{
    int  x, y, size=3;
    for(y= -size; y<=size; y++)
    {    for (x= -size; x<=size; x++)
        {
            if(abs(x)+abs(y)<=size)
                putchar('*');
            else  putchar(' ');
        }
        putchar('\n');
    }
    return 0;
}
```

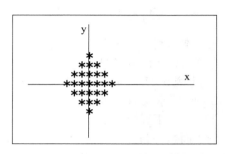

图 5-11 例 5-28 示意图

该程序巧妙地将每个输出的字符和平面坐标轴的坐标相关联，外循环对应 y 坐标，分别对每行进行循环，内循环对应 x 坐标，分别对每列进行循环，遍历所有坐标点，找出图案和坐标值的关系，从而使问题变得简单一些。

5.5.2 迭代法

迭代法也称为**递推法**，是利用问题本身所具有的某种递推关系来求解问题。它从初始条件出发，逐次推出所需要的结果，即找出新旧值之间存在的关系，以及循环结束的条件，从而把一个复杂的计算过程转化为简单过程的多次重复，每次重复都在旧值的基础上推出新值，并由新值代替旧值。利用迭代法可解决许多数学问题和工程问题。

基本思想：利用计算机运算速度快、适合做重复性操作的特点，对一组指令（或一定步骤）进行重复执行，每次执行这组指令（或步骤）时，都从变量原值推出一个新值。

关键步骤：

1）确定迭代变量，也就是直接或间接地不断由旧值递推出新值的变量。

2）建立迭代关系式，也就是如何从变量的前一个值递推出其下一个值的公式（或关系）。

3）对迭代过程进行控制，确定在什么时候结束迭代过程。

一般结构：

```
迭代变量赋初值
while（循环条件表达式）  // 可以表示为：！迭代终止条件
{
    根据迭代关系式由迭代变量旧值计算出新值；
    迭代变量新值取代旧值，为下一次迭代做准备；
}
```

实际上前面经常用的累加算法是迭代法的一个典型应用。迭代变量就是容器变量 sum_i，一般赋初值 $sum_0=0$；设当前项为 a_i，递推式为 $sum_{i+1}=sum_i+a_i$，程序中迭代关系式可以写成

"sum=sum+a;"。

【例 5-29】 小猴吃桃子问题。

小猴在一天内摘了若干个桃子,当天吃掉一半多一个,第二天吃掉剩下的一半桃子多一个,以后每天都吃掉尚存桃子的一半多一个。直到第七天早上要吃时,只剩下一个了,问小猴共摘了多少个桃子?

解题思路:先从最后一天推出倒数第二天的桃子,再从倒数第二天推出倒数第三天的桃子……设第 n 天的桃子数为 x,它比前一天的桃子数的一半少一个,即 $x_n = x_{n-1}/2 - 1$,前一天的桃子数为 $x_{n-1} = (x_n + 1) \times 2$(迭代关系式)。

设迭代变量为 x,迭代表达式为 x=(x+1)*2。

```c
#include "stdio.h"
int main()
{
    int i,  x;
    x=1;                        // 迭代变量赋初值
    for(i=6; i>=1; i--)
      x=(x+1)*2;                // 迭代关系表达式,迭代过程反复由原值推出新值
    printf(" 小猴共摘了%d 只桃子 \n", x);
    return 0;
}
```

程序运行结果:

小猴共摘了 190 只桃子

【例 5-30】 用迭代法求某数 a 的平方根,已知求平方根的迭代公式为 $x_n = \dfrac{1}{2}\left(x_{n-1} + \dfrac{a}{x_{n-1}}\right)$($n=1,2,3,4,\cdots$),取 $a/2$ 作为 x_0 的初值,迭代结束条件取 $|x_n - x_{n-1}| \leqslant 10^{-5}$。算法流程见图 5-12。

```c
#include <stdio.h>
#include <math.h>
int main()
{
  float a,x0,x1;
  scanf("%f", &a);
  x1=a/2;                       // 迭代变量赋初值
  do{
      x0=x1;                    // 新值变旧值
      x1=(x0+a/x0)/2;           // 利用迭代关系表达式计算新值
  }while(fabs(x1-x0)>1e-5);     // 注意要将迭代结束条件取反
  printf("sqrt(%.2f)=%f \n",a, x1);
  return 0;
}
```

输入:

2< 回车 >

运行结果:

sqrt(2.00)=1.414214

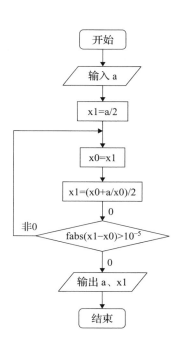

图 5-12　例 5-30 算法流程图

【例 5-31】 利用下面的公式求 sin$x$ 的近似值。

$$\sin x = x - x^3/3! + x^5/5! - \cdots\cdots + (-1)^{n+1}x^{2n-1}/(2n-1)!，\text{这里 } x \text{ 是弧度}$$

这是一个级数求和的问题。设 i 为项数,则:

1)第 i 项的分子是 x 的 $2*i-1$ 次方,例如 $i=3$ 时是 x^5。

2）第 i 项的分母是 $(2*i-1)!$，例如 $i=3$ 时是 5!。

3）由于第 i 项的运算符号是 $(-1)^{i+1}$，各项的运算符号有规律地变化，且第 i 项是 $(-1)^{i+1}x^{2i-1}/(2i-1)!$，因此本例可作为累加问题处理。共有 n 项，进行累加时 i 的初值为 1，终值为 n。

程序一用双重循环实现 $\sin x$ 的计算，内循环实现第 i 项的分子和分母的计算，外循环实现从 1 到 n 各项的累加。

程序一：

```
#include <stdio.h>
#include <math.h>
int  main()
{   int i,j;
    double sum=0,flag=1;
    double x,t,a;
    printf(" 输入角度 \n");
    scanf("%lf",&a);
    x=a*3.1415926/180;   // 将输入的角度化为弧度
    for(i=1;i<=100;i++)
    {
        t=1;
        for(j=1;j<=2*i-1;j++)
            t=t*j;
        sum=sum+flag*pow(x, 2*i-1)/t;
        flag=-flag;
    }
    printf("sin(%.2f)=%f\n",a,sum);
    return 0;
}
```

程序二采用迭代法，其实前面的循环累加问题也是迭代法的应用，本题应用两次迭代法，第一次迭代实现累加算法，设 s_i 是第 i 次求和的容器变量，t_i 是第 i 次求和的累加项。

设 s_i 和 t_i 为迭代变量，迭代变量赋初值 $s_0=0$，$t_0=x$。

第一次迭代过程的迭代关系式是 $s_{i+1}=s_i+t_i$。

当完成一次求和后，用第二次迭代完成下一次求和用到的累加项的计算。

每次累加项的规律是：第 $i+1$ 个累加项 t_{i+1} 等于第 i 个累加项 t_i 乘 x^2 再除以 $(2*i)*(2*i+1)$，符号与 t_i 相反。

第二次迭代过程的迭代关系式是 $t_{i+1}=-t_i*x*x/(2*i*(2*i+1))$。

程序二：

```
#include <stdio.h>
int main()
{
    int i;
    double x,a,t,s=0;
    scanf("%lf",&a);
    x=a*3.1415926/180; ;           // 将输入的角度化为弧度
    t=x;                           // 迭代变量赋初值
    for(i=1;i<=100;i++)
    {
      s=s+t;
      t=-t*x*x/((2*i)*(2*i+1));     // 迭代关系表达式，旧值推出新值
    }
    printf("sin(%.2f)=%f\n",a,s);
    return 0;
}
```

输入：

30 <回车>

运行结果：

sin(30.00)=0.500000

【例 5-32】 计算正弦曲线 $y = \sin x$ 在 $[0, \pi]$ 上与 x 轴所围成的平面图形的面积。计算定积分的公式为：

$$s = \frac{h}{2}[f(a) + f(b)] + h\sum_{i=1}^{n-1} f(x_i)$$

其中，$x_i = a + ih$，$h = (b-a)/n$，本例取 $n = 100$。

本例是用梯形法计算 $\sin x$ 的定积分，积分下限是 $a = 0$，积分上限是 $b = \pi$。积分区间被分成 n 段，每段宽度为 $h = (\pi - 0)/100$。根据定积分的计算公式，多项式共有 n 项，其中第 1 项是 $\frac{h}{2}[f(a) + f(b)]$，第 i 项是 $h * \sin(a + i * h)$，只要将这 n 项累加起来就完成了题目要求。

```
#include <stdio.h>
#include <math.h>
int main()
{
    int i,n;double a,b,h,s;
    printf("Input a,b:");
    scanf("%lf%lf",&a,&b);
    n=100;
    h=(b-a)/n;
    s=0.5*(sin(a)+sin(b));
    for(i=1;i<=n-1;i++)
        s+=sin(a+i*h);
    s*=h;
    printf("s=%.4lf\n",s);
    return 0;
}
```

程序运行情况：

```
Input a,b: 0 3.1415926<回车>
s=1.9998
```

【例 5-33】 求分数序列 $\frac{1}{2}$，$\frac{2}{3}$，$\frac{3}{5}$，$\frac{5}{8}$，…前 10 项之和。

本例每一个分数是裴波那契（Fibonacci）数列 1,1, 2, 3, 5, 8, 13, 21, …从第三项起前后两项的商。该分数序列从第二项起，每一项的分子是前一项的分母，每一项的分母是前一项的分子与分母之和。这是累加问题，共累加 10 次。

```
#include <stdio.h>
int main()
{
    int i;
    float k,s=0,m=1,n=2;
    for(i=1;i<=10;i++)
    {
        s+=m/n;
        k=m+n;
        m=n;
        n=k;
    }
```

```
    printf("s=%f",s);
    return 0;
}
```

运行结果：

```
s=6.097961
```

【例 5-34】 求级数 $1+2*3+4*5*6+7*8*9*10+\cdots$ 前 5 项之和。

本例求级数前 5 项之和，要累加 5 次；每一项都是累乘，第 i 项是 i 个整数的积；第 i 项的第一个因子比前一项的最后一个因子大 1。

利用双重循环完成题目要求，外循环实现累加，内循环实现累乘并修正因子值。

```
#include <stdio.h>
int main()
{
    int n,i=1,j;
    double f=2,t=1,s=0;
    scanf("%d",&n);
    for(i=1;i<=n;i++)
    {
        s=s+t;
        t=1;
        for(j=0;j<=i;j++)
        {
            t=t*f;
            f++;
        }
    }
    printf("s=%lf\n",s);
    return 0;
}
```

输入：

```
5<回车>
```

运行结果：

```
s=365527.000000
```

小结

本章是初学 C 语言的读者遇到的第一个学习难点，例题和习题都增加了逻辑思维的难度，学完本章读者就可以编写一些较复杂的程序了。

本章共介绍了 7 种语句的语法形式和功能，并结合例题介绍了循环结构的应用方法。

本章主要介绍了下面一些重要概念：

1）while 循环语句、do-while 循环语句、for 循环语句、continue 语句、break 语句、空语句、goto 语句。

2）循环语句的执行过程，循环嵌套。

3）循环语句结束执行的条件。

4）goto 语句的功能。

5）break 语句和 continue 语句的功能和差别。

本章介绍了各种循环语句，比较了各种循环语句的特点。

循环语句通常由循环控制变量初始化、循环结束条件和循环体三部分组成。利用循环语句编

写程序，重要的是设置好循环控制变量的初值，设置好退出循环的条件，确定好循环体中的各
语句要完成的运算或综合处理内容。表 5-3 汇总了循环语句的常见错误。

表 5-3   循环语句常见错误汇总

错误实例	错误修改	错误分析	错误类型

`do{`
`    sum = sum + i;`
`    i++;`
`  }while (i <= n)`
	`do{`
	`    sum = sum + i;`
	`    i++;`
	`  }while (i <= n);`
		do-while 语句的 while 后面忘记加分号	编译错误

`for (i=1, i<=n, i++)`
`{`
`  p = p * i;`
`}`
	`for (i=1; i<=n; i++)`
	`{`
	`    p = p * i;`
	`}`
		用逗号分隔 for 语句圆括号中的三个表达式	编译错误

`n=1;`
`while (n < 100)`
`{`
`  printf("n = %d", n);`
`}`
	`n=1;`
	`while (n < 100)`
	`{`
	`    printf("n=%d",n);`
	`    n++;`
	`}`
		没有改变循环控制条件的操作，导致死循环	运行时错误

`while (n < 100)`
`{`
`  s=s+n;`
`  n++;`
`}`
	`n=1;   s=0;`
	`while (n < 100)`
	`{`
	`    s=s+n;`
	`    n++;`
	`}`
		在循环开始前，未将计数器变量、累加求和变量或者累乘求积变量初始化	运行时错误

`while (i <= n)`
`    sum = sum + i;`
`    i++;`
	`while (i <= n)`
	`{`
	`    sum = sum + i;`
	`    i++;`
	`}`
		在界定 while 和 for 语句后面的循环体（复合语句）时，忘记了花括号	运行时错误

`for (i=1; i<=n; i++) ;`
`{`
`    sum = sum + i;`
`}`
	`for (i=1; i<=n; i++)`
	`{`
	`    sum = sum + i;`
	`}`
		在紧跟 for 语句表达式圆括号外写了一个分号。位于 for 语句后面的分号使循环体变成了空语句，即循环体不执行任何操作	运行时错误

`while (i <= n) ;`
`{`
`    sum = sum + i;`
`    i++;`
`}`
	`while (i <= n)`
	`{`
	`    sum = sum + i;`
	`    i++;`
	`}`
		在紧跟 while 语句条件表达式的圆括号外写了一个分号。位于 while 语句后面的分号使循环体变成了空语句，在第一次执行循环，当循环控制条件为真时，将引起死循环	运行时错误

习题

一、判断题

以下各题的叙述如果正确，在题后的括号中填入"Y"，否则填入"N"。

1. 带有语句标号的语句的正确书写方法是"语句标号：语句"。（   ）

2. break 语句在循环体中出现，其作用是结束本次循环，接着进行下一次循环。（   ）

3. for 循环语句只能用于循环次数已经确定的情况。（   ）

4. while 循环语句至少无条件执行一次循环体。(　　　)

5. do-while 循环语句的特点是先执行循环体，然后判断循环条件是否成立。(　　　)

6. for 循环语句先判断循环条件是否成立，然后再决定是否执行循环体。(　　　)

7. continue 语句在循环体中出现，其作用是结束本次循环，接着进行是否执行下一循环的判定。(　　　)

8. goto 语句能够实现使程序退出多重嵌套的循环语句。(　　　)

二、选择题

以下各题在给定的四个答案中选择一个正确答案。

1. 下面程序的运行结果是（　　　）。

```c
#include <stdio.h>
int main( )
{
    int i=10;
    while(i-->0);
    printf("%d ",i);
    return 0;
}
```

A. 10　　　　　　　　　B. 0　　　　　　　　　C. 10987654321　　　　D. -1

2. 已有定义"int j;"，则下面程序段的输出结果是（　　　）。

```c
for(j=7;j<10;j++)printf("%d",j);
```

A. 8910　　　　　　　　B. 789　　　　　　　　C. 91011　　　　　　　D. 无结果

3. 下面程序的运行结果是（　　　）。

```c
#include <stdio.h>
int main( )
{
    int x=3;
    do{
    printf("%3d",x-=2) ;
    }while(!(--x));
    return 0;
}
```

A. 死循环　　　　　　　B. 1 -2　　　　　　　　C. 10　　　　　　　　　D. 1

4. 下面程序的运行结果是（　　　）。

```c
#include <stdio.h>
int main( )
{
    int i,j,sum;
    for(i=2;i<7;i++)
    {
        sum=1;
        for( j=i;j<7;j++)
        sum=sum+j;
    }
    printf("%d",sum);
    return 0;
}
```

A. 48　　　　　　　　　B. 49　　　　　　　　　C. 1　　　　　　　　　D. 7

5. 下面程序的运行结果是（　　　）。

```c
#include <stdio.h>
int main( )
{
```

```
    int i=0,sum=0;
    while(i++<6)
    sum+=i;
    printf("%d",sum);
    return 0;
}
```

A. 15   B. 16   C. 21   D. 不确定

6. 下面程序的运行结果是（   ）。

```
#include <stdio.h>
int main( )
{
    int y=10;
    while(y>0)
    {
        if(y%3==0)
            printf("%d",--y);
        y--;
    }
    return 0;
}
```

A. 852   B. 963   C. 741   D. 789

7. 下面程序的运行结果是（   ）。

```
#include <stdio.h>
int main( )
{
    int x=15;
    do{
        x--;
    }while(x--);
    printf("%d ",x--);
    return 0;
}
```

A. 0   B. 1   C. −1   D. −2

三、完善程序题

以下各题在每题给定的 A 和 B 两个空中填入正确内容，使程序完整。

1. 根据以下给定公式计算 e 的值（取前 n 项）。

$$e = 1 + \frac{1}{1!} + \frac{1}{2!} + \frac{1}{3!} + \cdots + \frac{1}{n!} + \cdots$$

```
#include <stdio.h>
int main( )
{
    double sum=1.0,x=1.0,y=1.0;
    int n;
    scanf("%d",___A___);
    while(n)
    {
        y=x*y;
        sum=sum+___B___;
        x++;
        --n;
    }
    printf("sum=%f",sum);
    return 0;
}
```

2. 用 10 元人民币兑换角币有多少种换法（角币有 1 角、2 角、5 角三种）？

```c
#include <stdio.h>
int main( )
{
  int i,j,k,m=0;
  for(i=0;i<=___A___;i++)
    for(j=0;j<=(100-___B___)/2;j++)
      for(k=0;k<=100-5*i-2*j;k++)
        if(i*5+j*2+k==100)
          m++;
  printf("m=%d ",m);
  return 0;
}
```

3. 1988 年世界人口数为 50 亿，按年增长率 11‰ 计算，哪一年开始世界人口数突破 100 亿？

```c
#include <stdio.h>
int main( )
{
  int year=1988;
  double r=0.011,no=5E9,n;
  n=no;
  do{
  n=___A___*(1+r);
  year++;
  }while(___B___<2*no);
  printf("year=%d\npopulation=%f",year,n);
  return 0;
}
```

4. 统计 1 ～ 100（包括 100）中能被 3 整除同时能被 5 整除的整数的个数。

```c
#include <stdio.h>
int main( )
{
  int n=0,i;
  for(i=1;i<=___A___;i++)
  if(i%3==0___B___i%5==0)
  n++;
  printf("n=%d",n);
  return 0;
}
```

5. 利用公式 $\frac{\pi}{4} \approx 1 - \frac{1}{3} + \frac{1}{5} - \frac{1}{7} + \cdots$ 前 10 项之和，求 π 的近似值。

```c
#include <stdio.h>
int main( )
{
  int i;
  float t=1.0,pi=0;
  for(i=1; i<=___A___; i++)
  {
    pi=___B___+t/(2*i-1);
    t=-t;
  }
  pi=pi*4;
  printf("pi=%f",pi);
  return 0;
}
```

6. 甲、乙、丙三位球迷分别预测已进入半决赛的四队 A、B、C、D 的名次如下：

甲预测：A第1名，B第2名；

乙预测：C第1名，D第3名；

丙预测：D第2名，A第3名。

比赛结果，甲、乙、丙预测各对一半。试求 A、B、C、D 四队名次。

```c
#include <stdio.h>
int main( )
{
  int a,b,c,d,t;
  for(a=1;a<=4;a++)
    for(b=1;b<=4;b++)
    {
      if(b==a)
        continue;         // 两队不允许名次相同，取下一个 b 值
      for(c=1; c<= 4; c++)
      {
        if(c==a||c==b)
          ____A____;                    // 取下一个 c 值
        ____B____=10-a-b-c;             // 四队名次和为 10
        t=(((a==1)!=(b==2))&&((c==1)!=(d==3))&&((d==2)!=(a==3)));
        if(t)
          printf("A=%d,B=%d,C=%d,D=%d",a,b,c,d);
      }
    }
  return 0;
}
```

四、阅读程序题

指出以下各程序的运行结果。

1.
```c
#include <stdio.h>
int main( )
{
  int k=3;
  while(k--);
  printf("%d",++k);
  return 0;
}
```

程序运行结果：_____。

2.
```c
#include <stdio.h>
int main( )
{
  int i=5,sum=0;
  do{
  sum-=i--;
  }while(i>0);
  printf("%d",sum);
  return 0;
}
```

程序运行结果：_____。

3.
```c
#include <stdio.h>
int main( )
{
  int i,j,k;
  scanf("%d%d",&i,&j);
  if(i<j)
  {
    k=i;
```

```
        i=j;
        j=k;
      }
    for(;j;)
    {
        k=i%j;
        i=j;
        j=k;
    }
    printf("The  number is%d",i);
    return 0;
}
```

输入:

6 28 <回车>

程序运行结果: _____。

4.
```
#include <stdio.h>
int main( )
{
    int i,j,k=0,s=7;
    for(i=1;i<8;i++)
    {
        for(j=0;j<k;j++)
            printf(" ");
        for(j=0;j<s;j++)
            printf("*");
        printf("\n");
        if(i<4)
        {
            k++;
            s=s-2;
        }
        else
        {
            k--;
            s=s+2;
        }
    }
    return 0;
}
```

程序运行结果: _____。

5.
```
#include <stdio.h>
int main()
{
    int m=0,n=0;
    while(m<=50)
    {
        if(n>=10)
            break;
        m++;
        if(n%3==1)
        {
            n=n+3;
            continue;
        }
        n+=2;
        printf("m=%-3dn=%-3d\n",m,n);
    }
```

```
    return 0;
}
```

程序运行结果：_____。

五、编写程序题

1. 输入两个正整数 m 和 n，求其最大公约数和最小公倍数。

2. 如果一个正整数的所有因子之和等于该正整数，则称这个正整数为完全数。编写程序读入 n，输出不超过 n 的全部完全数。

3. 观察超市收银机是如何结账的，写一个结账程序。要求从键盘输入商品价格，然后求和，输入 0 结束，最后提示输入付款钱数和找零钱数。

4. 已知 $y = 2x^3 - 3x^4 + 6x^5 - 4x + 50$，从 $x = 0$ 到 $x = 2$，每隔 0.2 计算并输出 y 的值，然后输出 y 的最大值和最小值。

5. 求以下级数和的近似值。

$$y(x) = x + \frac{x^3}{3 * 1!} + \frac{x^5}{5 * 2!} + \frac{x^7}{7 * 3!} + \cdots$$

令 $x = 0.5$、1.0、1.5、2.0，取前 10 项之和，分别计算 $y(x)$。

6. 百钱买百鸡问题。公元 5 世纪末，我国古代数学家张丘建在《算经》中提出了百鸡问题："鸡翁一，值钱五；鸡母一，值钱三；鸡雏三，值钱一。百钱买百鸡，问鸡翁、母、雏各几何？"意为："每只公鸡值五元，每只母鸡值三元，小鸡三只值一元。用一百元买一百只鸡，问公鸡、母鸡、小鸡各可以买多少只？"试编程求解此题。

第 6 章

数　　组

C 语言的数据类型分为两类：一类是基本类型，包括整型、实型、字符型和指针型，基本类型是 C 语言的固有类型；另一类是构造类型，包括数组、结构体、共用体和枚举等，构造类型是由基本类型构造而成的。本章介绍构造类型中数组的定义和使用方法，其他构造类型后续章节再做介绍。

所谓**数组**就是将具有相同数据类型的数据排放在一起的有序数据集合。数组中的每个数据称为**数组元素**，根据在数组中的位置，每个数组元素都有一个序号，这个序号称为**下标**。利用下标就可访问到数组中的每一个元素，每一个数组元素的作用与前面学过的简单变量的作用是相同的。当需要处理一批相同类型的数据时，采用数组是一种方便可行的方法。

将数据排列成一行或一列（即向量形式）的数组叫作**一维数组**，用一个下标可确定元素的位置。将数据排列成多行或多列（即矩阵形式）的数组叫作**二维数组**，用行下标和列下标可确定元素的位置。同理，还有三维数组及多维数组。用来确定数组元素位置的下标的个数叫作**数组的维数**。本章主要介绍一维数组和二维数组。

无论数组的维数是多少，同一数组中所有元素必须是相同的数据类型，这个数据类型称为数组的**基类型**。基类型可以是任何一种合法的 C 语言数据类型，当基类型是整型、实型和字符型时，对应的数组可称为整型数组、实型数组和字符型数组。

6.1　一维数组

6.1.1　一维数组的定义和引用

1. 一维数组的定义

在使用数组之前，必须先定义数组。定义一维数组时，需要指出 3 个要素：**数组的名称**，即数组名；**数组元素的数据类型**，即基类型（类型说明符）；**数组元素个数**，即数组长度。数组元素在内存中是连续存放的，一个数组中只能存放相同数据类型的数据。一维数组定义的一般形式：

```
类型说明符   数组名 [ 数组长度 ];
```

说明：

1）类型说明符就是一维数组中所有元素共同的数据类型，类型说明符也称为**数组的基类型**。

2）数组名的命名规则与一般标识符的命名规则相同。

3）数组名后面跟一对方括号，方括号里填写数组长度，也就是数组的元素个数。例如：

```
int a[10];          // 定义一维整型数组，数组名为 a，具有 10 个整型元素
double b[10];       // 定义一维双精度实型数组，数组名为 b，具有 10 个双精度实型元素
char c[10];         // 定义一维字符型数组，数组名为 c，具有 10 个字符型元素
```

4）数组长度必须是正整型常量或正整型常量表达式，不能是任何类型的变量。

● 数组长度可以是正整型常量，例如：

```
int a[10];          // 一维整型数组 a 具有 10 个整型元素
```

● 数组长度可以是正整型常量表达式，例如：

```
int a[9 + 1];       // 一维整型数组 a 具有 10 个整型元素
```

● 数组长度可以是字符型常量，这是因为字符型数据可以当作整数（即字符对应的 ASCII 码值）来用，例如：

```
int a['A'];         // 字符型常量 'A' 的 ASCII 码值为 65，说明数组 a 有 65 个整型元素
```

● 数组长度可以是符号常量，例如：

```
#define N 10        // 要求符号常量必须代表正整型常量或正整型常量表达式
double a[N];        // 一维双精度实型数组 a 具有 10 个双精度实型元素
```

● 以下写法都是错误的：

```
int a(10);              // 数组长度必须用方括号括起来，不能用圆括号
int b[-10];             // 数组长度不能是负数或 0
int n = 10; int c[n];   // 数组长度不能是变量
```

5）定义数组后，在程序运行过程中数组长度不能再被改变。数组长度和数组元素的数据类型共同决定了数组占内存空间的字节数。例如：

```
int a[10];          // 数组长度为 10，基类型为 int，则数组占内存空间字节数为 40
double b[10];       // 数组长度为 10，基类型为 double，则数组占内存空间字节数为 80
char c[10];         // 数组长度为 10，基类型为 char，则数组占内存空间字节数为 10
```

2. 一维数组的引用

一维数组中的元素是连续存放的，每个元素的位置都有一个序号，这个序号叫作数组元素的下标。定义数组后就可以利用数组元素的下标来引用其对应的元素。一维数组元素引用的一般形式：

```
数组名 [ 下标 ]
```

说明：

1）数组名后跟一对方括号，方括号里填写数组元素下标，代表要引用的数组元素。一定要注意区分数组定义和数组元素的引用：在定义数组时，出现在数组名后边方括号中的数据是数组元素的个数（即数组长度）；而在引用数组元素时，出现在数组名后边方括号中的数据是数组元素的位置（即元素下标）。

2）数组元素下标从 0 开始，最大下标为数组长度减 1。例如：

```
int a[5];
```

定义一维整型数组 a，具有 5 个元素，数组元素分别是 a[0]、a[1]、a[2]、a[3]、a[4]，数组元素的

排列形式如图 6-1 所示。

| a[0] | a[1] | a[2] | a[3] | a[4] |

图 6-1　一维数组 a 的排列形式

又如：

```
double b[5];        // 一维双精度实型数组 b 具有 5 个元素，分别是 b[0]、b[1]、…、b[4]
char c[8];          // 一维字符型数组 c 具有 8 个元素，分别是 c[0]、c[1]、…、c[7]
```

3）下标必须是整型数据，可以是常量或变量，包括整型常量、整型常量表达式、字符常量、代表整型数据的符号常量、整型变量、整型变量表达式以及返回值为整型数据的函数等。例如：

```
int i, a[10];
i = 6;
a[0] = 10;          // 给数组元素 a[0] 赋值
a[i - 5] = a[0] + 1;    // 给数组元素 a[1] 赋值
```

4）引用数组元素时一定要注意数组元素下标不能越界。对于具有 n 个元素的数组，下标取值范围为 $0 \sim n-1$。例如：

```
int a[3];
a[3] = 10;          // 下标越界
a[-1] = 10;         // 下标越界
```

以上两条赋值表达式中数组元素的写法都是错误的，因为下标越界。但编译器并不对数组元素下标是否越界进行语法检查，编译时没有错误和警告提示，在实际编程时一定要注意，否则会出现错误结果。

5）数组中的每个元素在功能上等价于一个普通变量，对数组元素的操作与对普通变量的操作是一样的，并且一次只能引用一个元素，而不能一次引用整个数组。例如：

```
int a[3];           // 定义一个具有 3 个整型元素的一维数组 a
a[0] = 10;          // 给元素 a[0] 赋值为 10
a[1] = 20;          // 给元素 a[1] 赋值为 20
a[2] = a[0] + a[1];     // 计算 a[0] 与 a[1] 之和，并赋值给 a[2]
```

定义数组后（这里特指在函数内部定义数组，关于在函数外部定义数组将在第 7 章讨论），每个元素的初始值是不确定的，必须赋值后才能使用数组元素。例如：

```
int a[3], x;
x = a[0] + 1;       // 由于没有给元素 a[0] 赋值，因此 a[0] 的值是不确定的
```

当赋值有规律时，可以利用循环结构给每个元素赋值。例如：

```
int a[3], i;
for (i = 0; i < 3; i++)     // 利用循环结构访问 3 个元素
    a[i] = (i + 1) * 10;    // 数组元素依次赋值为 10、20、30
```

注意　如果要给数组中的所有元素赋值为 0，不能写成"a = 0;"。

6）一维数组的输入和输出可以利用循环结构实现，并用数组下标作为循环变量，例如：

```
int a[3], i;
for (i = 0; i < 3; i++)     // 利用循环结构读入 3 个数据
    scanf("%d", &a[i]);     // 读入数据并赋值给下标 i 对应的元素
for (i = 0; i<3; i++)       // 利用循环结构输出 3 个数据
    printf("%d,", a[i]);    // 输出下标 i 对应的元素
```

注意 如果要输出数组中的所有元素，不能写成"printf("%d, %d, %d", a);"。

3. 一维数组的存储形式

1）一维数组元素在内存中的存储形式是按线性排列的，按照元素的逻辑顺序依次存放，即先存放第一个元素（首元素），再存放第二个元素、第三个元素等。例如：

```
int a[5];
```

各元素在内存中存放的先后顺序为 a[0]、a[1]、a[2]、a[3]、a[4]，其存储形式如图 6-2 所示。

图 6-2 一维数组 a 在内存中的存储形式

2）定义数组后，在程序运行过程中数组在内存中的存储位置是固定不变的，每个元素占据一个存储单元，每个存储单元的大小（字节数）取决于基类型，每个存储单元都有一个内存地址，一维数组的数组名代表一维数组首元素的内存地址，且是地址常量。注意：一维数组的数组名还有另外一个意义，即数组名代表整个一维数组对象，详细内容将在第 9 章介绍。

【例 6-1】 从键盘上输入 5 个整数并保存在一维数组中，然后按逆序（与输入顺序相反）输出这 5 个整数。

首先定义一个一维整型数组，用于保存所输入的整数，数组长度为 5，定义整型变量 i 作为循环结构的循环变量并代表数组元素下标，然后利用循环结构（循环变量 i 从 0 到 4 变化）依次读入数据并赋值给对应元素，最后利用循环结构（循环变量 i 从 4 到 0 变化）逆序输出全部元素。

```
#include <stdio.h>
int main()
{
    int a[5], i;
    printf(" 输入 5 个整数: ");
    for (i = 0; i < 5; i++)              // 利用循环结构读入 5 个数据
        scanf("%d", &a[i]);             // 数组元素前要加 & 运算符
    printf("\n 逆序输出结果: ");
    for (i = 4; i >= 0; i--)            // 循环变量 i 从 4 到 0 变化
        printf("%d ", a[i]);            // 输出下标 i 对应的元素
    printf("\n");
    return 0;
}
```

程序运行情况：

```
输入 5 个整数: 1 2 3 4 5< 回车 >
逆序输出结果: 5 4 3 2 1
```

6.1.2 一维数组的初始化

在定义数组的同时利用初始化列表给数组的全部元素赋初值，称为**数组的初始化**。初始化列表是由一对花括号括起来的、由逗号分隔的一组元素初值。具体实现方法如下：

1）在初始化列表中写出全部元素的初值。例如：

```
int a[5] = {2, 4, 6, 8, 10};
```

该例对数组中的全部元素按顺序分别赋初值，数组中各元素的值为 a[0]=2、a[1]=4、a[2]=6、a[3]=8、a[4]=10，其存储内容如图 6-3 所示。

a[0]	a[1]	a[2]	a[3]	a[4]
2	4	6	8	10

图 6-3   写出全部初值时的一维数组内容

2）在初始化列表中写出前面部分元素的初值，后面未写出的其他元素的初值默认为 0。例如：

```
int a[5] = {1, 2, 3};
```

该例定义了一个具有 5 个整型元素的数组，只给出了前三个数组元素的初值，则数组中各元素的值为 a[0]=1、a[1]=2、a[2]=3、a[3]=0、a[4]=0，其存储内容如图 6-4 所示。

a[0]	a[1]	a[2]	a[3]	a[4]
1	2	3	0	0

图 6-4   写出部分初值时的一维数组内容

3）初值的个数不能大于数组长度。例如：

```
int a[5] = {1, 2, 3, 4, 5, 6};
```

该例中初值个数为 6，而数组长度为 5，这样的写法是错误的。

4）当利用初始化列表赋初值时，数组长度可以省略，编译器根据初值个数自动确定数组长度。例如：

```
int a[ ] = {1, 2, 3, 4, 5};      //编译器自动确定数组长度为 5
```

5）初始化列表赋初值形式只能应用于定义数组时，而不能应用于程序执行部分。例如，若有定义"int a[5];"，以下写法是错误的：

```
a[5] = {1, 2, 3, 4, 5};
a[ ] = {1, 2, 3, 4, 5};
a = {1, 2, 3, 4, 5};  // 数组名是地址常量，不能被赋值
```

【例 6-2】   将给定数组中的元素逆序存放并输出。

题目的要求是：按与原始存放顺序相反的顺序重新存放数组元素，即在同一数组中改变数组元素的存放顺序。注意，本例题与例 6-1 是有区别的，例 6-1 没有改变数组元素的存放顺序。

基本思想是：依次将第一个元素（首元素）与最后一个元素交换，第二个元素与倒数第二个元素交换，以此类推，只需对前一半数量的元素进行同样操作。可以利用循环结构实现，设数组长度为 N，循环变量 i 代表前一半数量的元素下标，i 从 0 变化到 N/2-1，与其交换的元素下标 j 为 N-i-1，最后利用循环结构输出逆序存放的元素。

```
#include <stdio.h >
#define  N  5                          // 设数组有 5 个元素
int main()
{
    int a[N] = {1, 2, 3, 4, 5}, i, j, t;
    for (i = 0; i < N / 2; i++)          // 元素下标 i 从 0 变化到 N/2-1
    {
        j = N - i - 1;                  // 要交换的元素下标 j 为 N-i-1
        t = a[j];                       // 交换元素 a[i] 和元素 a[j]
        a[j] = a[i];
        a[i] = t;
    }
    for (i = 0; i < N; i++)              // 输出逆序存放的数组元素
```

```
        printf("%d ", a[i]);
    return 0;
}
```

程序运行结果:

```
5 4 3 2 1
```

6.1.3 一维数组应用举例

在实际编程中,当需要处理一批相同数据类型的数据时,就可以考虑使用数组。数组通常与循环结构相配合,将数组元素下标作为循环变量,利用循环就可以访问到数组中的所有元素并进行处理。

【例6-3】 输入一个具有 5 个整数的数据序列,然后将数据依次后移一个位置,并将第五个数据放在第一个数据的位置上。

首先定义一个具有 5 个整型元素的一维数组,用来存放这个数据序列。利用循环结构将数组元素依次后移一位,即将第四个元素数据放到第五个元素中,再将第三个元素数据放到第四个元素中……将第一个元素数据放到第二个元素中。为避免第五个元素被覆盖而丢失,可在移位之前先设计一个中间变量 t,用于保存第五个元素数据。移位结束后,再将中间变量 t 保存的第五个元素数据放到第一个元素中。

```
#include <stdio.h>
int main()
{
    int a[5], i, t;
    printf(" 输入原数据序列: ");
    for (i = 0; i < 5; i++)              // 利用循环结构读入 5 个数据
        scanf("%d", &a[i]);             // 数组元素前要加 & 运算符
    t = a[4];                            // 将最后一个元素保存到变量 t 中
    for (i = 4; i > 0; i--)             // 利用循环结构将前面元素依次后移一位
        a[i] = a[i - 1];
    a[0] = t;                            // 将原来的最后一个元素存放到首位
    printf("\n 操作后数据序列: ");
    for (i = 0; i < 5; i++)
        printf("%d ", a[i]);            // 输出操作后的数据序列
    printf("\n");
    return 0;
}
```

程序运行情况:

```
输入原数据序列: 5 2 1 6 8< 回车 >
操作后数据序列: 8 5 2 1 6
```

【例6-4】 求具有 10 个元素的一维数组中正数、负数和 0 的个数。

设一维数组 num[10] 存放给定的 10 个数据,变量 m 累计正数的个数,变量 n 累计负数的个数,变量 z 累计 0 的个数。

```
#include <stdio.h>
int main()
{
    int num[10], i, m, n, z;
    m = n = z = 0;
    for (i = 0; i < 10; i++)            // 采用循环结构读入 10 个数据
        scanf("%d", &num[i]);
    for (i = 0; i < 10; i++)            // 采用循环结构对 10 个数据进行处理
    {
        if (num[i] > 0) m++;            // 判断 num[i] 属于哪类数据并做相应个数累加
```

```
            else if (num[i] < 0) n++;
            else z++;
        }
        printf("m=%d, n=%d, z=%d\n", m, n, z);
        return 0;
    }
```

程序运行情况：

```
2 -1 3 0 4 7 -2 8 -6 0<回车>
m=5, n=3, z=2
```

【例 6-5】　随机生成 10 个两位正整数，并计算大于平均值的个数。

利用随机数生成函数产生 10 个具有两位数的正整数并存放在一维数组中。生成随机数的函数为 rand()，随机数的范围为 0 ～ 32 767。rand()%b+a 可以得到 a 到 a+b（包括 a，不包括 a+b）之间的随机正整数。为了使程序每次运行时生成不同的随机数序列，应当在使用 rand() 函数之前调用 srand() 函数重新部署一次种子。

```
#include <stdio.h>
#include <stdlib.h>                  // 包含 srand() 和 rand() 函数的原型声明
#include <time.h>                    // 包含 time() 函数的原型声明
#define N 10
int main()
{
    int a[N], i, n = 0, sum = 0;
    double avr;
    srand((unsigned)time(NULL));     // 用当前时间部署一颗种子
    for (i = 0; i < N; i++)
        a[i] = rand() % 90 + 10;     // 生成两位数
    for (i = 0; i < N; i++)
        printf("%d ", a[i]);         // 输出生成的数
    printf("\n");
    for (i = 0; i < N; i++)
        sum += a[i];                 // 求和
    avr = (double)sum / N;           // 求平均值，注意类型转换
    for (i = 0; i < N; i++)
        if (a[i] > avr)
            n++;                     // 求大于平均值的个数
    printf("average=%lf\n", avr);
    printf("count=%d\n", n);
    return 0;
}
```

程序运行结果：

```
51 89 17 81 88 85 91 19 79 99
average=69.900000
count=7
```

结果说明：由于是随机产生的数据，所以程序每一次运行的结果一般都不相同。

【例 6-6】　利用数组计算斐波那契数列的前 20 个数，并以每行 5 个数输出。

斐波那契数列的前两个数是 1，从第三个数开始，每个数是前两个数之和，即 1，1，2，3，5，8，13，…，用递推公式表示为：$f[0] = f[1] = 1, f[n] = f[n-1] + f[n-2], n \geq 2$。首先定义一个具有 20 个元素的一维整型数组，将数组的前两个元素初始化为 1，然后利用循环结构（循环变量从 2 变化到 19）根据递推公式计算后续数列项，最后利用循环结构按每行 5 个数输出数列内容。

```
#include <stdio.h>
int main()
{
    int f[20] = {1, 1}, i;
```

```
for (i = 2; i < 20 ; i++)
    f[i] = f[i - 1] + f[i - 2];        // 根据递推公式计算
for (i = 0; i < 20; i++)
{
    printf("%6d", f[i]);
    if ((i + 1) % 5 == 0)
        printf("\n");                   // 换行
}
return 0;
}
```

程序运行结果：

```
  1     1     2     3     5
  8    13    21    34    55
 89   144   233   377   610
987  1597  2584  4181  6765
```

【例 6-7】 采用打擂台法，求一组数的最大值。

打擂台法的基本思想是，先任意指定某数作为擂主，然后其他数依次与擂主进行比较，若某数大（小）于擂主，则用该数替换擂主，剩余的数继续按同样方法与擂主进行比较，直至比较完毕，最后擂主就是最大（小）值。

```
#include <stdio.h>
int main()
{
    int a[10], i, max;
    for (i = 0; i < 10; i++)
        scanf("%d", &a[i]);
    max = a[0];                    // 先指定擂主
    for (i = 1; i < 10; i++)       // 后续数依次与擂主比较
        if (a[i] > max)            // 如果大于擂主
            max = a[i];            // 则替换擂主
    printf("max=%d\n", max);
    return 0;
}
```

【例 6-8】 采用冒泡法，实现对一维数组元素数据按由小到大顺序排序。

冒泡法排序的基本思想是，通过多趟排序依次确定未排序数据中的最大（小）数。现以由小到大排序为例讲解其排序过程：先进行第一趟排序，从第一个数开始，用第一个数同第二个数进行比较，如果前一个数大于后一个数，则交换两个数，否则不进行交换，这时第二个数就是前两个数中的较大数；再用第二个数同第三个数进行比较，如果前一个数大于后一个数，则交换两个数，否则不进行交换，这时第三个数就是前三个数中的最大。这样依次两两比较下去就将数组中的最大数交换到了最后的位置。然后进行第二趟排序，从第一个数开始到倒数第二个数为止，依次两两比较下去可将次大数交换到倒数第二个位置。继续进行下去，直至整个数组排序完毕。

如果有 n 个数，总共需要进行 $n-1$ 趟排序，第一趟排序需要进行 $n-1$ 次两两比较，第二趟排序需要进行 $n-2$ 次两两比较，最后一趟排序需要进行 1 次两两比较。以 5 个数 "8, 5, 9, 2, 1" 为例的冒泡法排序过程如图 6-5 所示。

程序实现时，采用双层循环，外层循环控制进行多少趟排序，内层循环控制每一趟排序需要进行多少次两两比较。

```
#include <stdio.h>
int main()
{
    int a[10], i, j, n, temp;        // 定义数组长度为 10，根据实际情况可以更改
```

```
        scanf("%d", &n);                          // 从键盘读入数据个数, n 必须小于等于 10
        printf("The original numbers:\n");
        for (i = 0; i < n; i++)                    // 从键盘读入原始数据
            scanf("%d", &a[i]);
        for (i = 0; i < n - 1; i++)                // n 个数需要进行 n-1 趟排序
            for (j = 1; j < n - i; j++)            // 每一趟排序需要进行 n-i-1 次两两比较
                if (a[j - 1] > a[j])               // 前一个元素大于后一个元素, 则交换
                {
                    temp = a[j - 1];
                    a[j - 1] = a[j];
                    a[j] = temp;
                }
        printf("\nThe sorted numbers:\n");
        for (i = 0; i < n; i++)
            printf("%d  ", a[i]);                  // 输出排序后的数据
        return 0;
    }
```

程序运行情况:

```
5< 回车 >
The original numbers:
8 5 9 2 1< 回车 >
The sorted numbers:
1  2  5  8  9
```

趟数	每趟两两比较	数据排序变化过程					是否交换
第一趟排序	第一次比较	8	5	9	2	1	交换
	第二次比较	5	8	9	2	1	不交换
	第三次比较	5	8	9	2	1	交换
	第四次比较	5	8	2	9	1	交换
	第一趟排序结果	5	8	2	1	9	
第二趟排序	第一次比较	5	8	2	1	9	不交换
	第二次比较	5	8	2	1	9	交换
	第三次比较	5	2	8	1	9	交换
	第二趟排序结果	5	2	1	8	9	
第三趟排序	第一次比较	5	2	1	8	9	交换
	第二次比较	2	5	1	8	9	交换
	第三趟排序结果	2	1	5	8	9	
第四趟排序	第一次比较	2	1	5	8	9	交换
	第四趟排序结果	**1**	**2**	**5**	**8**	**9**	

图 6-5　冒泡法排序过程

6.2　二维数组

6.2.1　二维数组的定义和引用

1. 二维数组的定义

具有两个下标的数组元素构成的数组称为**二维数组**。二维数组在形式上类似于数学中的矩阵。二维数组在维数上比一维数组多一维,其基本性质与一维数组类似。二维数组定义的一般

形式：

```
类型说明符   数组名 [ 行数 ] [ 列数 ] ;
```

说明：

1）类型说明符就是二维数组中所有元素共同的数据类型，类型说明符也称为数组的基类型。

2）数组名的命名规则与一般标识符的命名规则相同。

3）数组名后面跟两对方括号，第一对方括号（紧跟在数组名后面）里的数据表示行数，第二对方括号里的数据表示列数。例如：

```
int a[3][2];         // 定义一个具有 3 行 2 列共 6 个整型元素的二维数组 a
double b[2][5];      // 定义一个具有 2 行 5 列共 10 个双精度实型元素的二维数组 b
char c[10][3];       // 定义一个具有 10 行 3 列共 30 个字符型元素的二维数组 c
```

4）行数和列数必须是正整型常量或正整型常量表达式，不能是任何类型的变量。

5）定义数组后，在程序运行过程中行数和列数不能再被改变。数组占内存空间的字节数由行数、列数和元素数据类型共同决定。例如：

```
int a[3][2];         // 共有 3×2 个元素，基类型为 int，则数组占内存空间字节数为 24
double b[2][5];      // 共有 2×5 个元素，基类型为 double，则数组占内存空间字节数为 80
char c[10][3];       // 共有 10×3 个元素，基类型为 char，则数组占内存空间字节数为 30
```

2. 二维数组的引用

由于二维数组排放成阵列形式，所以数组元素的位置需要用两个下标（即行下标和列下标）来表示。二维数组元素引用的一般形式：

```
数组名 [ 行下标 ] [ 列下标 ]
```

说明：

1）数组名后跟两对方括号，分别填写行下标和列下标，代表要引用的数组元素。一定要注意区分数组定义和数组元素的引用：在定义数组时，出现在数组名后边方括号中的数据是行数和列数；而在引用数组元素时，出现在数组名后边方括号中的数据是数组元素的行下标和列下标。

2）行下标和列下标都从 0 开始，最大行下标为行数减 1，最大列下标为列数减 1。例如：

```
int a[3][2];
```

定义二维整型数组 a，具有 3 行 2 列共 6 个元素，数组元素分别为 a[0][0]、a[0][1]、a[1][0]、a[1][1]、a[2][0]、a[2][1]，数组元素的排列形式如图 6-6 所示。

a[0][0]	a[0][1]
a[1][0]	a[1][1]
a[2][0]	a[2][1]

图 6-6 二维数组 a 的排列形式

3）行下标和列下标必须是整型数据，可以是常量或变量，包括整型常量、整型常量表达式、字符常量、代表整型数据的符号常量、整型变量、整型变量表达式以及返回值为整型数据的函数等。

4）引用数组元素时一定要注意行下标和列下标不能越界，对于具有 m 行 n 列的二维数组，行下标取值范围为 $0 \sim m-1$，列下标取值范围为 $0 \sim n-1$。例如：

若有数组定义 int a[3][2]，则在数组元素引用时不能出现 a[3][2] 这种写法。

5）二维数组中的每个元素在功能上等价于一个普通变量，对数组元素的操作与对普通变量的操作是一样的，并且一次只能引用一个元素，而不能一次引用整个数组。例如：

```
int a[3][2];
a[0][0] = 10;                  // 给元素 a[0][0] 赋值为 10
a[1][1] = 20;                  // 给元素 a[1][1] 赋值为 20
a[2][1] = a[0][0] + a[1][1];   // 计算 a[0][0] 和 a[1][1] 之和并赋值给 a[2][1]
```

与一维数组类似，在函数内部定义二维数组后，每个元素的初始值是不确定的，必须赋值后才能使用数组元素。例如：

```
int a[3][2], x;
x = a[0][0] + 1;    // 由于没有给元素 a[0][0] 赋值，因此 a[0][0] 的值是不确定的
```

当赋值有规律时，可以利用双重循环结构给每个元素赋初值。例如：

```
int a[3][2], i, j;
for (i = 0; i < 3; i++)
    for (j = 0; j < 2; j++)
        a[i][j] = i * 2 + j + 1;
```

6）二维数组的输入和输出可以利用双重循环结构实现，并用数组行下标和列下标作为循环变量。例如：

```
int a[3][2], i, j;
for (i = 0; i < 3; i++)              // 循环变量 i 代表行下标
    for (j = 0; j < 2; j++)          // 循环变量 j 代表列下标
        scanf("%d", &a[i][j]);       // 读入数据并赋值给下标 i, j 对应的元素
for (i = 0; i < 3; i++)              // 循环变量 i 代表行下标
{
    for (j = 0; j < 2; j++)          // 循环变量 j 代表列下标
        printf("%d ", a[i][j]);      // 输出下标 i, j 对应的元素
    printf("\n");                    // 换行
}
```

3. 二维数组的存储形式

1）二维数组元素在内存中的存储形式也是按线性排列的，遵循"按行优先原则"存放，即先存放第一行（首行），再存放第二行、第三行等。例如：

```
int a[3][2];
```

各元素在内存中存放的先后顺序为 a[0][0]、a[0][1]、a[1][0]、a[1][1]、a[2][0]、a[2][1]，其存储形式如图 6-7 所示。

图 6-7　二维数组 a 在内存中的存储形式

2）定义数组后，在程序运行过程中数组在内存中的存储位置是固定不变的，每个元素占据一个存储单元，每个存储单元的大小（字节数）取决于基类型，每个存储单元都有一个内存地址，二维数组的数组名代表二维数组首行的内存地址，且是地址常量。注意：二维数组的数组名还有另外一个意义，即数组名代表整个二维数组对象，详细内容将在第 9 章介绍。

3）如果把每一行当作一个元素的话，二维数组可以看作由行元素构成的一维数组。例如，若有定义

```
int a[3][2];
```

则可以把二维数组 a 看作一个一维数组，共有 3 个行元素，即 a[0]、a[1] 和 a[2]，它们分别代表第一行、第二行和第三行。每个行元素（即 a[0]、a[1] 和 a[2]）又各是一个具有两个元素的一维数组。a[0]、a[1] 和 a[2] 相当于三个一维数组的数组名。

【例 6-9】　求两个矩阵之和。设矩阵的大小为 3 行 2 列，从键盘输入数据。

先定义三个二维数组，分别保存原始矩阵 $A_{3\times2}$、$B_{3\times2}$ 以及结果矩阵 $C_{3\times2}$，再利用双重循环

结构读入数据，然后计算两个矩阵之和，最后输出结果矩阵。

```c
#include <stdio.h>
int main()
{
    int a[3][2], b[3][2], c[3][2], i, j;
    printf("Array a:\n");
    for (i = 0; i < 3; i++)                    // 输入原始矩阵 A
        for (j = 0; j < 2; j++)
            scanf("%d", &a[i][j]);
    printf("Array b:\n");
    for (i = 0; i < 3; i++)                    // 输入原始矩阵 B
        for (j = 0; j < 2; j++)
            scanf("%d", &b[i][j]);
    for (i = 0; i < 3; i++)                    // 计算矩阵 A 和 B 之和
        for (j = 0; j < 2; j++)
            c[i][j] = a[i][j] + b[i][j];
    printf("Array c:\n");                      // 输出结果矩阵 C
    for (i = 0; i < 3; i++)
    {
        for (j = 0; j < 2; j++)
            printf("%5d", c[i][j]);
        printf("\n");
    }
    return 0;
}
```

程序运行情况：

```
Array a:
1 2
3 4
5 6
Array b:
10 20
30 40
50 60
Array c:
   11   22
   33   44
   55   66
```

6.2.2　二维数组的初始化

利用初始化列表，在定义二维数组的同时给数组全部元素赋初值（也称为数组的初始化）。具体实现方法如下：

1）在初始化列表中写出全部元素的初值。有两种写法：

- **按行分组写出初值**。由于二维数组的每一行实际上是一维数组，因此可将每一行的元素初值按一维数组的初始化列表形式写出，每一行分组之间用逗号分隔。例如：

```c
int a[3][2] = {{1, 2}, {3, 4},{5, 6}};
```

该例的初始化列表（外置的一对花括号）中，第一对花括号代表第一行的数组元素初值，第二对花括号代表第二行的数组元素初值，第三对花括号代表第三行的数组元素初值，数组中各元素的值为a[0][0]=1、a[0][1]=2、a[1][0]=3、a[1][1]=4、a[2][0]=5、a[2][1]=6，数组内容如图 6-8 所示。

1	2
3	4
5	6

图 6-8　写出全部初值时的二维数组内容

- **按存储顺序写出初值**。由于二维数组在内存中是按行顺序存储的，因此可将数组的全部元素按行的顺序写出，这样可以省略每一行元素两边的花括号。例如：

```
int a[3][2] = {1, 2, 3, 4, 5, 6};
```

　　该例的初始化列表中，前面两个初值对应第一行的数组元素，中间两个初值对应第二行的数组元素，后面两个初值对应第三行的数组元素，数组中各元素的值为a[0][0]=1、a[0][1]=2、a[1][0]=3、a[1][1]=4、a[2][0]=5、a[2][1]=6，数组内容如图 6-8 所示。

2）在初始化列表中写出前面部分元素的初值，后面未写出的其他元素的初值默认为 0。例如：

```
int a[3][2] = {1, 2, 3};
```

　　该例数组元素的值为 a[0][0]=1、a[0][1]=2、a[1][0]=3、a[1][1]=0、a[2][0]=0、a[2][1]=0，数组内容如图 6-9a 所示。

```
int a[3][2] = {{1, 2}, {3, 4}};
```

　　该例数组元素的值为 a[0][0]=1、a[0][1]=2、a[1][0]=3、a[1][1]=4、a[2][0]=0、a[2][1]=0，数组内容如图 6-9b 所示。

```
int a[3][2] = {{1}, {3}, {5, 6}};
```

　　该例数组元素的值为 a[0][0]=1、a[0][1]=0、a[1][0]=3、a[1][1]=0、a[2][0]=5、a[2][1]=6，数组内容如图 6-9c 所示。

1	2
3	0
0	0

1	2
3	4
0	0

1	0
3	0
5	6

a)　　　　　　　　　　b)　　　　　　　　　　c)

图 6-9　写出部分初值时的二维数组内容

3）初值的个数不能大于数组元素个数，行数或列数必须与定义一致。例如：

```
int a[3][2] = {1, 2, 3, 4, 5, 6, 7};
int a[3][2] = {{1, 2}, {3, 4}, {5, 6}, {7, 8}};
int a[3][2] = {{1, 2, 3}, {4, 5, 6}};
```

以上写法都是错误的。

4）当利用初始化列表赋初值时，第一维方括号中的行数可以省略，但第二维方括号中的列数不能省略，编译器会根据指定的列数或内置花括号对数自动确定行数。例如：

```
int a[ ][2] = {1, 2, 3, 4, 5, 6};              // 行数为 3
int a[ ][2] = {1, 2, 3, 4, 5};                 // 行数为 3
int a[ ][2] = {1, 2, 3, 4, 5, 6, 7};           // 行数为 4
int a[ ][2] = {{1, 2}, {3, 4}, {5, 6}};        // 行数为 3
int a[ ][2] = {{1, 2}, {3, 4}};                // 行数为 2
```

5）初始化列表赋初值形式只能应用于定义数组时，而不能应用于程序执行部分。例如，若有定义"int a[3][2];"，以下写法都是错误的：

```
a[3][2] = {1, 2, 3, 4, 5, 6};
a[ ][2] = {1, 2, 3, 4, 5, 6};
a = {1, 2, 3, 4, 5, 6};        // 数组名是地址常量，不能被赋值
```

【例 6-10】将矩阵 $A_{2\times3}$ 转置后存入矩阵 $B_{3\times2}$。

矩阵的转置是将矩阵中的元素行、列互换。用数组 a[2][3] 存放原始矩阵 **A**，数组 b[3][2] 存放 **A** 的转置矩阵 **B**。**A** 矩阵的行数和列数要分别等于 **B** 矩阵的列数和行数。用变量 i 代表 **A** 矩阵的行下标和 **B** 矩阵的列下标，用变量 j 代表 **A** 矩阵的列下标和 **B** 矩阵的行下标。

```
#include <stdio.h>
int main()
{
    int a[2][3] = {{1, 2, 3}, {3, 2, 1}}, b[3][2], i, j;
    // 数组 a 的初始化也可以写为 a[2][3] = {1, 2, 3, 3, 2, 1}
    printf("Array a:\n");
    for (i = 0; i < 2; i++)                          // 输出原始矩阵
    {
        for (j = 0; j < 3; j++)
            printf("%5d", a[i][j]);
        printf("\n");
    }
    for (i = 0; i < 2; i++)                          // 对矩阵 A 进行转置并保存到矩阵 B 中
        for (j = 0; j < 3; j++)
            b[j][i] = a[i][j];
    printf("Array b:\n");                            // 输出矩阵 A 的转置矩阵 B
    for (i = 0; i < 3; i++)
    {
        for (j = 0; j < 2; j++)
            printf("%5d", b[i][j]);
        printf("\n");
    }
    return 0;
}
```

程序运行结果：

```
Array a:
    1    2    3
    3    2    1
Array b:
    1    3
    2    2
    3    1
```

6.2.3　二维数组应用举例

【例 6-11】　求矩阵 $C_{3 \times 4}$ 的所有外围元素之和。

设变量 i 代表矩阵的行下标，变量 j 代表矩阵的列下标，sum 为求和变量。

```
#include <stdio.h>
int main()
{
    int c[3][4] = {{2, 1, 4, 5}, {3, 2, 1, 2}, {0, 1, 2, 1}}, i, j, sum = 0;
    for (i = 0; i < 3; i++)                                      // 输出原始矩阵
    {
        for (j = 0; j < 4; j++)
            printf("%d", c[i][j]);
        printf("\n");
    }
    for (i = 0; i < 3; i++)
        for (j = 0; j < 4; j++)
            if (i == 0 || i == 2 || j == 0 || j == 3)            // 判断是否为外围元素
                sum += c[i][j];
    printf("sum=%d\n", sum);
    return 0;
}
```

程序运行结果：

```
2 1 4 5
3 2 1 2
0 1 2 1
sum=21
```

【例 6-12】 求一个二维数组中的鞍点。鞍点是指在行中数值最大而在列中数值最小的元素。鞍点可能有多个，假设每一行只有一个最大值。

　　首先遍历二维数组的每一行的元素，找出行中最大元素；然后判断该元素在所在的列中是否最小，如果发现该列还有比其小的元素，立刻终止对该行的处理，此元素一定不是鞍点。继续进行下一行的遍历，直至遍历完所有元素。

```
#include <stdio.h>
int main()
{
    int i, j, k, max, jmax, flag = 0, a[3][4] = {{1, 9, 7, 6}, {4, 6, 0, 5}, {8, 7, 8, 2}};
    for (i = 0; i < 3; i++)
    {
        max = a[i][0];                          // 将 max 的初值设为第 i 行首元素
        jmax = 0;                               // 设 max 的列下标 jmax 的初值为 0
        for (j = 0; j < 4; j++)
            if (a[i][j] > max)                  // 将第 i 行的第 j 元素和 max 比较
            {
                max = a[i][j];                  // 比 max 大的数放入 max
                jmax=j;                         //jmax 记录大数所在列号
            }
        for (k = 0; k < 3; k++)
            if (a[k][jmax] < max) break;        // 找 jmax 列上最小的元素
        if(k>=3)
        {
            printf(" 鞍点位置为: %d, %d,鞍点值为: %d\n", i, jmax, a[i][jmax]);
            flag = 1;
        }
    }
    if (!flag) printf(" 无鞍点 !\n");
    return 0;
}
```

程序运行结果：

鞍点位置为: 1, 1,鞍点值为: 6

【例 6-13】 求矩阵 $A_{2\times3}$ 与 $B_{3\times4}$ 相乘的矩阵 $C_{2\times4}$。

　　假设已知矩阵 A 和 B 的原始数据，并在程序中利用初始化列表形式对数组进行初始化。两个矩阵相乘的条件是前矩阵的列数等于后矩阵的行数。乘积结果矩阵第 i 行第 j 列的元素是前矩阵的第 i 行与后矩阵第 j 列的对应元素乘积之和。

```
#include <stdio.h>
int main()
{
    int a[2][3] = {{1, 2, 1}, {2, 1, 3}};
    int b[3][4] = {{1, 1, 2, 2}, {4, 1, 1, 3}, {5, 6, 2, 1}};
    int c[2][4],i, j, k;
    printf("Array A:\n");
    for (i = 0; i < 2; i++)                      // 输出原始矩阵 A
    {
        for (j = 0; j < 3; j++)
            printf("%4d",a[i][j]);
        printf("\n");
```

```
    }
    printf("Array B:\n");
    for (i = 0; i < 3; i++)                      // 输出原始矩阵 B
    {
        for (j = 0; j < 4; j++)
            printf("%4d",b[i][j]);
        printf("\n");
    }
    printf("Array C:\n");
    for (i = 0; i < 2; i++)                      // 计算两个矩阵乘积
        for (j = 0; j < 4; j++)
        {
            c[i][j] = 0;
            for (k = 0; k < 3; k++)
                c[i][j] = c[i][j] + a[i][k] * b[k][j];
        }
    for (i = 0; i < 2; i++)                      // 输出乘积矩阵 C
    {
        for (j = 0; j < 4; j++)
            printf("%4d", c[i][j]);
        printf("\n");
    }
    return 0;
}
```

程序运行结果:

```
Array A:
    1   2   1
    2   1   3
Array B:
    1   1   2   2
    4   1   1   3
    5   6   2   1
Array C:
   14   9   6   9
   21  21  11  10
```

【例 6-14】 分别求 5 名学生的 3 门课程的平均成绩。每门课程的成绩为百分制，平均成绩保留 1 位小数。

用二维数组 scores[5][3] 存放 5 名学生的 3 门课程成绩，每一行对应一名学生，每一列对应一门课程，变量 sum 代表每名学生 3 门课程的总成绩，变量 avr 代表每名学生 3 门课程的平均成绩。

```
#include <stdio.h>
int main()
{
    int scores[5][3], i, j, sum;
    double avr;
    for (i = 0; i < 5; i++)
    {
        printf(" 请输入第 %d 名学生的 3 门课成绩: ", i + 1);
        for (j = 0; j < 3; j++)
            scanf("%d", &scores[i][j]);          // 输入每名学生 3 门课成绩
    }
    for (i = 0; i < 5; i++)
    {
        sum = 0;
        for (j = 0; j < 3; j++)
            sum += scores[i][j];                 // 累计每名学生总成绩
        avr = sum / 3.0;                         // 求每名学生的平均成绩
        printf(" 第 %d 名学生的平均成绩为: %5.1lf\n", i + 1, avr);
```

```
    }
        return 0;
}
```

程序运行情况：

```
请输入第 1 名学生的 3 门课成绩：90 85 90< 回车 >
请输入第 2 名学生的 3 门课成绩：90 90 95< 回车 >
请输入第 3 名学生的 3 门课成绩：75 85 90< 回车 >
请输入第 4 名学生的 3 门课成绩：80 90 75< 回车 >
请输入第 5 名学生的 3 门课成绩：85 80 85< 回车 >
第 1 名学生的平均成绩为：88.3
第 2 名学生的平均成绩为：91.7
第 3 名学生的平均成绩为：83.3
第 4 名学生的平均成绩为：81.7
第 5 名学生的平均成绩为：83.3
```

6.3　字符数组

6.3.1　字符数组的定义和引用

1. 字符数组的定义

若数组中每个数组元素存放的都是字符型数据，则称该数组为**字符型数组**或**字符数组**。字符数组用数据类型关键字 char 来说明其类型。同整型数组和实型数组一样，字符数组可以是一维的，也可以是二维或多维的。这里主要讨论一维字符数组，简称为字符数组，其定义的一般形式：

```
char 数组名 [ 数组长度 ];
```

说明：

1）除了类型说明符为 char 外，字符数组与一般的数组定义形式一样。

2）数组长度就是数组元素个数，对字符数组来说，就是该数组中能存放的字符的个数。例如：

```
char a[5];
```

说明数组 a 是字符数组，共有 5 个元素，每个数组元素存放的内容是一个字符。

2. 字符数组的引用

字符数组元素引用的方法与前面介绍的一维数组元素引用的方法相同。字符数组元素引用的一般形式：

```
数组名 [ 下标 ]
```

说明：

1）和一维数组一样，利用下标引用相应的数组元素。

2）下标的数据类型和取值范围与一维数组相同，例如：

```
char a[3];
```

定义字符数组 a，共有 3 个元素，分别为 a[0]、a[1]、a[2]。

3）每个数组元素相当于一个字符型变量。例如：

```
char a[3];
a[0] = 'a';          // 给元素 a[0] 赋值为字母 a
a[1] = 98;           // 给元素 a[1] 赋值为字母 b，其中 98 是字母 b 的 ASCII 码值
a[2] = a[1] + 1;     // 给元素 a[2] 赋值为字母 c
```

字符型数组的赋初值方法与一维数组类似。在函数内部定义数组后，每个元素的初始值是不确定的，必须赋值后才能使用数组元素。

当赋值有规律时，可以利用循环结构给每个元素赋值。例如：

```
char a[3];
int i;
for (i = 0; i < 3; i++)        // 利用循环结构读入 3 个字符
     a[i] = 97 + i;            // 数组元素依次赋值为 'a'、'b'、'c'
```

4）字符数组的输入和输出可以利用循环结构实现，并用数组下标作为循环变量，例如：

```
char a[3];
int i;
for (i = 0; i < 3; i++)        // 利用循环结构读入 3 个字符
     scanf("%c", &a[i]);       // 读入字符并赋值给下标 i 对应的元素
for (i = 0; i < 3; i++)        // 利用循环结构输出 3 个字符
     printf("%c", a[i]);       // 输出下标 i 对应的元素
```

键盘输入：

abc< 回车 >

屏幕输出：

abc

注意 输入字符时要连续输入，不能在字符之间加入空格、制表符或回车键（除非确实想要读入这三个字符）。

【例 6-15】 将字符序列中的大写字母转换为小写字母。

先从键盘读入一个字符序列，然后将其中的大写字母转换为小写字母，最后输出转换后的字符序列。

```
#include <stdio.h>
int main()
{
    char a[5];
    int i;
    for (i = 0; i < 5; i++)
        scanf("%c", &a[i]);
    for (i = 0; i < 5; i++)
        if (a[i] >= 'A' && a[i] <= 'Z')
            a[i] += 32;
    for (i = 0; i < 5; i++)
        printf("%c", a[i]);
    printf("\n");
    return 0;
}
```

程序运行情况：

```
Ab5cD< 回车 >
ab5cd
```

6.3.2 字符数组的初始化

利用初始化列表，在定义字符数组的同时给数组元素赋值（即初始化）。具体实现的方法如下：
1）在初始化列表中写出全部元素的初值。例如：

```
char a[5] = {'a', 'b', 'c', 'd', 'e'};
```

该例对数组 a 中的所有元素按顺序分别赋初值，数组中各元素的值为 a[0]='a', a[1]='b', a[2]='c', a[3]='d', a[4]='e'，其存储内容如图 6-10 所示。

a[0]	a[1]	a[2]	a[3]	a[4]
a	b	c	d	e

图 6-10　写出全部初值时的字符数组内容

2）在初始化列表中写出前面部分元素的初值，后面未写出的其他元素的初值默认为 0（即空字符 '\0'）。例如：

```
char a[5] = {'a', 'b', 'c'};
```

该例定义了一个具有 5 个字符元素的数组，但只给出了前三个数组元素的初值，则数组中各元素的值为 a[0]='a'，a[1]='b'，a[2]='c'，a[3]='\0'，a[4]='\0'，其存储内容如图 6-11 所示。

a[0]	a[1]	a[2]	a[3]	a[4]
a	b	c	\0	\0

图 6-11　写出部分初值时的字符数组内容

3）初值的个数不能大于数组长度。例如：

```
char a[5] = {'a', 'b', 'c', 'd', 'e', 'f'};
```

该例的初始化列表中初值个数为 6，而数组长度为 5，这样写是错误的。

4）当利用初始化列表赋初值时，数组长度可以省略，编译器根据初值个数自动确定数组长度。例如：

```
char a[] = {'a', 'b', 'c', 'd', 'e'};   // 编译器自动确定数组长度为 5
```

5）初始化列表赋初值形式只能应用于定义数组时，而不能应用于程序执行部分。例如：

```
char a[5];
a[5] = {'a', 'b', 'c', 'd', 'e'};   // 这种用法是错误的
```

【例 6-16】　编写程序输出一字符序列"I like C!"。

采用初始化列表形式在定义数组的同时将字符序列赋给数组元素，然后利用循环结构输出这个字符序列。

```
#include <stdio.h>
int main()
{
    char c[] = {'I', '', 'l', 'i', 'k', 'e', '', 'C', '!'};
    int i, n;
    n = sizeof (c) / sizeof (char);       // 获取数组 c 的数组长度
    for (i = 0; i < n; i++)
        printf("%c", c[i]);               // 输出下标 i 对应的字符
    printf("\n");
    return 0;
}
```

运行结果：

```
I like C!
```

6.3.3　字符数组应用举例

【例 6-17】　从键盘上连续输入一串数字字符，将其转换成十进制无符号整数并输出。
利用循环结构以字符格式读入每个数字，一直读到换行符为止（即在键盘上按下回车键），

同时将数字存放到字符数组中，再利用循环结构将数字串转换成整数，一个数字字符减去数字
字符 '0' 的 ASCII 码值（48）即可得到其对应的数值。

```
#include <stdio.h>
int main()
{
    char a[20], ch;
    int i, n = 0, f = 1;
    unsigned int x = 0;
    while ((ch = getchar()) != '\n')        // 读到换行符则停止循环
            a[n++] = ch;                     // n 是数字的个数
    for (i = n - 1; i >= 0; i--)
    {
            x += (a[i] - 48) * f;            // a[i]-48 是将 a[i] 转换成数值
            f *= 10;
    }
    printf("%u", x);
    return 0;
}
```

程序运行情况：

```
4294967295< 回车 >
4294967295
```

【例 6-18】 编写程序输出以下阶梯图形。

```
*
***
*****
```

首先将图形中的符号存放在二维字符数组中，然后输出这个二维字符数组。

```
#include <stdio.h>
int main()
{
    char a[3][5];
    int i, j;
    for (i = 0; i < 3; i++)
    {
            for (j = 0; j < 2 * i + 1; j++)   // 每一行中前面的星号
                a[i][j] = '*';
            for (j = 2 * i + 1; j < 5; j++)    // 每一行中后面的空格
                a[i][j] = ' ';
    }
    for (i = 0; i < 3; i++)                    // 输出图形
    {
            for (j = 0; j < 5; j++)
                printf("%c", a[i][j]);
            printf("\n");
    }
}
```

【例 6-19】 将英文字母存放在二维数组中，要求第一行存放大写字母，第二行存放小写字
母，并输出这个字母表。

由于要存放的是字符型数据，所以要定义一个二维字符数组。除了数组的基类型为 char 外，
数组的定义和使用方法与一般的二维数组基本一样。

```
#include <stdio.h>
int main()
{
    char a[2][26];
```

```
int i, j;
for (j = 0; j < 26; j++)
        a[0][j] = 'A' + j;
for (j = 0; j < 26; j++)
        a[1][j] = 'a' + j;
for (i = 0; i < 2; i++)
{
        for (j = 0; j < 26; j++)
                printf("%c", a[i][j]);
        printf("\n");
}
}
```

程序运行结果：

```
ABCDEFGHIJKLMNOPQRSTUVWXYZ
abcdefghijklmnopqrstuvwxyz
```

6.4   字符串

6.4.1   字符串的存储方法

字符串是一个带有字符串结束符的字符序列。不带有字符串结束符的字符序列就不能称为字符串。字符串结束符也叫作空字符，用字符常量 '\0' 表示，其对应的 ASCII 码值为 0。当在程序中表示字符串常量时，用英文双引号将字符序列引起来即可，系统自动默认后面有一个字符串结束符，而不必显式地写出，如 "abc" 是由 3 个字符 'a'、'b'、'c' 组成的字符串，字符 'c' 的后面隐藏了一个字符串结束符。当在内存中存储字符串时，字符序列中的每个字符各占一个字节，字符串结束符也占一个字节，如字符串 "abc" 在内存中的存储形式为：

a	b	c	\0

注意"字符串长度"和"字符串存储长度"的区别，字符串长度是字符序列的字符个数，字符串存储长度是字符串长度加 1，即附加一个字符串结束符，如 "abc" 的字符串长度为 3，字符串存储长度为 4。

在 C 语言中，只有字符串常量，没有字符串变量。为了便于处理字符串，可以把字符串存储在字符数组中，即将字符串中的所有字符（包括字符串结束符）按顺序依次存储在字符数组中。定义字符数组时，必须保证数组长度大于字符串长度，或大于等于字符串存储长度。

下面以字符串 "abc" 为例，说明在字符数组中保存字符串的用法。

1）先定义字符数组，再将字符串中的字符依次存放在数组中，例如：

```
char a[4];          // 数组长度必须大于字符串长度
a[0] = 'a';         // 直接用字符常量赋值
a[1] = 'b';
a[2] = 'c';
a[3] = '\0';        // 必须追加空字符, 否则不是字符串
```

也可以写成：

```
char a[4];
a[0] = 97;          // 可以用字符对应的 ASCII 码值赋值
a[1] = 98;
a[2] = 99;
a[3] = 0;           // 必须追加空字符, 否则不是字符串
```

如果字符是有规律的，可以利用循环结构实现：

```
char a[4];
int i;
for (i = 0; i < 3; i++)
    a[i] = 'a' + i;
a[3] = '\0';        // 必须追加空字符, 否则不是字符串
```

在上面的例子中, 定义字符数组是为了给字符串分配存储空间, 所以数组长度必须大于字符串长度。如定义为 "char a[6];" 也是可以的, 但由于没有给 a[4] 和 a[5] 赋值, a[4] 和 a[5] 的值是不确定的, 字符串从 a[0] 开始到 a[3] 结束, a[4] 和 a[5] 不属于字符串的内容。

2) 在定义字符数组的同时, 利用初始化列表存储字符串。例如:

```
char a[4] = {'a', 'b', 'c', '\0'};       // 初值为字符常量形式
char a[4] = {97, 98, 99, 0};             // 初值可以是字符对应的 ASCII 码值
char a[ ] = {'a', 'b', 'c', '\0'};       // 数组长度由编译器自动填充为 4
char a[4] = {"abc"};                     // 初值为字符串常量形式
char a[4] = "abc";                       // 可以省略花括号
char a[ ] = "abc";                       // 数组长度由编译器自动填充为 4
```

以上写法都是等价的, 在内存中的存储情况为:

a	b	c	\0

注意利用字符串常量形式赋初值时, 字符串结束符 '\0' 也要占一个字节。

当采用 "字符常量" 形式赋初值时, 如果数组长度大于初值个数, 则在后面自动填充字符串结束符 '\0'。例如:

```
char a[4] = {'a', 'b', 'c'};    // 与 char a[4] = {'a', 'b', 'c', '\0'};等价
```

当采用 "字符串常量" 形式赋初值时, 如果数组长度大于字符串长度, 则在后面自动填充字符串结束符 '\0'。例如:

```
char a[8] = "abc";
```

数组长度为 8, 字符串长度为 3, 字符串存储长度为 4, 在内存中的存储情况为:

a	b	c	\0	\0	\0	\0	\0

字符串从 a[0] 开始, 到 a[3] 结束, 后面的元素不属于字符串的内容。

注意　如果写成

```
char a[3] = {'a', 'b', 'c'};
```

或

```
char a[ ] = {'a', 'b', 'c'};
```

则字符数组中存储的并不是字符串, 因为没有字符串结束符。

6.4.2　字符串的输入和输出

1. 字符串的输入

1) 利用 scanf 函数并采用格式符 "%c" 读入字符, 存储到字符数组中, 例如, 将字符串 "abc" 输入到字符数组中的程序为:

```
char a[4];                 // 数组长度必须大于字符串长度
int i;
for (i = 0; i < 3; i++)    // 循环次数应等于字符串长度
```

```
        scanf("%c", &a[i]);
a[3] = '\0';                    // 追加字符串结束符, 否则不是字符串
```

键盘输入为:

abc< 回车 >

注意 字符之间不能加空格、制表符或回车键。

2）利用 getchar 函数读入字符，存储到字符数组中，例如，将字符串“abc”输入到字符数组中的程序为:

```
char a[4];                      // 数组长度必须大于字符串长度
int i;
for (i = 0; i < 3; i++)         // 循环次数应等于字符串长度
        a[i] = getchar();
a[3] = '\0';                    // 追加字符串结束符, 否则不是字符串
```

键盘输入为:

abc< 回车 >

注意 字符之间不能加空格、制表符或回车键。

3）利用 scanf 函数并采用格式符“%s”读入字符串，存储到字符数组中，例如:

```
char a[4];
scanf("%s", a);
```

格式符“%s”对应的输入项要求是用于存储字符串空间的起始地址，直接写出字符数组名即可，不要加取地址运算符“&”，因为数组名本身就是数组在内存中的首元素地址。scanf("%s", a) 表示将从键盘输入的字符串存储到从地址 a 开始的内存中，并自动在末尾添加 1 个字符串结束符 \0'。输入时要注意，字符串长度必须小于字符数组长度。例如:

键盘输入:

abc< 回车 >

则“abc”占据 4 个字节的内存空间。

4）利用 gets 函数读入字符串，存储到字符数组中。例如:

```
char a[4];
gets(a);
```

gets 函数的参数要求是用于存储字符串空间的起始地址，在这里直接写字符数组名即可。gets 函数将从键盘读入的字符串存储到字符数组中，并自动在末尾添加 1 个字符串结束符 \0'。由于该例的数组长度为 4，所以字符串长度不能超过 3。

5）scanf 函数与 gets 函数的区别为:

- 采用 gets(a) 形式从键盘读入字符串时，以回车键作为输入结束标志；而采用 scanf("%s", a) 形式从键盘读入字符串时，以空格、制表符或回车键作为输入结束标志。因此，gets(a) 可以读入包括空格和制表符的字符串，而 scanf("%s", a) 只能读入字符串中第一个空格或制表符之前的字符。例如，键盘输入:

abc defg< 回车 >

   则 gets(a) 能读入全部字符，字符串长度为 8，字符串存储长度为 9；而 scanf("%s", a) 只能读入“abc”，字符串长度为 3，字符串存储长度为 4。

- gets 函数一次只能输入一个字符串，而 scanf 函数可以使用多个格式符“%s”一次输入

多个字符串。例如：

```
char str1[10], str2[20];
scanf("%s%s", str1, str2);
```

键盘输入：

```
abc defg< 回车 >
```

其中两个字符串之间可以用空格、制表符或回车键分隔，则"abc"存储在字符数组 str1 中，"defg"存储在字符数组 str2 中。

2. 字符串的输出

1）利用 printf 函数并采用格式符"%c"输出字符串，例如：

```
char a[10] = "abc";                // 字符串长度为 3，字符串存储长度为 4，数组长度为 10
int i;
for (i = 0; a[i] != '\0'; i++)     // 采用循环结构逐个字符输出，不需要输出空字符
    printf("%c", a[i]);
```

注意 虽然可以根据字符串长度确定循环次数，如 for (i = 0; i < 3; i++)，但在实际编程中一般不采用这种写法，而是根据字符串结束符来判断字符串是否结束，当遇到空字符 '\0' 时就结束循环。不能根据字符数组长度来确定循环次数，如 for (i = 0; i < 10; i++)，因为第一个空字符后面的字符均不属于字符串，即无论后面还有多少个 '\0'，只有第一个起作用。

2）利用 putchar 函数输出字符串，例如：

```
char a[10] = "abc";                // 字符串长度为 3，字符串存储长度为 4，数组长度为 10
int i;
for (i = 0; a[i] != '\0'; i++)     // 采用循环结构逐个字符输出，不需要输出空字符
    putchar(a[i]);
```

3）利用 printf 函数并采用格式符"%s"输出字符串，例如：

```
char a[10] = "abc";
printf("%s", a);
```

格式符"%s"对应的输出项要求是字符串的首字符地址，在这里直接写出字符数组名即可，不要加取地址运算符"&"，因为数组名本身就是数组在内存中的首元素地址。printf("%s", a) 表示将从内存地址 a 开始的字符串输出，当遇到字符串结束符 '\0' 时，就停止输出。

4）利用 puts 函数输出字符串，例如：

```
char a[10] = "abc";
puts(a);
```

puts 函数的参数要求是字符串的首字符地址，在这里直接写出字符数组名即可。puts 函数将从内存地址 a 开始的字符串输出，当遇到字符串结束符 '\0' 时，就停止输出。

5）printf 函数与 puts 函数的区别为：

- puts 函数输出字符串后会自动换行，即 puts(a) 与 printf("%s\n", a) 完全等价。
- puts 函数一次只能输出一个字符串，而 printf 函数可以使用多个格式符"%s"一次输出多个字符串。例如：

```
char str1[10] = "abc", str2[20] = "defg";
printf("%s, %s", str1, str2);
```

输出结果为：

```
abc, defg
```

又如：

```
char str1[10] = "abc", str2[20] = "defg";
puts(str1);
puts(str2);
```

输出结果为：

```
abc
defg
```

6.4.3　字符串处理函数

在实际应用中，经常会遇到处理字符串的问题，为了方便用户编写程序，C 语言函数库提供了很多专门用于处理字符串的函数，这些函数叫作**字符串处理函数**。当在程序中使用字符串处理函数时，必须使用编译预处理指令将含有字符串处理函数原型声明的头文件 string.h 包含到源程序中，如 #include <string.h>。下面介绍几种常用的字符串处理函数。

1. 字符串连接函数 strcat

strcat 函数用于将两个字符串连接成一个字符串，函数调用的一般形式：

```
strcat(str1, str2)
```

其中，第一个参数 str1 是目的字符串的首字符地址，可以是字符数组名、字符指针变量（详见第9章指针部分）；第二个参数 str2 是源字符串的首字符地址，可以是字符数组名、字符指针变量或字符串常量。函数返回值为目的字符串的首字符地址（即 str1）。

说明：

1）strcat 函数将从 str2 开始的源字符串连接到从 str1 开始的目的字符串的后面，连接后的字符串由原来的目的字符串的内容和源字符串的内容组成，源字符串的内容不变。连接时，目的字符串的字符串结束符会被去掉，即被源字符串的首字符覆盖掉，连接后的字符串末尾自动添加字符串结束符。

2）目的字符串和源字符串可分别存储在字符数组中，连接后的字符串存储在目的字符串所在的字符数组中。例如：

```
char str1[20] = "Chang", str2[10] = "Jiang";
strcat(str1, str2);
printf("%s", str1);
```

输出结果为：

```
ChangJiang
```

由于函数返回值就是目的字符串的首字符地址，即字符数组名 str1，所以上面程序的后两条可以合为一条：

```
printf("%s", strcat(str1, str2));
```

3）目的字符串所在的内存空间必须足够容纳连接后的字符串，即目的字符串所在数组或内存空间的长度要大于连接后的字符串的长度。

4）第二个参数（即源字符串）可以是字符串常量。例如：

```
char str1[20] = "Chang";
strcat(str1, "Jiang");        // 第二个参数是字符串常量
printf("%s", str1);
```

输出结果为：

```
ChangJiang
```

2. 字符串复制函数 strcpy

strcpy 函数用于将一个字符串复制为另一个字符串，函数调用的一般形式：

```
strcpy(str1,str2)
```

其中，第一个参数 str1 是目的字符串的首字符地址，可以是字符数组名、字符指针变量；第二个参数 str2 是源字符串的首字符地址，可以是字符数组名、字符指针变量或字符串常量。函数返回值为目的字符串的首字符地址（即 str1）。

说明：

1）strcpy 函数将从 str2 开始的源字符串复制到从 str1 开始的目的字符串所在的内存空间中，复制时，目的字符串的原有内容被源字符串的内容覆盖掉，复制后的字符串末尾自动添加字符串结束符。

2）目的字符串和源字符串可分别存储在字符数组中，复制后的字符串存储在目的字符串所在的字符数组中。例如：

```
char str1[20], str2[10] = "Red";
strcpy(str1, str2);
printf("%s", str1);
```

输出结果为：

```
Red
```

由于函数返回值就是目的字符串的首字符地址，即字符数组名 str1，所以上面程序的后两条可以合为一条：

```
printf("%s", strcpy(str1, str2));
```

3）目的字符串所在的内存空间必须能容纳源字符串，即目的字符串所在的数组或者内存空间的长度要大于源字符串的字符串长度。

4）第二个参数（即源字符串）可以是字符串常量。例如：

```
char str1[20];
strcpy(str1, "Red");     // 第二个参数是字符串常量
printf("%s", str1);
```

输出结果为：

```
Red
```

5）不能用赋值运算符将一个字符串赋值给另一个字符串，例如 str1=str2 的写法是错误的。

3. 字符串比较函数 strcmp

strcmp 函数用于比较两个字符串的大小，函数调用的一般形式：

```
strcmp(str1, str2)
```

其中，两个参数 str1 和 str2 各是字符串的首字符地址，可以是字符数组名、字符指针变量或字符串常量。函数返回值为一个整数（代表按字典顺序进行比较的结果）：

当字符串 str1 等于字符串 str2 时，返回值为 0；

当字符串 str1 大于字符串 str2 时，返回值为正整数；

当字符串 str1 小于字符串 str2 时，返回值为负整数。

具体比较规则为：对两个字符串同时从左向右逐个字符进行比较，直到出现不同字符或遇到空字符 '\0' 为止。如果同时遇到空字符，说明两个字符串完全相同，则两个字符串相等。如果遇到不同字符，则这两个不同字符的大小（按字符的 ASCII 码值比较）就决定了字符串的大小。例如：

"abc" 大于 "abad"，因为 'c' > 'a'。
"abc" 大于 "ab"，因为 'c' > '\0'。
"abc" 小于 "b"，因为 'a' < 'b'。
"ab" 小于 "abc"，因为 '\0' < 'c'。

说明:

1）两个字符串都可以分别存储在字符数组中，两个参数就是字符数组名。例如:

```
char str1[ ] = "abc", str2[ ] = "aac";
if (strcmp(str1, str2) == 0) printf(" 字符串 1 等于字符串 2\n");
else if (strcmp(str1, str2) > 0) printf(" 字符串 1 大于字符串 2\n");
else printf(" 字符串 1 小于字符串 2\n");
```

输出结果为:

字符串 1 大于字符串 2

2）两个参数中的任何一个既可以是字符数组名，也可以是字符串常量，例如:

```
if (strcmp("abc", "abc") == 0) printf(" 两个字符串相等 \n");
else printf(" 两个字符串不相等 \n");
```

输出结果为:

两个字符串相等

3）不能用关系运算符进行两个字符串的比较，以下 if 语句判断条件的写法都是错误的:

```
char str1[ ] = "abc", str2[ ] = "aac";
if (str1 == str2) printf(" 字符串 1 等于字符串 2\n");
else if (str1 > str2) printf(" 字符串 1 大于字符串 2\n");
else printf(" 字符串 1 小于字符串 2\n");
```

4. 字符串长度检测函数 strlen

strlen 函数用于计算字符串的长度（不包括空字符 '\0'），函数调用的一般形式:

```
strlen(str)
```

其中，函数的参数 str 是字符串的首字符地址，可以是字符数组名、字符指针变量或字符串常量，函数返回值为字符串长度。

说明:

1）函数的参数可以是字符数组名，例如:

```
char str[8] = "student";
printf("%d", strlen(str));
```

输出结果为:

7

2）函数的参数可以是字符串常量，例如:

```
printf("%d", strlen("student"));
```

输出结果为

7

5. 字符串小写函数 strlwr

strlwr 函数用于将字符串中的大写字母转换为小写字母，函数调用的一般形式:

```
strlwr(str)
```

其中，函数的参数 str 是字符串的首字符地址，可以是字符数组名或字符指针变量，函数返回值是字符串的首字符地址（即 str）。

说明：

1）函数的参数可以是字符数组名，转换结果仍存放在原字符数组中，例如：

```
char str[20] = "Hello World";
strlwr(str);                 // 转换结果仍存放在原字符串空间中
printf("%s", str);
```

输出结果为：

```
hello world
```

由于函数返回值是字符串的首字符地址，即字符数组名 str，所以上面程序的后两条可以合为一条：

```
printf("%s", strlwr(str));
```

2）函数的参数不能是字符串常量，以下写法是错误的：

```
printf("%s", strlwr("Hello World"));
```

6. 字符串大写函数 strupr

strupr 函数用于将字符串中的小写字母转换为大写字母，函数调用的一般形式：

```
strupr(str)
```

其中，函数的参数 str 是字符串的首字符地址，可以是字符数组名或字符指针变量，函数返回值是字符串的首字符地址（即 str）。

说明：

1）函数的参数可以是字符数组名，转换结果仍存放在原字符数组中，例如：

```
char str[8] = "Hello World";
strupr(str);                 // 转换结果仍存放在原字符串空间中
printf("%s", str);
```

输出结果为：

```
HELLO WORLD
```

由于函数返回值是字符串的首字符地址，即字符数组名 str，所以上面程序的后两条可以合为一条：

```
printf("%s", strupr(str));
```

2）函数的参数不能是字符串常量，以下写法是错误的：

```
printf("%s", strupr("Hello World"));
```

6.4.4　字符串应用举例

【例 6-20】 不使用 strcat 函数，将两个字符串连接起来。

定义两个用于存放字符串的字符数组，要求第一个字符串所在的数组空间足够大，以容纳连接后的字符串。根据 strcat 函数的连接字符串的方法进行编程，先找到第一个字符串空字符 '\0' 的位置，再将第二个字符串从首字符开始，依次复制到第一个字符串后面。

```
#include <stdio.h>
int main()
{
    char str1[50], str2[20];
    int i = 0, j = 0;
    printf("请输入第一个字符串: \n");
    gets(str1);                                      // 输入第一个字符串
```

```
        printf(" 请输入第二个字符串: \n");
        gets(str2);                              // 输入第二个字符串
        while (str1[i] != '\0')
            i++;                                 // 定位到第一个字符串空字符的位置
        while ((str1[i++] = str2[j++]) != '\0'); // 复制第二个字符串到第一个字符串的后面
        printf(" 连接后的字符串: \n");
        puts(str1);                              // 输出连接后的字符串
        return 0;
    }
```

程序运行情况:

```
请输入第一个字符串:
abcd< 回车 >
请输入第二个字符串:
efg< 回车 >
连接后的字符串:
abcdefg
```

【例 6-21】 输入多个字符串, 然后输出其中最短的字符串。

这实际上是一个求最小值的问题。首先求出各字符串的长度, 再进行比较。结束输入的标志是空字符串 (在空行上直接按回车键, 即输入一个空字符串, 其首字符就是空字符 '\0')。

```
#include <stdio.h>
#include <string.h>
int main()
{
    char str[80], min[80];           //min[80] 用于存放最短字符串
    int k, len;
    printf("Input a string:\n");
    gets(str);                       // 输入第一个字符串
    strcpy(min, str);                // 假定第一个字符串是最短字符串
    len = strlen(min);               //len 为最短字符串的长度
    gets(str);                       // 输入第二个字符串
    while (str[0] != '\0')           // 以空字符串作为输入结束标记, 即直接按回车键
    {
        k = strlen(str);             //k 是当前字符串的长度
        if (k < len)
        {
            len = k;
            strcpy(min, str);        // 保存最短字符串
        }
        gets(str);                   // 继续输入其他字符串
    }
    printf("len=%d, min=%s\n", len, min);
    return 0;
}
```

运行结果:

```
Input a string:
Basic< 回车 >
Fortran< 回车 >
C++< 回车 >
Pascal< 回车 >
< 回车 >
len=3, min=C++
```

【例 6-22】 文章中有 N 行 (假设有 2 行) 文字, 每行有 80 个字符, 分别统计英文大写字母、英文小写字母、数字、空格以及其他字符的个数。设 upp 统计大写字母个数, low 统计小写字母个数, dig 统计数字个数, spa 统计空格个数, oth 统计其他字符个数。

```
#include <stdio.h>
#define  N  2
int main()
{
    int i, j, upp, low, dig, spa, oth;
    char ch[N][81];
    upp = low = dig = spa = oth = 0;
    for (i = 0; i < N; i++)
    {
        printf("Please input line %d: \n", i );
        gets(ch[i]);                // 输入字符串给数组 ch 的第 i 行，二维数组地址的表示见第 9 章
        for (j = 0; j < 80 && ch[i][j] != '\0'; j++)       // 根据字符所属类型进行统计
        {
            if (ch[i][j] >= 'A' && ch[i][j] <= 'Z') upp++;
            else if (ch[i][j] >= 'a' && ch[i][j] <= 'z') low++;
            else if (ch[i][j] >= '0' && ch[i][j] <='9') dig++;
            else if (ch[i][j] == ' ') spa++;
            else oth++;
        }
    }
    for (i = 0; i < N; i++)          // 输出数组 ch 第 i 行的字符串
        printf("%s\n", ch[i]);
    printf("upp: %d\n", upp);        // 分别输出各种类型统计结果
    printf("low: %d\n", low);
    printf("dig: %d\n", dig);
    printf("spa: %d\n", spa);
    printf("oth: %d\n", oth);
    return 0;
}
```

程序运行情况：

```
Please input line 0:
Visual basic 6.0< 回车 >
Please input line 1:
C++ program< 回车 >
Visual basic 6.0
C++ program
upp: 2
low: 17
dig: 2
spa: 3
oth: 3
```

小结

　　本章主要阐述了如何使用数组来处理一批相同类型数据的问题，给出了数组的定义、数组元素的引用、数组的输入和输出以及数组的初始化。

　　定义数组时要说明数组的基类型、数组名和维数，基类型就是所有数组元素共同的数据类型，数组名的命名规则与一般标识符的命名规则相同，数组维数由数组的下标个数决定。定义数组时，方括号中的数值决定数组元素个数，必须为正整型常量或正整型常量表达式，不能是变量；引用数组时，方括号中的数值是下标，必须是整型数据，不能是实型数据。由于编译器不检查数组下标是否越界，实际编程时一定要注意数组下标的取值范围。

　　一维数组的元素在内存中是按照元素的前后顺序依次存放的，二维数组的元素在内存中是按"行"优先原则存放的。一维数组的输入和输出通常与单重循环结构配合使用，二维数组的输入和输出通常与双重循环结构配合使用。

　　在定义数组的同时可以利用初始化列表对数组进行初始化，初始化列表中的初值个数不能大

于数组元素个数，当初值个数小于数组元素个数时，剩余元素自动赋值为 0。一维数组的长度和二维数组的行数可以省略，编译器能根据初始化列表中的初值个数自动确定。

　　C 语言中没有字符串变量，为了方便处理字符串，可以将字符串存储在字符数组中，字符串结束符也占据一个字节空间。对于存储在字符数组中的字符串，可以按单个字符进行输入和输出，也可以按字符串整体进行输入和输出。按字符串整体输入和输出时，scanf 函数的格式符"%s"对应的输入项以及 printf 函数的格式符"%s"对应的输出项都必须是字符串的起始地址（通常就是字符数组名）。

　　若在程序中使用字符串处理函数，一定要包含头文件"string.h"。进行字符串比较时不能用关系运算符直接比较两个字符数组名，要使用字符串比较函数 strcmp。进行字符串复制时不能用赋值运算符直接将一个字符数组名赋值给另一个字符数组名，要用字符串复制函数 strcpy 将一个字符数组中的字符串复制到另一个字符数组中。

习题

一、判断题

以下各题的叙述如果正确，则在题后的括号里填入"Y"，否则填入"N"。

1. 已有定义"int x[5];"，则该定义语句说明 x 是具有 5 个元素的一维数组，且数组元素是 x[1]、x[2]、x[3]、x[4]、x[5]。（　　　）

2. 若想在程序运行时改变数组的大小，可用下面的语句段定义数组。（　　　）

```
int m;
scanf("%d", &m);
int x[m];
```

3. 定义数组时，数组名后的方括号中可以是整型常量或整型常量表达式。（　　）

4. 引用数组时，数组名后的方括号中可以是整型变量或整型变量表达式。（　　）

5. 若对字符串 str1 和字符串 str2 比较大小，必须使用字符串比较函数 strcmp(str1, str2)，不能使用关系运算符进行比较，例如 str1 == str2。（　　　）

6. 一个数组中的所有元素可以具有不相同的数据类型。（　　　）

7. 数组名代表该数组在内存中存放的数组首元素的地址。（　　　）

8. 已知字符数组 str1 的初值为"C Language"，则语句"str2 = str1;"执行后字符数组 str2 中也存放字符串"C Language"。（　　　）

二、选择题

以下各题在给定的四个答案中选择一个正确答案。

1. 下面正确定义数组的语句是（　　　）。

A. int x[ ][2] = {2, 1, 3, 2};　　　　　　B. int x[ ][ ] = {2, 1, 3, 2};

C. int x[2][ ] = {2, 1, 3, 2};　　　　　　D. int x[2, 2] = {2, 1, 3, 2};

2. 下面程序的运行结果是（　　　）。

```
#include <stdio.h>
int main()
{
    int i;
    int x[3][3] = {1, 2, 3, 4, 5, 6, 7, 8, 9};
    for (i = 0; i < 3; i++)
        printf("%2d", x[i][2 - i]);
    return 0;
}
```

A. 1 5 9　　　　　　B. 1 4 7　　　　　　C. 3 5 7　　　　　　D. 3 6 9

3. 下面程序的运行结果是（　　　）。

```c
#include <stdio.h>
int main()
{
    int x[3], i, j, k;
    for (i = 0; i < 3; i++)
        x[i] = 0;
    k = 2;
    for (i = 0; i < k; i++)
        for (j = 0; j < k; j++)
            x[j] = x[i] + 1;
    printf("%d\n", x[1]);
    return 0;
}
```

A. 2　　　　　　　　　　B. 1　　　　　　　　　　C. 0　　　　　　　　　　D. 3

4. 不能把字符串"Hello!"赋给字符数组 a 的语句是（　　　）。

A. char a[10] = { 'H', 'e', 'l', 'l', 'o', '!'};　　B. char a[10]; a = "Hello!";

C. char a[10]; strcpy(a, "Hello!");　　　　D. char a[10] = "Hello!";

5. 下面程序段中数值为 4 的表达式是（　　　）。

```c
int x[12] = {1, 2, 3, 4, 5, 6, 7, 8, 9, 10, 11, 12};
char c='a', d, g;
```

A. x[g - c]　　　　　B. x[4]　　　　　　C. x['d' - 'c']　　　　D. x['d' - c]

6. 已知"char x[ ] = "abcde"; char y[ ] = {'a', 'b', 'c', 'd', 'e'};"，下面叙述正确的是（　　　）。

A. x 数组和 y 数组的长度相同　　　　　　B. x 数组长度大于 y 数组长度

C. x 数组长度小于 y 数组长度　　　　　　D. x 数组等价于 y 数组

7. 若已定义数组"float a[8];"，则下列对数组元素引用正确的是（　　　）。

A. a[0] = 1;　　　　　B. a[8] = a[0];　　　　C. a = 0;　　　　　D. a[2.5] = 1

8. 下面程序中有错误的行是（　　　）。每行程序后面的数字表示行号。

```c
#include <stdio.h>                            //1
int main()                                    //2
{                                             //3
    float s[4] = {1.0};                       //4
    int i;                                    //5
    for (i = 1; i < 4; i++) s[0] = s[0] + s[i]; //6
    printf ("s[0]=%d\n", s[0]);               //7
    return 0;                                 //8
}                                             //9
```

A. 4　　　　　　　　　　B. 6　　　　　　　　　　C. 7　　　　　　　　　　D. 8

三、完善程序题

以下各题在每题给定的 A 和 B 两个空中填入正确内容，使程序完整。

1. 下面程序的功能是对从键盘上输入的两个字符串进行比较，然后输出两个字符串中第一个不相同字符的 ASCII 码之差。如果一个字符串从首字符开始是另一个字符串的子串，将会输出"error!"。

```c
#include <stdio.h>
#include <math.h>
int main()
{
    char str1[50], str2[50];
    int i, s;
    printf("Please input string 1:\n"); gets(str1);
    printf("Please input string 2:\n"); gets(str2);
    i = 0;
```

```
    while (str1[i] == str2[i] && str1[i] != ___A___ && str2[i] != '\0')
        i++;
    if (str1[i] == '\0' || str2[i] == '\0')
        printf("error!");
    else
    {
        s = abs(___B___);
        printf("%d\n", s);
    }
    return 0;
}
```

2. 下面程序的功能是求矩阵 A 的次对角线元素之和。

```
#include <stdio.h>
int main()
{
    int i, j, s=0, x[][3] = {0, 1, 2, 3, 4, 5, 6, 7, 8};
    for (i = 0; i < 3; i++)
        for (j = 0; ___A___; j++)
            if (___B___ == 2)
                s += x[i][j];
    printf("s=%d\n", s);
    return 0;
}
```

3. 下面程序的功能是求矩阵 B（除外围元素）的元素之积。

```
#include <stdio.h>
int main()
{
    int i, j, f = 1, b[][4] = {1, 2, 3, 4, 5, 6, 7, 8, 9, 1, 2, 3, 4, 5, 6, 7};
    for (i = 0; i < 4; i++)
    {
        for (j = 0; j < 4; j++)
            printf("%4d", b[i][j]);
        printf("\n");
    }
    for (i = 1; ___A___; i++)
        for (j = 1; j < 3; j++)
            f = f * ___B___;
    printf("f=%d\n", f);
    return 0;
}
```

4. 下面程序的功能是求二维数组 s 中的最大元素及其下标。

```
#include <stdio.h>
int main()
{
    int s[4][4], max, i, j, row = 0, col = 0;
    for (i = 0; i < 4; i++)
        for (j = 0; j < 4; j++)
            scanf("%d", &s[i][j]);
    ___A___ = s[0][0];
    row = 0;
    col = 0;
    for (i = 0; i < 4; i++)
        for (j = 0; j < 4; j++)
            if (s[i][j] > max)
            {
                ___B___;
                row = i;
                col = j;
```

```
        }
        printf("s[%d][%d]=%d\n", row, col, max);
        return 0;
    }
```

5. 输入 20 个数,将其逆序输出。

```
#include <stdio.h>
int main()
{
    int a[20], i;
    for (i = 0; i < 20; i++)
        scanf("%d", ___A___);
    for (i = 19; i >= 0; i--)
        printf("%d ", ___B___);
}
```

6. 输出 100 以内的素数。

```
#include <stdio.h>
#include <math.h>
int main()
{
    int i, m, k;
    for (m = 2; m <= 100; m++)
    {
        k = ___A___;
        for (i = ___B___; i <= k; i++)
            if (m % i == 0)
                break;
        if (i >= k + 1)
            printf("%3d", m);
    }
}
```

7. 将数组 x 按下述格式输出。

```
4
3   7
2   6   9
1   5   8   10
#include <stdio.h>
int main()
{
    int x[4][4], n = 0, i, j;
    for (j = 0; j < 4; j++)
        for (i = 3; i >= j; ___A___)
        {
            n++;
            x[i][j] = ___B___;
        }
    for (i = 0; i < 4; i++)
    {
        for (j = 0; j <= i; j++)
            printf("%3d", x[i][j]);
        printf("\n");
    }
}
```

8. 从键盘上输入 9 个整数,保存在二维数组中,按数组原来位置输出第一行和第一列的所有元素。

```
#include <stdio.h>
int main()
```

```
{
    int a[3][3], i, j;
    for (i = 0; i < 3; i++)
        for (j = 0; j < 3; j++)
            scanf("%d", ___A___);
    for (i = 0; i < 3; i++)
        for (j = 0; j < 3; j++)
            if (___B___)
                printf("%d  ", a[i][j]);
    printf("\n");
}
```

运行程序后键盘输入：

```
3   4   1< 回车 >
2   1   7< 回车 >
9   0   5< 回车 >
```

程序运行结果：

```
3   4   1   2   9
```

四、阅读程序题

写出以下程序的运行结果。

1.
```
#include <stdio.h>
#include <string.h>
int main()
{
    int i;
    char str[10], temp[10];
    gets(temp);
    for (i = 0; i < 4; i++)
    {
        gets(str);
        if (strcmp(temp, str) < 0)
            strcpy(temp, str);
    }
    printf("%s\n", temp);
    return 0;
}
```

程序运行后键盘输入：

```
C++< 回车 >
Basic< 回车 >
QuickC< 回车 >
Ada< 回车 >
Pascal< 回车 >
```

运行结果：_____。

2.
```
#include <stdio.h>
int main()
{
    int i, j, a[2][3];
    for (i = 0; i < 2; i++)
    {
        for (j = 0; j < 3; j++)
        {
            a[i][j] = i + j;
            printf("%3d", a[i][j]);
        }
        printf("\n");
```

```
    }
        return 0;
    }
```

运行结果：_____。

3.
```
#include <stdio.h>
int main()
{
    int a[10], i, k = 0;
    for (i = 0; i < 10; i++)
        a[i] = i;
    for (i = 1; i < 4; i++)
        k += a[i] + i;
    printf("%d\n", k);
    return 0;
}
```

运行结果：_____。

4.
```
#include <stdio.h>
int main()
{
    int i, j;
    int x[3][3];
    for (i = 0; i < 3; i++)
        for (j = 0; j < 3; j++)
            if ((i == j) || (i + j == 2))
                x[i][j] = 1;
            else
                x[i][j] = 0;
    for (i = 0; i < 3; i++)
    {
        for (j = 0; j < 3; j++)
            printf("%d", x[i][j]);
        printf("\n");
    }
}
```

运行结果：_____。

5.
```
#include <stdio.h>
#include <string.h>
int main()
{
    char a[10] = "1234";
    gets(a);
    strcat(a, "678");
    printf("%s\n", a);
}
```

键盘输入：

XYZ< 回车 >

运行结果：_____。

6.
```
#include <stdio.h>
int main()
{
    int i, j;
    int a[10] = {0, 1, 2, 3, 4, 5, 6, 7, 8, 9};
    for (i = 1; i <= 2; i++)
    {
```

```
        for (j = 1; j <= 5; j++)
                printf("%d\t", a[5 * i - j]);
        printf("\n");
    }
}
```

运行结果：_____。

7.
```
#include <stdio.h>
int main()
{
    int a[4][5] = {1, 2, 4, 8, 10, -1, -2, -4, -8, -10, 3, 5, 7, 9, 11};
    int i, j, n = 9;
    i = n / 5;
    j = n - i * 5 - 1;
    printf("%d\n", a[i][j]);
}
```

运行结果：_____。

8.
```
#include <stdio.h>
int main()
{
    int b[3][3] = {0, 1, 2, 0, 1, 2, 0, 1, 2}, i, j, t = 1;
    for (i = 0; i < 3; i++)
            for (j = i; j <= i; j++)
                    t = t + b[i][b[j][j]];
    printf("%d\n", t);
}
```

运行结果：_____。

五、编写程序题

1. 编写程序，用选择法对 10 个整数按从小到大顺序排序。选择法排序的思想：首先从 $1 \sim n$ 个元素中选择出数值最小的数，交换到第一个位置上。然后从第 $2 \sim n$ 个元素中选择出数值次小的数交换到第二个位置上，以此类推，直至排完。

2. 编写程序，产生 16 个随机整数到 4 行 4 列的数组中，求其主对角线元素之积。

3. 编写程序，打印以下杨辉三角形（要求打印 7 行）。

```
1
1   1
1   2   1
1   3   3   1
1   4   6   4   1
1   5   10  10  5   1
1   6   15  20  15  6   1
```

4. 编写程序，判断给定字符串是否为回文（回文是指正读和逆读都一样的字符串）。

5. 编写程序，输入一维数组的 10 个元素，并将最小值与第一个数交换，最大值与最后一个数交换，然后输出交换后的 10 个数。

6. 已知两个矩阵 $X_{3 \times 3}$ 和 $Y_{3 \times 3}$，从键盘提供数据，编写程序求矩阵 $C_{3 \times 3} = X_{3 \times 3} - Y_{3 \times 3}$。

7. 编写程序求矩阵 $S_{5 \times 5}$ 的上半三角元素之和。

第 7 章

函　　数

函数是 C 语言程序的基本组成单元，使用函数设计 C 语言程序，不但使程序更具有模块化结构，而且使程序简洁明了，提高了程序的可读性和可维护性。此外，函数也可以将一些多次重复使用的程序模块封装，以备各个不同模块使用，从而大大减轻了程序员的代码书写工作量，也有利于团队合作，协同完成任务。

C 系统提供了大量的标准函数，供程序设计人员使用。根据实际需要，程序设计人员也可以自己定义一些函数来完成特定的功能。本章主要介绍如何根据需要设计用户自定义的函数，如何使用函数进行程序设计。

7.1　函数的基本概念

7.1.1　函数的概念

任何一个结构化程序都可以由顺序结构、选择结构和循环结构三种基本结构组成，为了利用这三种结构编写程序，通常需要采用**自顶向下**、**逐步细化**和**模块化**的程序设计方法。也就是说，要将一个大程序分解为一些规模较小的、功能较简单的、更易于建立和修改的部分（即模块），每个模块都完成特定的功能。在 C 语言中，模块是通过函数来实现的，每个函数完成自己特定的数据处理任务。

下面举一个简单的函数调用的例子。

【例 7-1】　编写一个求 x^3 的函数，并在主函数中调用该函数。

```
#include <stdio.h>
float cube(float x)                    // 定义计算 x³ 的函数
{
  return (x*x*x);
}
int main()
{
  float x, y;
  printf("Please input x:\n");
  scanf("%f", &x);
```

```
    y=cube(x);                          // 调用计算 x³ 的函数 cube 并将其返回值赋给变量 y
    printf("The cube of  %6.2f  is  %6.2f\n", x, y);
    return 0;
}
```

程序运行情况：

```
Please input x:
3< 回车 >
The cube of  3.00  is  27.00
```

说明：

1）函数是按规定格式书写的能完成特定功能的一段独立程序模块，是 C 语言唯一的一种子程序形式。

2）C 语言是以源文件为单位进行编译的，一个源程序文件由一个或多个函数组成。

3）一个 C 程序由一个或多个源程序文件组成，可以利用 C 语言分别编译的特点，将源文件分别编译成目标文件，然后将这些目标文件链接在一起，形成一个可执行文件。

4）函数与函数之间是相对独立、平等的，没有从属关系。函数不能嵌套定义，但可以相互调用，主函数可以调用任何函数，而其他函数不能调用主函数。一个函数可以多次被调用。如果一个程序段在程序的不同处多次出现，就可以把这个程序段取出，构造成一个函数。凡是程序中需要执行这个操作时，即可调用该函数。函数之间的调用关系如图 7-1 所示。

5）在 C 语言中，无论主函数在程序中的什么位置，程序总是从主函数开始执行，调用其他函数后，执行流程再返回到主函数，最终在主函数中结束。

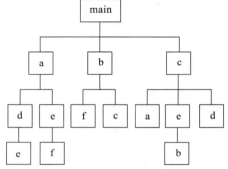

图 7-1　函数之间的调用关系

7.1.2　函数的定义

函数由**函数名**、**参数**和**函数体**组成。函数名是用户为函数起的名字，用来唯一标识一个函数；函数的参数用来接收调用函数传递给它的数据；函数体则是函数实现自身功能的一组语句。函数定义的一般形式：

```
类型说明符   函数名（形式参数声明）
{
  [ 说明与定义部分 ]
  语句；
}
```

说明：

1）**类型说明符**用来说明函数的返回值的类型。

2）**函数名**是用户自定义的用于标识函数的名称，其命名规则与变量的命名规则相同。为便于识别，通常将函数名定义为函数体完成的功能的概括性单词，且在同一个编译单元中不能有重复的函数名。函数名本身也有值，它代表了函数的入口地址。

3）**形式参数声明**（简称**形参表**）用于指明调用函数和被调用函数之间的数据传递，传递给函数的参数可以有多个，也可以没有。当函数有多个参数时，必须在形参表中对每一个参数进行类型说明，每个形参之间用逗号隔开。形参的主要作用是接收来自函数外部的数据，一般情况下，函数执行需要多少原始数据，函数的形参表中就有多少个形参，每个形参存放一个数据。

一个函数可定义的形参并无明确的数量限制，用户可以根据需要定义。若函数没有参数，则形参表为空，但此时函数名后的括号不能省略。例如：

```
double sum(float a, float b, float c)
{
    ...
}
```

无参函数定义如下：

```
void prtinfo( )
{
    printf("How are you !\n");
}
```

4）用 { } 括起来的部分是**函数体**，也是函数的定义主体。函数主体由说明部分、定义部分以及 C 语句组成。在函数体中，可以有变量定义，也可以没有，在函数体中定义的变量只有在执行该函数时才起作用。函数体中的语句描述了函数的功能。

【例 7-2】　编写函数，将一个给定的整数转换成相应的字符串后输出。

```
#include <stdio.h>
void to_str(int n)
{
  char string[10];
  int i=0;
  if(n<0)                       // 如果是负整数，则先输出负号，然后将负数取正
  {
      putchar('-');
      n=-n;
  }
  while(n>0)                    /* 依次取正整数的个位、十位、百位……转换成数字字符并存放
                                   在字符数组 string 下标分别为 0、1、2…的数组元素中 */
  {
      string[i++]=n%10+'0';     // 将取出的整数加上 ASCII 码的字符 '0'，转换为字符
      n/=10;
  }
  while(--i>=0)                 // 从数组 string 的最后一个元素开始依次向前逐个输出数组元素
      putchar(string[i]);
}
int main()
{
  printf("The converted string: ");
  to_str(-178);                 // 调用函数 to_str 将整数 -178 转换成字符串输出
  return 0;
}
```

运行结果：

```
The converted string: -178
```

上述程序编写了一个函数模块 to_str，该函数完成将整数转换为字符的工作，程序从 main 函数开始执行，调用函数，将"-178"传递给形参 n，完成转换工作并输出。调用结束，程序返回到 main 函数结束程序执行。

7.1.3　函数的调用

定义一个函数后，就可以在程序中调用这个函数。所谓**函数的调用**，是指一个函数（调用函数）暂时中断本函数的运行，转去执行另一个函数（被调用函数）的过程。被调用函数执行完相应的功能后，返回到调用函数中断处继续调用函数的运行，这是一个返回过程。函数的一次调

用必定伴随着一个返回过程。在调用和返回两个过程中，两个函数之间通常发生信息交换。

函数的调用有两种方式：**函数语句调用方式**和**函数表达式调用方式**。

1. 函数语句调用方式

一般形式：

函数名（[实际参数列表]）；

函数语句调用方式用于调用没有返回值的函数。这种函数通常仅是完成一些特定的工作，函数定义是 void 类型的函数。

例如，例 7-2 中的函数调用"to_str(-178);"。

【例 7-3】 函数语句调用示例。（调用函数输出提示信息。）

```c
#include <stdio.h>
void  Print_message( )
{
    printf (" Input  data !\n ");
}
int main( )
{
    ...
    Print_message( );
    ...
    return 0;
}
```

2. 函数表达式调用方式

一般形式：

函数名（[实际参数列表]）

这种调用方式是以表达式的形式调用函数，用于调用有返回值定义的函数，通过调用函数的表达式接收被调用函数送回的返回值。函数调用出现在一个赋值表达式中，要求函数带回一个确定的值参与表达式的运算。例如，调用例 7-1 定义的函数：

y=cube(x);

【例 7-4】 函数表达式调用示例。（调用函数输出两个变量中的较大值。）

```c
#include <stdio.h>
int Max( int x, int y )
{
    if( x > y )
        return  x;
    else
        return  y;
}
int main()
{
    int a,b,max;
    scanf("%d%d" ,&a,&b);
    max = Max(a,b);
    printf("max=%d",max);
    return 0;
}
```

说明：

1）函数调用中实际参数列表（简称实参表）里实参的类型与形参的类型相对应，必须符合赋值兼容的规则，实参个数必须与形参个数相同，并且顺序一致，当有多个实参时，参数之间用逗号隔开。

2）实参可以是常量、有确定值的变量或表达式及函数调用。当进行函数调用时，系统计算出实参的值，然后按顺序传给相应的形参。例如：

```
to_stu(120);
to_stu(20+a+b);
cube(cube(x+y));
```

3）在进行函数调用时，要求实参与形参个数相等，类型和顺序也一致。但在 C 标准中，实参表的求值顺序并不是确定的。有的系统按照自右向左的顺序计算，而有的系统则相反。

【例 7-5】 实参表求值顺序的影响。

```
#include <stdio.h>
int sum(int x, int y)
{
  return(x+y);
}
int main()
{
  int a=6,b;
  b=sum(a,a+=4);
  printf("b=%d\n",b);
  return 0;
}
```

在上例中，如果系统按照自右向左的顺序对实参表进行运算，则两个实参的值均为 10，程序的运行结果为 b=20；若系统按照自左向右的顺序对实参表进行运算，则第一个实参为 6，第二个实参为 10，程序的运行结果为 b=16。

因此，在实际应用中，应当避免这种不确定性。例如，令

```
x=a+4; b=sum(a, x);
```

自定义函数可以在程序中被多次调用，使用不同的实参，返回结果也有所不同。由于函数具有很好的模块管理功能并且支持反复调用，故其被广泛用于程序中以解决实际问题。

7.1.4　函数参数的传递方式

函数定义中的参数称为**形参**，函数调用时的参数称为**实参**，实参与形参必须在数据类型、顺序和数量上一一对应。在 C 语言中进行函数调用时，有两种不同的参数传递方式，即值传递方式和地址传递方式。

1. 值传递

在函数调用时，实参将其值传递给形参，这种传递方式即为**值传递**。

C 语言规定，实参对形参的数据传递是单向"值传递"，即只能由实参传递给形参，而不能由形参传回来给实参。这是因为，在不同程序模块中的变量属于不同的程序存储空间，实参和形参也是一样，可以取相同的名字，也可以取不同的名字，但是它们各自占据不同的存储单元。当调用函数时，系统对形参分配存储单元，并将实参对应的值传递给形参，调用结束后形参单元被释放，实参单元仍保留并维持原值。因此，在执行一个被调用函数时，形参的值如果发生变化，并不会改变调用函数中实参的值。

【例 7-6】 试分析以下程序的运行结果。

```
#include <stdio.h>
void add(int a, int b)
{
  a+=3;
  b+=6;
  printf("a=%d, b=%d\n", a,b);
```

```
}
int main()
{
  int x=1, y=2;
  add(x, y);
  printf("x=%d, y=%d\n", x, y);
  return 0;
}
```

运行结果：

```
a=4, b=8
x=1, y=2
```

本例的执行过程如图 7-2 所示。首先执行主函数（main 函数），当执行到主函数中的
"add(x,y);" 语句时，调用 add 函数，将实参 x 和 y 的值分别赋给 add 函数的形参 a 和 b，然后利
用 a 和 b 的值进行 add 函数体内各语句的运算或操作，形参 a 和 b 的值经过复合赋值运算分别变
成 4 和 8，并输出 a 和 b 的值；当执行的流程遇到 add 函数体的右花括号 "}" 时，返回到调用
函数（本例是主函数）的调用位置，继续执行调用函数（即主函数），并输出 x 和 y 的值。

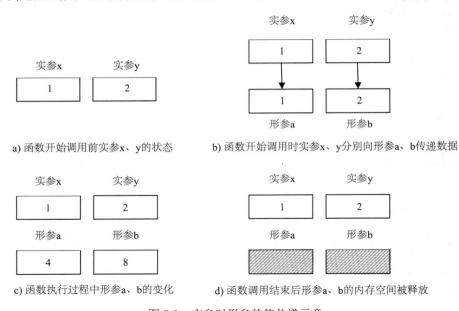

a) 函数开始调用前实参x、y的状态　　　　b) 函数开始调用时实参x、y分别向形参a、b传递数据

c) 函数执行过程中形参a、b的变化　　　　d) 函数调用结束后形参a、b的内存空间被释放

图 7-2　实参对形参的值传递示意

由本例的执行结果可见，形参 a 和 b 的值的变化对实参 x 和 y 的值没有影响。

2. 地址传递

地址传递指的是调用函数时，实参将某些量（如变量、字符串、数组等）的地址传递给形
参。这样实参和形参指向同一个内存空间，在执行被调用函数的过程中，对形参所指向存储单
元中内容的改变，就是对调用函数中对应实参所指向内存单元内容的改变。

在地址传递方式下，形参和实参可以是指针变量（见第 9 章）或数组名，其中，实参还可以
是变量的地址。

7.1.5　函数的返回值

用户定义的函数，根据需要可以有两种执行情况：一种是完成确定的运算任务，将一个运算
结果返回给主调函数，如例 7-4；另一种是调用函数完成指定的工作，没有确定的运算结果返回，

函数的类型用 void 指定，如例 7-3。在 C 语言中，函数的返回值或执行结果是通过 return 语句带回到调用函数的。return 语句的一般形式：

```
return（表达式）；
```

说明：

1）return 语句有双重作用：一是从函数中退出，二是返回到调用函数中并向调用函数返回一个确定的值。return 语句也可以没有表达式，此时它的作用仅是使程序执行的流程返回到调用函数的调用位置继续执行调用函数。

2）return 语句后表达式两边的圆括号可以省略。例如：

```
return  x>y?x:y;
```

3）当函数有返回值时，凡是允许表达式出现的地方，都可以调用该函数。例如：

```
s=cube(n)+cube(n+6);
printf("%d",cube(n));
```

4）一个函数中可以设置多个 return 语句，执行到哪一个 return 语句，哪一个语句起作用。例如：

```
int fun(int x)
{
  if(x>1)  return  2*x+1;
  else if(x>=0) return x*x;
  else  return  3*x-10;
}
```

5）在定义函数时应当指定函数值的类型，并且函数的类型一般应与 return 语句中表达式的类型相一致，当二者不一致时，应以函数的类型为准，即函数的类型决定返回值的类型。对于数值型数据，可以自动进行类型转换。

【例 7-7】 试分析以下程序的运行结果。

```
#include <stdio.h>
int Max(float a, float b)
{
  float c;
  c=a>b?a:b;
  return c;
}
int main()
{
  float x, y;
  scanf("%f%f",&x, &y);
  printf("max=%d\n", Max(x, y));
  return 0;
}
```

输入：

```
6.2  3.7< 回车 >
```

运行结果：

```
max=6
```

上例中函数 Max 的类型（int 型）与 return 语句中 c 的类型（float 型）不一致，按上述规定，将 c 转换为整型，故 Max 函数将整型值 6 带回到调用函数中。

6）函数中也可以没有 return 语句，此时，当函数执行到函数体的最后一条语句，遇到右花括号时，将退出函数返回到主调函数。需要注意的是，若函数中无 return 语句，函数也并非没有返回值，而是返回一个不确定的值。为了明确表示函数没有返回值，需要用 void 将函数定义为

"空类型"。例如:

```
void output(int x, int y)
{
    printf("%d, %d", x, y);
}
```

如果函数既无返回值又无形参,可以定义为如下形式:

```
void 函数名(void)
    { … }
```

返回值为 void 类型的函数,尽管也是遇到 return 语句就返回,但不要求必须有 return 语句。如果没有 return 语句,就一直运行完函数的最后一条语句再返回。由于没有返回值,故其不能作为表达式的一部分,通常都是单独调用以完成某项功能。

【例 7-8】 编写函数,求 1+1/2+1/3+…+1/n 的值,并在主函数中调用它。

在此例中,由于 n 是可变的,对于不同的 n 将会得到不同的结果,所以,n 作为函数的参数进行传递。

```
#include <stdio.h>
double count(int n)
{
  int i;
  double sum=0;
  if(n<=0)                          // 若 n<=0,显示出错信息,并且返回 0
  {
    printf("Data error!\n");
    return 0;
  }
  for(i=1;i<=n;i++)
      sum+=1.0/i;                   // 此处不可写成 1/i ,否则将会进行整除运算
  return sum;
}
int main()
{
  int n;
  double s;
  printf("Please input the value:\n");
  scanf("%d", &n);
  s=count(n);                       // 函数表达式调用,传递参数 n 的值给形参 n
  printf("s=%6.2f\n", s);
  return 0;
}
```

程序运行情况:

```
Please input the value:
5< 回车 >
s=  2.28
```

7.1.6　函数的原型声明

　　C 语言函数的使用也遵循先定义后使用的原则,就像变量应先定义后使用一样。如果自定义的函数被放在调用函数的后面,就需要在函数调用之前加上函数原型声明。如果被调用函数的定义位于调用函数之前,可以不必声明。如例 7-6 所示。如果在调用函数之前,既不定义,也不声明,程序编译时就会给出错误信息。

　　函数原型声明的目的主要是通知编译系统所定义的函数类型,也就是函数的返回值类型以及函数形参的类型、个数和顺序,以便在遇到函数调用时,编译系统能够判断对该函数的调用是

否正确。函数原型声明的一般形式：

```
类型说明符　函数名（参数表）；
```

即只写函数定义中的第一行，并以分号结束。

例如，在主函数中调用 cube 函数时，可进行如下声明：

```
int main()
{
  float cube(float x);                    // 对被调用函数 cube 的函数原型声明
  int n=10;
      ...
  printf("%8.2f\n", cube(n));
  return 0;
}
float cube(float x)                       // 定义计算 x³ 的函数
{
  return (x*x*x);
}
```

说明：

1）要注意函数"定义"和"声明"的区别。函数"定义"是指对函数功能的确定，包括指定函数名、函数值的类型、形参及其类型、函数体等，它是一个完整的、独立的函数单位。而"声明"则是对已定义函数的函数名、函数类型以及形参的类型、个数和顺序进行说明，其功能是在调用函数中根据此信息进行相应的语法检查。

2）函数声明中函数名后的圆括号中可以只给出形参类型，而省略形参的变量名字：

```
［类型说明符］　函数名（类型说明符 ［形参 1],…, 类型说明符 ［形参 n]）；
```

例如：

```
float fun(float x, float y, int z);
```

也可写为：

```
float fun(float, float, int);
```

3）如果在所有函数定义之前，在源程序文件的开头，即在函数的外部已经对函数进行了声明，则在各个调用函数中不必再对所调用的函数进行声明。例如：

```
#include <stdio.h>
float f1(float, float );
float f2(float , float);
int main()
{
  float m,n,k;
      ...
  k=f1(m,n);
      ...
}
float  f1(float a, float b)
{
  float z;
      ...
  z=f2(a,b);
      ...
}
float f2(float d, float k)
{
  ...
}
```

4）函数的声明一般写在程序的开头或者放在头文件中。当被调用的函数与调用的函数不在一个文件中时，必须使用函数声明，以保证程序编译时能够找到该函数，并使程序正确运行。通常将多文件编译时的函数声明放在自定义的 .h 文件中，然后在调用函数头部包含该 .h 文件。

此外，各种 C 系统都提供了许多标准库函数，当在程序中调用 C 系统提供的库函数时，也应对所要调用的库函数进行声明。对库函数的声明，已写在 C 系统提供的扩展名为 .h 的文件中，故在调用库函数时，也应在源程序文件的开头部分，用文件包含命令将包含被调用函数声明的头文件包含到源程序文件中（详细内容见第 8 章编译预处理）。

7.2   数组作为函数参数

单个数组元素可以作为函数参数，其使用和定义与简单变量作为函数参数完全一样，即遵守"值传递"方式。

同样，数组名也可以作为函数参数。用数组名作为函数实参时，实参采用数组名，实参向形参传递的是数组的首地址，数组元素本身不被复制，采用的是地址传递方式。

7.2.1   一维数组作为函数参数

一维数组作为函数参数时，需要在被调用函数参数表中给出形参数组的定义。形参的写法为：

类型说明符　　形参数组名 [数组长度]

例如：

```
float average(float array[20])
{
    ...
}
```

为了提高函数的通用性，一维形参数组说明时可以不指定数组的长度，但方括号不能省略。通常，为使程序能了解当前处理的数组的实际长度，往往需要用另一个整型类型的参数来表示数组的长度。

【例 7-9】 编写函数，计算 *n* 元数组的平均值，并在主函数中调用。

```
#include <stdio.h>
double aver(int a[], int n)                    // 定义形参数组 a，该数组有 n 个元素
{
    int i;
    double sum=0;
    for(i=0;i<n;i++)                           // 计算 n 个数组元素之和
        sum+=a[i];
    return  sum/n;
}
int main()
{
    int i,a[10];                               // 定义实参数组 a 和整型变量 i
    for(i=0;i<10;i++)
        scanf("%d",&a[i]);
        printf(" 平均值 =%lf\n",aver(a,10));    // 调用函数 aver 并输出 10 个数组元素的平均值
        return 0;
}
```

需要注意的是，数组作为实参时仅需要给出数组名，而不能加长度说明，因为实参数组已经被定义，而且被输入了具体的值，这里只是将实参数组的首地址值传递给形参数组。下列调用是错误的：

```
printf(" 平均值 =%lf\n",aver(a[[10],10));
```

7.2.2 二维数组作为函数参数

二维数组作为函数参数时，形参的写法为：

类型说明符 形参数组名 [数组长度 1] [数组长度 2]

例如：

```
int srh_min(int a[3][4])
{
    ...
}
```

二维数组作为函数参数时，可以不指定第一维的长度，但是第二维的长度不能省略，因为系统必须知道列数才能正确计算一个数组元素在数组中相对于第一个元素的偏移位置。

【例 7-10】 编写函数，交换 3×4 二维整型数组的 i、j 两行，并在主函数中调用它。

```
#include <stdio.h>
void exchange(int b[][4], int i, int j)
{
  int k,t;
  for(k=0;k<4;k++)                              // 依次交换第 i 行与第 j 行所对应的第 k 列元素的值
    { t=b[i][k]; b[i][k]=b[j][k]; b[j][k]=t; }
}
int main()
{
    int i,j,a[3][4]={{1,1,1,1},{3,3,3,3},{2,2,2,2}};    // 定义实参数组并赋初值
    exchange(a,1,2);                                     // 调用函数交换 1、2 行元素
    for(i=0;i<3;i++)
    {
        for(j=0;j<4;j++)                                // 输出交换后的数组元素
            printf("%d,",a[i][j]);
        printf("\n");
    }
    return 0;
}
```

7.2.3 数组作为函数参数的调用及应用举例

通过一维数组和二维数组作为函数参数可以实现向函数传递一批数据，在以数组名作为函数参数进行函数调用时，需要强调如下几点：

1）数组作为函数参数时，在调用函数和被调用函数中要分别定义数组，数组的名字可以相同，也可以不同，因为它们属于不同的存储空间。

2）实参应当采用数组名。

3）实参数组和形参数组的类型应一致，二维数组的行数可以不一致，列数必须一致。

4）在调用语句中，实参的个数是以逗号分隔的，若实参表达式是逗号表达式，则计算出逗号表达式的值，作为实参的值传递给形参。

5）数组作为函数参数时，不是单向的"值传递"，而是"地址传递"，即将实参数组的起始地址传递给形参数组，这样二者共占一段内存单元。因此，形参数组中元素值的变化就是实参数组中与其对应的元素值的变化。数组名作为函数参数可实现大量数据的传递，无须返回数组值。

【例 7-11】 编写函数 int fun(char str[])，它的功能是判别字符串 str 是否为"回文"，若是，返回 1，否则返回 0。（提示：回文是指正反序相同的字符串，例如，"13531"、"helleh" 是回文，但 "1353"、"Helleh" 不是回文。）

假设已知字符串的长度为 n，检查回文的算法可设计如下：

第 0 个字符和第 $n-1$ 个字符比较，不相等则不是回文，相等则继续进行下面的操作；

第 1 个字符和第 $n-2$ 个字符比较，不相等则不是回文，相等则继续进行下面的操作；

......

第 $n/2-1$ 个字符和第 $n-1-(n/2-1)$ 个字符比较，不相等则不是回文，相等则是回文。

在 fun 函数中，上述算法可用循环结构来实现，循环前将标记设置为 1。循环体中对当前处理的两个字符进行比较：不相等，则将记录不是回文的标记，同时退出循环；相等，则继续循环。最后返回记录回文的标记。在主函数中，通过函数的返回值判断是否为回文，并输出相应信息。

```c
#include <stdio.h>
int fun(char str[])
{
  int n,k,flag=1;
  for(n=0; str[n]!= '\0' ; n++) ;      // 计算字符串长度
  for(k=0; k<n/2; k++)                  // 判断字符串是否为回文
     if(str[k]!=str[n-k-1])
     {
            flag=0;
            break;
     }
 return flag;
}
int main()
{
  char s[80];
  printf("\n Please enter string : \n");
  gets(s);
  if(fun(s)==1)                  // 根据 fun 的返回值为 1 或 0 输出字符串是否为回文的信息
        printf("%s 是回文 \n",s);
  else
        printf("%s 不是回文 \n",s);
  return 0;
}
```

程序运行情况：

```
Please enter string :
1123211< 回车 >
1123211 是回文
```

【例 7-12】 阅读下列程序，给出输出结果。

```c
#include <stdio.h>
int main()
{
   void swap();
   int b[2]={10,2};                 // 函数声明
   swap(b);                         // 调用 swap 函数
   printf("b[0]=%d, b[1]=%d\n", b[0], b[1]);
   return 0;
}
void swap( int a[])
{
    int  t;
    t=a[0];
    a[0]=a[1];
    a[1]=t;
}
```

该程序的执行过程如图 7-3 所示。函数开始调用之前，b[0]、b[1] 的值分别为 10、2；函数开始调用，实参数组 b 将起始地址传递给形参数组 a，二者共占一段内存单元；函数执行过程中，

a[0] 与 a[1] 的值交换；函数调用结束后，数组 b 中对应元素的值即为发生交换后的结果。故其输出结果为：

```
b[0]=2, b[1]=10
```

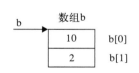

a) 函数开始调用前数组b的状态

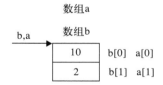

b) 函数开始调用时数组a、b的状态

c) 函数执行过程中数组a、b的状态

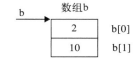

d) 函数调用结束后数组b的状态

图 7-3　程序执行过程中数组的状态示意图

【例 7-13】　编写函数，用选择法对数组中的 10 个整数进行由小到大排序。

```c
#include <stdio.h>
void sort(int array[],int n)
{
  int i,j,k,t;
  for(i=0;i<n-1;i++)
  {
      k=i;
      for(j=i+1;j<n;j++)
          if(array[j]<array[k]) k=j;
      if(k!=i)
          {t=array[k]; array[k]=array[i];  array[i]=t;}
  }
}
int main()
{
  int a[10], i;
  printf("enter array: \n");
  for(i=0;i<10;i++)
        scanf("%d",&a[i]);
  sort(a,10);                             // 调用排序函数
  printf("the sorted array: \n");
  for(i=0;i<10;i++)
        printf("%d ",a[i]);
  printf("\n");
  return 0;
}
```

排序算法是计算机程序设计的重要算法，请读者注意区别选择法排序与冒泡排序。

7.3　函数的嵌套调用和递归调用

7.3.1　函数的嵌套调用

C 语言中函数的定义是相互平行的，函数之间没有从属关系，但是，一个函数在被调用的过

程中可以调用其他函数，这就是函数的**嵌套调用**。

图 7-4 给出了函数的两层嵌套示意图。图中主函数调用函数 a，函数 a 又调用函数 b，函数 b 执行完毕返回函数 a，函数 a 执行完毕返回主函数，主函数继续执行函数调用下面的语句直至结束。这种函数间层层调用的关系即为函数的嵌套调用。

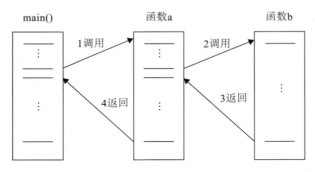

图 7-4　函数嵌套调用示意

【例 7-14】　任何一个整数 n 的立方都可以表示成 n 个相邻奇数之和，其中最大奇数为 $d = 2m-1$，而 $m=1+2+3+\cdots+n$。试编写程序，由键盘输入 n，求 n 的立方是哪些奇数之和。

要解决本例问题，可以定义两个函数：一个 add 函数用于计算 $1+2+3+\cdots+n$ 的累加和 m，并将结果返回给调用函数；另一个 maxodd 函数通过调用函数 add 获得累加和 m，并完成 $d=2m-1$ 的计算后将结果返回给调用函数。主函数通过调用函数 maxodd 获得最大奇数 d，并根据题目要求显示满足条件的所有奇数。其算法流程如图 7-5 所示。

```
#include <stdio.h>
int add(int n)
{
  int i, sum=0;
  for(i=0; i<=n; i++)
      sum+=i;
  return sum;
}
int maxodd(int n)
{
  int m, d;
  m=add(n);                              // 调用函数 add 计算 1+2+3+…+n 的累加和
  d=2*m-1;
  return d;
}
int main()
{
  int i, n, d;
  int flag=0;                            // 该变量用于控制每一行上显示数据的个数
  printf("Please input a number:\n");
  scanf("%d",&n);
  d=maxodd(n);                           // 调用函数 maxodd 获取最大奇数的值
  for(i=0; i<n; i++)
```

图 7-5　例 7-14 的算法流程

开始

定义所需变量

输入 n 的值

计算 $1+2+3+\cdots+n$ 的值

计算最大奇数

显示满足条件的所有奇数

结束

```
    {
        printf("%5d", d);
        d-=2;
        flag++;
        if(flag==5)
        {
            printf("\n");
            flag=0;
        }
    }
    return 0;
}
```

程序运行情况：

```
Please input a number:
4< 回车 >
 19   17   15   13
```

上述程序是一个两层嵌套的例子，即主函数调用 maxodd 函数，maxodd 函数又调用了 add 函数。

7.3.2 函数的递归调用

函数的递归调用是 C 语言的重要特点之一。所谓**递归调用**，是指在调用一个函数的过程中又直接或间接地调用该函数本身。例如：

```
float fan(float x)
{
    float n,y;
    …
    y=fan(n);
    …
}
```

在调用 fan 函数的过程中，又调用 fan 函数，这是直接递归调用，如图 7-6 所示。再比如：

```
float fan1(float x)
{
    float n,y;
    …
    y=fan2(n);
    …
}
float fan2(float m)
{
    float a,b,c;
    …
    a=fan1(b);
    …
}
```

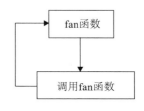

图 7-6　直接递归调用

这是函数的间接递归调用，即在调用函数 fan1 的过程中要调用函数 fan2，而在调用函数 fan2 的过程中又要调用函数 fan1，如图 7-7 所示。

从编程角度来看，递归函数直观，结构简练，逻辑清楚，符合人们的思维习惯，逼近数学公式的表示，尤其适合非数值计算领域。

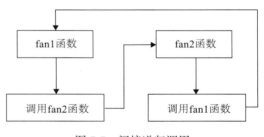

图 7-7　间接递归调用

　　由于在递归函数中存在着自调用语句，故它将无休止地反复进入它的函数体。为了使这种自调用过程得以控制，必须在函数内有终止递归调用的手段。常用的方法是在函数体内设置一定的条件，只有在条件成立时才继续执行递归调用，否则就不再继续，从而逐层返回。因此，函数递归调用方法必须具备两个要素：递归调用公式，即问题的解决能够写成递归调用的形式；结束条件，即确定何时结束递归。

【例 7-15】 用递归方法计算 $n!$。

```c
#include <stdio.h>
#include <stdlib.h>
long fact(int n)
{
  long k;
  if(n<0)                      // 若 n 为负数，则输出错误提示信息并结束程序
  {
    printf("Data error!\n");
    exit (0);
  }
  else if(n==0||n==1)  k=1;    // 0 或 1 的阶乘为 1
  else  k=n*fact(n-1);         // 若 n 大于 1，则 n!=n*(n-1)!，递归调用函数 fact 计算 (n-1)!
  return k;
}
int main()
{
  int n;
  long f;
  printf("Please input an integral number:\n");
  scanf("%d",&n);
  f=fact(n);
  printf("%d!=%ld\n", n, f);
  return 0;
}
```

程序运行情况：

```
Please input an integral number:
5< 回车 >
5!=120
```

下面以求 5! 为例，通过图 7-8 来解释一下递归函数 fact 的求解过程。

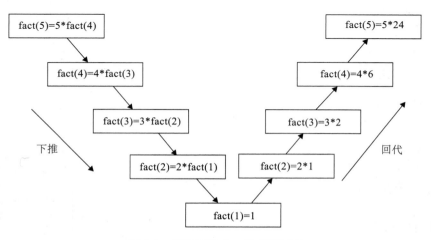

图 7-8　递归函数 fact 的求解过程

由图 7-8 可以看出，递归函数的求解过程可分为两个阶段：第一阶段是"下推"，即将 fact(n)=n! 用 fact=n*fact(n-1) 表示，而 fact(n-1) 仍不知道，还要"下推"到 fact(n-1)=(n-1)*fact(n-2)…，直到 fact(1)=1 时，其值已知，不必再"下推"了。然后开始第二阶段"回代"，将 fact(1)=1 代入 fact(2)=2*fact(1) 求得 fact(2) 的值，再将 fact(2) 的值代入 fact(3)=3*fact(2) 求得 fact(3) 的值……直到求出 fact(5) 的值为止。

【例 7-16】 用递归法将一个整数 n 转换成字符串。例如，输入 256，应输出"256"，n 的位数不固定，可以是任意位数的整数。

```c
#include <stdio.h>
void tranvers(int n)
{
  if(n/10!=0)                    // 若 n 不是一位整数，则用 n 整除 10 的结果作为实参调用函数自身
      tranvers(n/10);
  printf("%c", n%10+'0');        // 将 n 的个位数转换成数字字符并以字符格式输出
}
int main()
{
  int n;
  printf("Please input an integral number:\n");
  scanf("%d",&n);
  printf("The string is:  ");
  if(n<0)                        // 若 n 为负数，则先输出负号，然后将其变为正整数
  {
      printf("-");
      n=-1*n;
  }
  tranvers(n);                   // 函数语句调用
  return 0;
}
```

程序运行情况：

```
Please input an integral number:
256< 回车 >
The string is:  256
```

递归函数 tranvers 的求解过程如图 7-9 所示。主函数调用递归函数 tranvers(256) 时，第一次调用 tranvers 函数的实参 n=256，它把 25 作为实参传递给 tranvers 函数的第二次调用，后者又把 2 作为实参传递给 tranvers 函数的第三次调用。第三次调用 tranvers 时首先以 c 格式输出字符 2%10+'0'（即 2），然后再返回到第二次调用，第二次调用继续执行下面的语句以 c 格式输出字符 25%10+'0'（即 5）后，返回到第一次调用，第一次调用以 c 格式输出字符 256%10+'0'（即 6），函数递归调用结束。

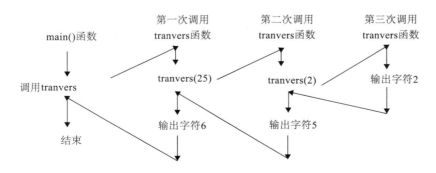

图 7-9　递归函数 tranvers 的求解过程示意

7.4　变量的作用域和存储方法

当在程序中定义了变量之后，该变量就有了一系列确定的性质，如数据长度、存储形式、数据的取值范围等。除此之外，变量还有其他一些重要的属性，如变量在程序运行中何时有效，何时失效；变量在内存中何时存在，何时被释放等。数据的这些属性都与变量的作用域和生存期有关。

变量的作用域是指一个变量能够起作用的程序范围。如果一个变量在某个文件或函数范围内有效，则称该文件或函数为该变量的作用域，在此作用域内可以引用该变量，称该变量在此作用域范围内"可见"，这种性质又称为**变量的可见性**。

变量的生存期指的是变量值存在时间的长短，即从给变量分配内存至所分配的内存被系统收回的那段时间。如果一个变量在某一时刻是存在的，则认为这一时刻属于该变量的"生存期"。

按作用域角度划分，变量有局部变量和全局变量；按变量存在的时间划分，变量有静态存储变量和动态存储变量。

7.4.1　局部变量和全局变量

C语言程序由函数构成，每个函数都是相对独立的代码块，这些代码只局限于定义的函数。因此，在无特殊说明的情况下，一个函数的代码对于程序的其他部分来说是隐藏的，它既不会影响程序的其他部分，也不会受程序的其他部分影响。也就是说，一个函数的代码和数据，不可能与另一个函数的代码和数据发生相互作用。这是因为，它们分别有自己的作用域和存储空间。根据作用域的不同，变量分为两种类型，即局部变量和全局变量。

1. 局部变量

在函数内部或复合语句中定义的变量称为**局部变量**。局部变量的作用域仅仅局限于定义它的函数和复合语句。例如：

```
int main()
{
  int i, j;                       变量 i、j 的作用域
  ...
}
long fan(int m, long n )
{
  long k;                         变量 m、n、k 的作用域
  ...
}
char search(char s)
{
  char ch;                        变量 s、ch、k 的作用域
  int k;
  ...
}
int main()
{
  int m, n;
  ...
  {
    int x, y;                     变量 x、y 的作用域        变量 m、n 的作用域
    ...
  }
  ...
}
```

说明：

1）在一个函数内部定义的变量只在本函数范围内有效，因此，只有本函数内才能引用，在该函数之外不能使用这些变量。在主函数中定义的变量也是局部变量，只在主函数中有效。主函数也不能使用其他函数中定义的变量。

2）形式参数也是局部变量，只在定义它的函数中有效，其他函数不能使用。

3）不同函数中定义的变量可以同名，它们代表不同的对象。例如，上例中 fan 函数中定义的变量 k 和 search 函数中定义的变量 k 在内存中占用不同的内存单元，互不干扰。

4）在复合语句中定义的变量的作用域为本复合语句，在复合语句之外也不能使用，离开该复合语句，其所占用的内存单元被释放。

【例 7-17】 分析如下程序的运行结果。

```
#include <stdio.h>
int main()
{
    int k=1, m=4;
    m+=k;
    k+=m;
    {
        char k='B';
        printf("%d,", k-'A');
    }
    printf("%d, %d\n", m, k);
    return 0;
}
```

在此程序中，定义了两个名为 k 的变量。在执行第一条 printf 函数时，起作用的是在复合语句中定义的变量 k，故输出结果应为 'B' -'A' 的值；在执行第二条 printf 函数时，已离开该复合语句，在其中定义的变量 k 失效，此时整型变量 k 有效，因此输出结果为：

```
1, 5, 6
```

2. 全局变量

在函数体外定义的变量称为**全局变量**。全局变量的作用域是从它的定义点开始到本源文件结束，即位于全局变量定义后面的所有函数都可以使用此变量。全局变量从程序运行起即占据内存，在整个程序运行过程中可随时访问，程序结束时释放内存。例如：

```
int a,b=3;
int main()
{
    ...
}
float k;
char str(char s[20])
{
    ...
}
```

全局变量 k 的作用域

全局变量 a、b 的作用域

说明：

1）如果要在定义全局变量之前的函数中使用该变量，则需在该函数中用关键字 extern 对全局变量进行外部说明。例如：

```
#include <stdio.h>
int main()
{
  extern int a, b;
```

```
    int max;
    scanf("%d%d", &a,&b);
    max=a>b?a: b;
    printf("max=%d\n", max);
    return 0;
}
int a, b;
```

由于全局变量 a、b 的定义位于 main 函数之后，故如果要在 main 函数中使用变量 a、b，就应该在 main 函数中用 extern 进行外部变量说明。

为了处理上的方便，一般把全局变量的定义放在所有使用它的函数之前。

2）在同一个源文件中，当局部变量与全局变量同名时，在局部变量的作用范围内，全局变量不起作用。例如：

```
#include <stdio.h>
int m=6, n=5;
void prt()
{
  int k=3,y;
  y=(++k)+(++m);
  printf("m=%d,y=%d\n", m,y);
}
int main()
{
  int a, m=2;
  m+=2;
  a=(n++)+m;
  prt();
  printf("m=%d, a=%d\n", m, a);
  return 0;
}
```

上述程序中 m、n 为全局变量。在 prt 函数中，起作用的是全局变量 m，由于在主函数中定义了局部变量 m，故在 main 函数中全局变量 m 无效，因此，输出结果为：

```
m=7, y=11
m=4, a=9
```

3）设置全局变量可以增加函数之间的联系。由于同一源文件中的所有函数都能使用全局变量，如果在一个函数中改变了全局变量的值，其他函数就可以共享，因此，可以利用全局变量在函数间传递数据，从而减少函数形参的数目并增加函数返回值的数目。

【例 7-18】 编写函数求 n 元数组的最大值及其在数组中出现的次数。

该函数计算完毕后，要得到两个返回值，即最大值及其在数组中出现的次数，由于一个函数只能返回一个值，因此可以利用全局变量。

```
#include <stdio.h>
int max, count;              // 定义全局变量 max 和 count，存放数组最大值及其在数组中出现次数
void max_count(int a[], int n)
{
  int i;
  max=a[0];
  count=1;
  for(i=1;i<n; i++)
    if(a[i]>max)
    {
        max=a[i];
        count=1;
    }
    else if(a[i]==max)
```

```
            count++;
}
int main()
{
  int a[10]={2,3,12,6,3,12,7,1,4,12};
  max_count(a,10);          // 通过调用函数 max_count 改变全局变量 max 及 count 的值
  printf("该数组的最大值是 %d,在数组中出现的次数是%d\n",max,count);
  return 0;
}
```

程序运行情况：

该数组的最大值是 12,在数组中出现的次数是 3

4）使用全局变量会带来以下一些问题：

- 全局变量使得函数的执行依赖于外部变量，降低了程序的通用性。模块化程序设计要求各模块之间的"关联性"要小，函数应尽可能是封闭的，通过参数与外界发生联系。
- 降低程序的清晰性。各个函数执行时都可能改变全局变量的值，因此很难清楚地判断出每个瞬时各个全局变量的值。
- 全局变量在整个程序的执行过程中都会占用内存单元。

因此，在程序设计中应该"有限制地使用全局变量"，滥用全局变量会造成程序的混乱。

7.4.2　变量的存储方法

在 C 语言中，供用户使用的存储空间分为三部分，即**程序区**、**静态存储区**和**动态存储区**，如图 7-10 所示。其中，程序区存放的是可执行程序的机器指令；静态存储区存放的是在程序运行期间需要占用固定存储单元的变量，如全局变量；动态存储区存放的是在程序运行期间根据需要动态分配存储空间的变量，如函数的形参变量、局部变量等。

变量的存储属性就是数据在内存中的存储方法。存储方法可分为两大类，即**动态存储**和**静态存储**，具体分为四种：**自动型**（auto）、**静态型**（static）、**寄存器型**（register）和**外部型**（extern）。下面分别介绍它们的特性和应用。

| 程序区 |
| 静态存储区 |
| 动态存储区 |

图 7-10　存储空间分配

1. 局部变量的存储方法

局部变量有三种存储类型：**自动型**、**静态型**和**寄存器型**。

（1）自动变量

函数中的局部变量，如不进行专门的说明，则对它们分配和释放存储空间的工作由系统自动处理，这类局部变量称为**自动变量**。例如：

```
void input()
{
  auto int a, b;
   ...
}
```

C 语言规定，函数内定义的变量的默认存储类型是自动型，所以关键字 auto 可以省略。

自动变量是在动态存储区分配存储单元的。函数开始调用时，系统为其分配临时存储单元，函数调用结束后，这些存储单元立即被收回，自动变量中存放的数据也随之丢失。每调用一次函数，自动变量都被重新赋一次初值，且其默认的初值是不确定的。

（2）静态局部变量

如果希望在函数调用结束后仍然保留其中定义的局部变量的值，则可以将局部变量定义为静态局部变量。静态局部变量定义的一般形式：

```
static    类型说明符   变量名 ;
```

说明：

1）静态局部变量在静态存储区分配存储单元，在整个程序运行期间都不释放。因此，在函数调用结束后，它的值并不消失，其值能够保持连续性。

2）静态局部变量是在编译过程中赋初值的，且只赋一次初值，在程序运行时其初值已定，以后每次调用函数时不再赋初值，而是保留上一次函数调用结束时的结果。

3）静态局部变量的默认初值为 0（对数值型变量）或空字符（对字符变量）。

【例 7-19】 阅读以下程序，给出每一次调用的过程分析。

```
#include <stdio.h>
int f(int a)
{
  int b=1;
  static int c=2;
  --a;
  b=b+a+c++;
  return b;
}
int main()
{
  int t=3;
  t=f(t);
  printf("%d\t",t);
  t=f(t);
  printf("%d\n",t);
  return 0;
}
```

上例中两次调用了 f 函数，并且将第一次函数调用的返回值作为第二次调用的实参。此外，在 f 函数中，定义了自动变量 b 和静态局部变量 c，每次调用 f 函数开始时和函数调用结束时 b 和 c 值的变化情况如表 7-1 所示。

表 7-1　函数调用过程中局部变量值的变化情况

	函数开始调用时		函数调用结束时	
	b	c	b	c
第一次调用	1	2	5	3
第二次调用	1	3	8	4

因此，输出结果为：

```
5  8
```

（3）寄存器变量

寄存器变量是 C 语言所具有的汇编语言的特性之一。它保存在 CPU 的通用寄存器中，和计算机硬件有着密切的关系。寄存器变量用关键字"register"进行说明。例如：

```
void f(register int a)
{
  register char ch;
    ...
}
```

使用寄存器变量可以缩短存取时间，通常将使用频率较高的变量设定为寄存器变量，如循环控制变量等。

说明：

1）只有自动变量和形参可以作为寄存器变量，其他（如全局变量、静态局部变量）则不行。

2）只有 int、char 和指针类型变量可定义为寄存器型，而 long、double 和 float 型变量不能设定为寄存器型，因为它们的数据长度已超过了通用寄存器本身的位长。

3）可用于变量空间分配的寄存器个数依赖于具体的机器。当编译器遇到 register 说明且没有寄存器可以用于分配时，就把变量当作 auto 型变量进行存储分配，并且 C 语言编译器严格按照变量说明在源文件中出现的顺序来分配存储器。因此，寄存器变量定义符 register 对编译器来说是一种请求，而不是命令。根据程序的具体情况，编译器可能自动地将某些寄存器变量改为非寄存器变量。

2. 全局变量的存储方法

全局变量是在静态存储区分配存储单元的，其默认的初值为 0。全局变量的存储类型有两种，即**外部型**和**静态型**。

（1）外部全局变量

对于一个很大的程序，为了编写、调试、编译和修改程序的方便，常把一个程序设计成多个文件的模块结构。每个模块或文件完成一个或几个较小的功能。这样，就可以先对每个模块或文件单独进行编译，然后再将各模块链接在一起。因此，在多个源程序文件的情况下，如果在一个文件中要引用在其他文件中定义的全局变量，则应该在需要引用此变量的文件中用 extern 进行说明。

【**例 7-20**】 使用其他文件的全局变量。

prog1.c 的内容为：

```
int a;
int main()
{
    void f1();                    // 对函数 f1 进行声明
    x=6;
    f1();
    return 0;
}
void f1()
{
    a+=2;
    printf("a=%d\n", a);
    f2();
}
prog2.c 的内容为：
extern int a;                    // 对全局变量 a 进行外部变量说明
void f2()
{
    a++;
    printf("a=%d\n", a);
}
```

上例中，prog2.c 要使用在 prog1.c 中定义的全局变量 a，故需在文件开头对变量 a 用 extern 进行说明，说明该变量在其他文件中已定义过，本文件不必再为其分配内存。

在使用 extern 说明变量的存储类型时，需注意以下几点：

1）extern 只能用来说明变量，不能用来定义变量，因为它不产生新的变量，只是宣布该变量已在其他地方有过定义。因此，供其他文件访问的全局变量在程序中只能定义一次，但在不同的地方可以被多次说明为外部。

2）extern 不能用来初始化变量。例如：

```
extern  int  x=1;
```

是错误的。

（2）静态全局变量

在程序设计时，如果希望在一个文件中定义的全局变量仅限于被本文件引用，而不能被其他文件访问，则可以在定义此全局变量时在前面加上关键字 static。例如：

```
static int x;
```

此时，全局变量的作用域仅限于本文件，在其他文件中即使进行了 extern 说明，也无法使用该变量。

由此可见，静态全局变量与外部全局变量在同一文件内的作用域是一样的，但外部全局变量的作用域可延伸至其他程序文件，而静态全局变量在被定义的源程序文件以外是不可见的。

7.5　内部函数和外部函数

C 程序是由函数组成的，这些函数既可以在一个文件中，也可以在多个不同的文件中。根据函数的使用范围，可以将其分为**内部函数**和**外部函数**。

1. 内部函数

内部函数又称**静态函数**，它只能被本文件中的其他函数所调用。此处的"静态"不是指存储方式，而是指对函数的作用域仅局限于本文件。内部函数定义的一般形式：

```
static 类型说明符  函数名（形式参数声明）
```

例如：

```
static float sum(float x, float y)
{
    ...
}
```

使用内部函数，可以使函数的使用范围仅局限于本文件，如果在不同文件中有同名的内部函数，也互不干扰。这样，就有利于不同的人分工编写不同的函数，而不必担心函数是否同名。

2. 外部函数

在定义函数时，如果使用关键字 extern，表明此函数是外部函数。例如：

```
extern char compare( char s1, char s2)
{
    ...
}
```

由于函数都是外部性质的，因此，在定义函数时，关键字 extern 可以省略。在调用函数的文件中，一般要用 extern 说明所用的函数是外部函数。例如，若在源文件 A 中调用另一源文件 B 中的函数 compare，则需在源文件 A 中对函数 compare 进行说明，格式如下：

```
extern char compare() ;
```

3. 标号的生存期及作用域

在 C 语言中，由于函数的生存期是全程的，即从程序开始至程序结束，标号是函数的一部分，标号的生存期自然也是全程的。C 语言规定，标号的作用域仅为定义标号的函数，即不允许用 goto 语句从一个函数转向另一个函数。

7.6　应用举例

【例 7-21】 编写程序，求 $s=s1+s2+s3+s4$ 的值，其中：

$$s1=1+1/2+1/3+\cdots+1/50$$
$$s2=1+1/2+1/3+\cdots+1/100$$
$$s3=1+1/2+1/3+\cdots+1/150$$
$$s4=1+1/2+1/3+\cdots+1/200$$

解决此问题可以先编写一个函数，用于计算 $1+1/2+1/3+\cdots+1/n$ 的值，然后，通过调用该函数计算 s 的值。

```c
#include <stdio.h>
double count(int n)
{
  double sum=0;
  int i;
  for(i=1;i<=n;i++)
      sum+=1.0/i;
  return sum;
}
int main()
{
  double s;
  s=count(50)+count(100)+count(150)+count(200);
  printf("s=%8.2lf\n",s);
  return 0;
}
```

运行结果：

```
s=    21.16
```

【例 7-22】 通过键盘输入一较大正整数 n（$n \geqslant 6$），并验证 $6 \sim n$ 的所有偶数都可以分解为两个素数之和的形式。

```c
#include <stdio.h>
#include <math.h>
int prime( int n)
{
  int i,k;
  k=sqrt(n);            // 将 n 开平方后的整数部分赋给变量 k
  for(i=2;i<=k;i++)     // 若 n 能被 2～√n 之间的任一整数整除，则 n 不是素数，函数返回 0,否则返回 1
      if(n%i==0)
          return 0;
  return 1;
}
int main()
{
  int a,b,n,k;
  while(1)                          // 输入整数，直至输入的整数大于等于 6 为止
  {
    printf("Please input a number>=6:\n");
    scanf("%d",&n);
    if(n>=6)
        break;
  }
  for(k=6;k<=n;k+=2)                // 依次取 6～n 之间的所有偶数
      for(a=3;a<=k/2;a+=2)          // 将该偶数分解为两个素数之和的形式
          if(prime(a))
          {
              b=k-a;
              if(prime(b))
              {
                  printf("%d=%d+%d\n", k, a, b);
```

```
                              break;
                    }
            }
    return 0;
}
```

程序运行情况：

```
Please input a number>=6:
10< 回车 >
6=3 + 3
8=3 + 5
10=3 + 7
```

此程序的主要功能就是判断 6 ~ n 的连续偶数能否都表示成两个素数之和的形式。程序中首先定义了判断素数的函数 prime，若是素数返回 1，否则返回 0。其中判断素数的条件是：如果一个大于 2 的整数 n 不能被 2 到 sqrt(n) 之间的任一整数整除，则该整数是素数。主函数中有一个两层循环：第一层循环变量 k 是一个从 6 开始至 n 为止的连续偶数；第二层循环的主要目的是寻找 a、b（b=k-a）两个素数，以使 k=a+b 成立。由于除 2 之外，其他素数都是奇数，所以 a、b 始终取奇数。此外，如果一个偶数能表示为一组以上的素数之和，在本程序中只取一个素数最小、另一个素数最大的一组。

【例 7-23】 编写一个计算 m 中取 n 的组合数的程序。

计算 m 中取 n 的组合数的公式如下：

$$C_m^n = \frac{m!}{n!(m-n)!}$$

组合数的计算用函数 function1 进行，而它需要的阶乘计算由函数 function2 进行。本程序的结构是：主函数 main 调用函数 function1；而函数 function1 三次调用函数 function2，分别计算 $m!$、$n!$ 及 $(m-n)!$。计算结果返回给主函数进行输出。m 和 n 的值由用户通过键盘输入。

```c
#include <stdio.h>
long function1(long, long );            // 函数 function1 声明
long function2(long );                  // 函数 function2 声明
int main()
{
    long m, c, n;
    printf("Please enter m and n:\n");
    scanf("%ld%ld", &m, &n);
    c=function1(m, n);
    printf("C(%ld,%ld)=%ld\n", m,n,c);
    return 0;
}
long function1(long m, long n)          // 该函数用于计算 m 中取 n 的组合数
{
    long a, c;
    a=function2(m);                     // 调用函数 function2 计算 m 的阶乘
    c=function2(n);                     // 调用函数 function2 计算 n 的阶乘
    c=a/c;
    a=function2(m-n);                   // 调用函数 function2 计算 m-n 的阶乘
    c=c/a;
    return c;
}
long function2(long n)                  // 该函数用于计算一个整数的阶乘
{
    long k=1;
    int i;
    for(i=1;i<=n;i++)
      k=k*i;
```

```
    return k;
}
```

程序运行情况：

```
Please enter m and n:
6  3< 回车 >
C(6,3)=20
```

【例 7-24】 通过键盘输入 10 个整数，并把其中最大的数和最小的数显示出来。

```
#include <stdio.h>
int max, min;                 // 定义全局变量 max 和 min 分别用于存放所查找到的最大数及最小数
void search(int a[ ], int n )
{
  int i;
  max=min=a[0];
  for(i=1; i<n; i++)
  {
      if(a[i]>max)
            max=a[i];
      if(a[i]<min)
            min=a[i];
  }
}
int main()
{
  int array[10], i;
  for(i=0; i<10; i++)
      scanf("%d", &array[i]);
  search(array,10);           // 在 search 函数的执行过程中全局变量 max 和 min 的值发生变化
  printf("max=%d, min=%d\n", max, min);
  return 0;
}
```

程序运行情况：

```
12 3  4  56  7  8  9  86  26  35< 回车 >
max=86,min=3
```

上述程序中 search 函数将查找到的最大值和最小值分别存放在全局变量 max 和 min 中，并通过 max 和 min 将其传递给主函数，从而实现了函数之间多个数据的传递。

【例 7-25】 编写一个综合计算程序，该程序包括 3 个计算面积的函数（矩形、圆形、三角形），并通过主函数菜单输入相应的选择项数字进行调用。

按照模块化的思想，一个较大的程序一般要分解为若干个容易实现、容易维护的比较简单的模块。结构化程序设计方法是一种设计程序的技术，采用自顶向下逐步求精的设计方法以及单入口单出口的顺序、选择和循环三种基本控制结构。该方法提出的原则可归纳为："自顶向下，逐步细化；清晰第一，效率第二；书写规范，缩进格式；基本结构，组合而成。"此外，在编写大型程序时，要善于利用已有的函数，以减少重复编写程序段的工作量。根据上述思想，该程序可分解为计算矩形面积、计算圆的面积、计算三角形面积及主函数 4 个模块，每个模块的功能由特定的函数完成，并且由主函数调用不同的函数以完成相应的功能。

```
// 函数综合应用：计算不同形状面积的程序
#include <stdio.h>
// 计算矩形面积
double Juxing_mianji()
{
  double c,k;
  printf(" 请输入矩形的长 宽：");
```

```c
    scanf("%lf%lf",&c,&k);
    return (c*k);
}
// 计算圆的面积
double Yuan_mianji()
{
    double r;
    printf("请输入圆的半径: ");
    scanf("%lf",&r);
    return (3.1415926*r*r);
}
// 计算三角形面积
double Sanjiao_mianji()
{
    double r,h;
    printf("请输入三角形的底边、高: ");
    scanf("%lf%lf",&r,&h);
    return ((r*h)/2.0);
}
int main()
{
    int choice;
    do
    {
        printf("        ==== 功能选项 ====\n");
        printf("        1-- 计算矩形面积 \n");
        printf("        2-- 计算圆的面积 \n");
        printf("        3-- 计算三角形面积 \n");
        printf("        0-- 退出 \n");
        printf("请选择:  ");
        scanf("%d",&choice);
        switch(choice)                    // 根据输入的数字调用不同函数完成相应的功能
        {
         case 1:
            printf(" 矩形面积为: %.2f\n",Juxing_mianji());
            break;
         case 2:
            printf(" 圆的面积为: %.2f\n",Yuan_mianji());
            break;
         case 3:
            printf(" 三角形面积为: %.2f\n",Sanjiao_mianji());
            break;
          case 0:
            break;
          default:
            printf(" 输入非 0 ～ 3 的数字, 请重新输入! \n");
            break;
        }
    }while(0!= choice);
    printf(" 谢谢使用! \n");
    return 0;
}
```

【例 7-26】 编写一个程序，先由计算机"想"一个 1 ～ 100 的数请玩家猜，如果猜对了，显示"Right！"，否则显示"Wrong！"，并提示所猜的数是大了还是小了。最多可以猜 7 次。如果 7 次仍未猜中，则停止本次猜数。每次运行程序可以反复猜多个数，直到玩家想退出时才结束。

根据模块化的思想，该程序要完成的功能是"生成数字""猜数字"和"是否继续猜"。如果继续猜，再重新开始"生成数字""猜数字"。其中，"生成数字"和"猜数字"是两个子模块，在做整体设计时只需要考虑它们应该"做什么",而不需要考虑"怎么做"。按照此思想,先自顶向下编写程序的框架代码,然后再逐步细化,完成各个模块的功能。其中,"生成数字"模块可调用函数 rand() 生成随机数,通过运算把数值控制在 1 和 100 之间。对于"猜数字"模块,弄清楚它的逻辑是关键,可通过键盘输入所猜数字,调用"生成数字"模块,与其所产生的数据进行比较,并提示大小、对错,最多猜 7 次。

这样,通过三个相对独立的思考过程即可完成该程序。每个独立的函数都不复杂,但如果把所有功能均放入主函数中,那将会是复杂的分支结构,需由多重循环的嵌套实现,由此程序的清晰性也会大大降低。

```c
//  "猜数" 游戏
#include <stdio.h>
#include <stdlib.h>
#include <time.h>
#include<assert.h>
#define MAX_NUMBER 100
#define MIN_NUMBER 1
#define MAX_TIMES 7
int MakeNumber(void);
void GuessNumber(int number);

int main()
{
  int number;
  int count;
  srand(time(NULL));            // 初始化随机种子
  do{
     number=MakeNumber();       // 调用生成数字函数
     GuessNumber(number);       // 调用猜数字函数
     printf("Continue?(Y/N):");
     count=getchar();
     while(getchar()!='\n')     // 读走回车符及其之前的所有无用字符
     {
         ;
     }
  }while(count!= 'N'&&count!= 'n');
  return 0;
}

// 函数功能: 返回 MIN_NUMBER 和 MAX_NUMBER 之间的一个随机数
int MakeNumber(void)
{
  int number;
  number=(rand()%(MAX_NUMBER-MIN_NUMBER+1))+MIN_NUMBER;
  assert(number>=MIN_NUMBER&&number<=MAX_NUMBER);     // 测试算法的正确性
  return number;
}

// 函数功能: 通过键盘输入所猜数字, 并与形参进行比较, 提示大小、对错。最多可猜 MAX_TIMES 次
void GuessNumber(int number)
{
  int guess;
  int times=0;
  assert(number>=MIN_NUMBER&&number<=MAX_NUMBER);
  do{
     times++;
     printf("Round %d:",times);
     scanf("%d",&guess);
     if(guess>number)
     {
```

```
        printf("Wrong! Too high.\n");
    }
    else if(guess<number)
    {
        printf("Wrong! Too low.\n");
    }
}while(guess!=number&&times<MAX_TIMES);  /* 若所读入数据不等于 number，则再次读入数据，
                                            直至二者相等或读数次数超过 MAX_TIMES 次 */
if(guess==number)
{
    printf("Congratulations! You are right!\n");
}
else
{
    printf("Mission failed after %d attempts.\n",MAX_TIMES);
}
}
```

上述程序中利用循环" while(getchar()!='\n') { ; }"读走回车符及其之前的所有无用字符，因为每次输入数字必须以回车结束，此循环中的 getchar() 用以吸收回车，否则回车会被赋予 count。此外，在两个自定义函数中使用了 assert() 测试算法的正确性。assert() 是一个诊断宏，其定义在头文件 assert.h 中，用于动态辨识程序的逻辑错误条件。其原型是：

```
void assert(int expression);
```

如果宏的参数求值结果为非零值，则不做任何操作（no action）；如果是零值，用宽字符（wide character）打印诊断消息。

小结

函数是 C 语言的基本模块，是构成结构化程序的基本单元。一个可执行的 C 程序由一个主函数及若干个用户自定义函数组成。本章主要介绍了多函数 C 语言程序的设计，学习本章应注意掌握函数的正确定义以及函数与其他函数之间的接口问题。

本章中介绍的主要内容如下：

1）函数的定义、调用、声明及返回。

- 函数定义：描述函数的类型、名字、参数及功能。
- 函数调用：可以作为一个语句，也可作为函数表达式出现在一个表达式中，此时函数调用必须带回一个值。函数调用的执行过程为：计算各个表达式（实参求值顺序自右至左）；把得到的值赋给对应的形参；执行函数体；遇到 return 语句或执行完最后一条语句，返回到函数调用处。
- 函数的返回值语句：一个 return 语句只能把一个返回值传递给调用函数，若 return 语句中表达式类型与函数类型不一致，以函数类型为准。return 语句中的表达式可以是有确定值的常量、变量或表达式，也可以是地址。无返回值的函数应定义为 void 类型（空类型函数）。一个函数中可以有多个返回值语句，也可以没有返回值语句。
- 函数声明：若函数使用在前，定义在后，则需要在函数调用之前进行函数原型声明。

2）函数参数的传递方式。注意区分函数调用过程中普通变量作为参数的"值传递"方式以及数组作为函数参数的"地址传递"方式。

3）函数的嵌套调用和递归调用。这是两种常用的程序结构，应当在分析清楚嵌套调用和递归调用的执行过程的基础上，掌握嵌套和递归程序的设计技术。

4）变量和函数的存储类别。掌握不同作用域和生存期的变量及函数的定义与引用方法。

习题

一、判断题

以下各题的叙述如果正确，则在题后括号中填入"Y"，否则填入"N"。

1. 一个函数中有且只能有一个 return 语句。（　　）

2. 在一个函数中定义的静态局部变量不能被另一函数调用。（　　）

3. 用数组名作为函数调用时的实参，实际上传递给形参的是数组全部元素的值。（　　）

4. 在 C 语言中，主函数可以调用任意一个函数，但是，不能使用其他函数中定义的变量。（　　）

5. C 语言规定，程序中各函数之间既允许嵌套定义，也允许嵌套调用。（　　）

6. 函数调用时对于有参函数可以不对形参传入数据。（　　）

7. 当定义了 void 类型函数后不能强制使其返回数值，也不能使用强制类型转换改变函数的返回值。
（　　）

二、选择题

以下各题在给定的四个答案中选择一个正确答案。

1. 若函数的调用形式如下：

```
f((x1,x2,x3),(y1,y2))
```

则函数形参个数是（　　）。

A. 2　　　　　　　　　　B. 3　　　　　　　　　　C. 4　　　　　　　　　　D. 5

2. 下列程序的运行结果是（　　）。

```c
#include <stdio.h>
void f(char str[])
{
    int i,j;
    for(i=j=0; str[i]!= '\0'; i++)
        if(str[i]!= 'a')
            str[j++]=str[i];
    str[j]= '\0';
}
int main()
{
    char string[]="goodbaby";
    f(string);
    printf("string is: %s", string);
    return 0;
}
```

A. string is: goodbaby　　　　　　　　　B. string is: goodbby

C. string is: goodb　　　　　　　　　　　D. string is: g

3. 执行下列程序后的输出结果是（　　）。

```c
#include <stdio.h>
int a=3, b=4;
void  fun(int x1, int x2)
{
    printf("%d, %d", x1+x2, b);
}
int main()
{
    int a=5, b=6;
    fun(a, b);
    return 0;
}
```

A. 3, 4　　　　　　　　　B. 11,1　　　　　　　C. 11,4　　　　　　　D. 11,6

4. 下列程序段中，有错误的是（　　　）。

A.
```
int f()
{
    int x;
    scanf("%d", &x);
    return  x++, x+5;
}
```

B.
```
int f2()
{
    return (x>1?printf("Y"): putchar('N'));
}
```

C.
```
int main()
{
    float a=2.6, b;
    b=max(2.1,3.6)=a++;
    printf("%f", a+b);
}
```

D.
```
void  change(int x, int y)
{
    int t;
    t=x;   x=y;   y=t;
}
```

5. 下列正确的函数定义形式是（　　　）。

A.
```
double fun(int x,int y)
{
    z=x+y;
    return z;
}
```

B.
```
fun(int x,y)
{
    int z;
    return z=x+y;
}
```

C.
```
fun(x,y)
{
    int x,y;
    double z;
    return z=x+y;
}
```

D.
```
double fun(int x,int y)
{
    double z;
    z=x+y;
    return z;
}
```

6. 下列关于 C 语言中简单变量作为函数参数，叙述正确的是（　　　）。

A. 实参与其对应的形参各占据独立的存储单元

B. 实参占用存储单元，形参是虚拟的，不占用存储单元

C. 只有当实参单元与其对应的形参单元同名时，才共占用一个存储单元

D. 形参值的改变会影响实参的值

7. C 语言中，只有在使用时才占用存储空间的变量的存储类型是（　　　）。

A. static 和 auto　　　　　　　　　　　B. auto 和 register

C. static 和 register　　　　　　　　　D. register 和 extern

8. 关于函数调用，下面叙述错误的是（　　　）。

A. 函数调用可以出现在执行语句中　　　B. 函数调用可以出现在表达式中

C. 函数调用可以作为一个函数的实参　　D. 函数调用可以作为一个函数的形参

三、完善程序题

以下各题在每题给定的 A 和 B 两个空中填入正确内容，使程序完整。

1. 以下函数的功能是连接两个字符串。

```
void str_cat(char str1[ ], char str2[ ], char str[ ])
{
    int i,j;
    for(i=0;str1[i]!= '\0';i++)
        str[i]=str1[i];
    for(j=0;str2[j]!='\0';j++)
        ____A____;
    ____B____;
}
```

2. 函数 del(s, i, n) 的功能是从字符串 s 中删除从第 i 个字符开始的 n 个字符。主函数调用 del 函数，

从字符串"management"中删除从第 3 个字符开始的 4 个字符，然后输出删除子串后的字符串。

```c
#include <stdio.h>
void del(char s[ ], int i, int n)
{
    int j, k, length=0;
    while(s[length]!= '\0')
            A    ;
    --i;
    j=i;
    k=i+n;
    while(k<length)
      s[j++]=s[k++];
    s[j]= '\0';
}
int main()
{
    char str[]="management";
        del(    B    );
    printf("The new string is: %s", str);
    return 0;
}
```

3. 以下函数的功能是计算 *x* 的 *y* 次方。

```c
double fun(float x, int y)
{
    int i=1;
    double z=1;
    if(y==0) return 1;
    while(    A    )
    {
        z=    B    ;
        i++;
    }
    return z;
}
```

4. 以下函数的功能是计算 *n*!。

```c
long mul(int n)
{
    int i=1;
    long sum;
    if(n==0)  return 1;
    else    A    ;
    while(i<=n)
    {
        sum=    B    ;
        i++;
    }
    return sum;
}
```

四、阅读程序题

写出下面程序的运行结果。

```c
1. #include <stdio.h>
    int x=8;
    void f()
    {
        printf("%d\t", x++);
```

```
}
void g()
{
     printf("%d\t",--x);
}
int main()
{
    f();
    printf("%d\t",x);
    g();
    printf("%d\n",x);
    return 0;
}
```

运行结果:＿＿＿＿＿＿＿＿＿＿＿＿。

2.
```
#include <stdio.h>
int a=200;
void f()
{
    static a=20;
    a++;
    printf("%d,", a);
}
int main()
{
    int i;
    for(i=1;i<=3; i++)
    {
      a++;
      printf("%d ", a);
      f();
    }
    return 0;
}
```

运行结果:＿＿＿＿＿＿＿＿＿＿＿＿。

3.
```
#include <stdio.h>
int main()
{
    int x=10;
    {
        int x=20;
        printf("x=%d,", x);
    }
    printf("x=%d\n", x);
    return 0;
}
```

运行结果:＿＿＿＿＿＿＿＿＿＿＿＿。

4.
```
#include <stdio.h>
#include <ctype.h>
void fun(char s[])
{
    int i, j;
    for(i=j=0; s[i];i++)
      if(isalpha(s[i]))
          s[j++]=s[i];
    s[j]= '\0';
}
int main()
```

```
{
    char str[20]= "How are you!";
    fun(str);
    puts(str);
    return 0;
}
```

运行结果：_____。

其中，函数 isalpha(ch) 的功能是判断 ch 是否为字母，若是，函数值为 1，否则为 0。

5.
```
#include <stdio.h>
int fan(int n)
{
    int k;
    if(n==0||n==1)
        return 3;
    else
        k=n-fan(n-2);
    return k;
}
int main()
{
    printf("%d\n", fan(9));
    return 0;
}
```

运行结果：_____。

五、编写程序题

1. 编写函数，找出 5*5 数组主对角线上元素的最小值，并在主函数中调用它。要求数组元素的值通过键盘输入。

2. 编写函数，求出 n 个 a 之积，调用该函数，输入两个正整数 a 和 n，求 $a+aa+aaa+\cdots+a$(n 个 a) 之和。

3. 试编写求 x^n 的递归函数，并在主函数中调用它。

4. 编写从整型数组中检索给定数值的函数，若找到则输出该数值在数组中的位置。

5. 编写一个函数 saver(a,n)，其中 a 是一维整型数组，n 是 a 数组的长度，要求通过全局变量 pave 和 nave 将 a 数组中正数的平均值和负数的平均值传递给调用程序。

6. 编写函数，使输入的字符串按反序存放，在主函数中输入和输出字符串。

7. 输入 10 名学生 5 门课的成绩，分别用函数求：

（1）每门课的平均分。

（2）找出所有课程中最高的分数所对应的学生和课程。

第 8 章

编译预处理

编译预处理是 C 语言编译程序的组成部分，它用于解释处理 C 语言源程序中的各种预处理命令。如前面程序中经常见到的 #include 和 #define 命令。该功能不属于 C 语言语句的组成部分，是在 C 编译之前对程序中的特殊命令进行的"预处理"，处理的结果和程序一起再进行编译处理，最终得到目标代码。使用预处理的功能，可以增强 C 语言的编程功能，提高程序的可读性，改进 C 程序设计的环境，提高程序设计效率。

C 提供的预处理功能主要有宏定义、文件包含和条件编译 3 种，为了与其他 C 语句相区别，所有的预处理命令均以"#"开头，语句结尾不使用分号";"，每条预处理命令需要单独占一行。

8.1 宏定义

宏定义是指用一个指定的标识符来定义一个字符序列。宏定义是由源程序中的宏定义命令完成的，宏替换是由预处理程序完成。宏定义分为**无参宏定义**和**有参宏定义**两种。

1. 无参宏定义

无参数宏定义的一般形式：

#define 宏名 替换文本

如果程序中使用了宏定义，在对源程序进行编译预处理时，自动将程序中所有出现的"宏名"用宏定义中的替换文本去替换，通常称为**宏替换**或**宏展开**，宏替换是纯文本替换。

说明：

1）宏名按标识符书写规定进行命名，为区别于变量名，宏名一般习惯用大写字母表示。无参宏定义常用来定义符号常量。

2）替换文本是一个字符序列，也可以是常量、表达式、格式串等。为保证运算结果的正确性，在替换文本中若出现运算符，通常需要在合适的位置加括号。

3）宏名与替换文本之间用空格分隔。

4）宏定义可以出现在程序的任何位置，但必须是在引用宏名之前。

5）在进行宏定义时，可以引用之前已定义过的宏名。

【例 8-1】

```
#include <stdio.h>
#define PI 3.1415926
#define R 3.0
#define S PI*R*R                    //S 的宏定义使用了前面的 PI 和 R 宏定义
int main()
{
    printf(" 圆的面积 =%s",S);
    return 0;
}
```

该例中既有宏定义，又有宏定义的多重替换，这样，求圆的面积时，只需将宏名 S 进行展开后计算，输出即可。

使用宏名代替复杂的替换文本，增强了程序的可读性，便于记忆，不易出错，也便于修改。若需要修改宏名所代表的值，只需修改宏定义就修改了程序中全部出现的替换文本，因此，提高了程序的通用性。

6）如果程序中用双引号引起来的字符串内含有与宏名相同的名字，预编译时并不进行宏替换。例如：

```
#define  BOOK  "The Red and The Black"
int main()
{
  printf("%s\n", "BOOK");
  return 0;
}
```

运行结果：

```
BOOK
```

7）宏定义通常放在程序的开头、函数定义之外，其有效范围是从宏定义语句开始至源程序文件结束。

2. 有参宏定义

C 语言允许宏带有参数，宏定义中的参数称为**形式参数**，简称**形参**。宏调用中的参数称为**实际参数**，简称**实参**。对带参数的宏，在调用时，不仅要将宏展开，而且要用实参去替换形参。

有参宏定义的一般形式：

```
#define  宏名（形参表）  替换文本
```

如果定义带参数的宏，在对源程序进行预处理时，将程序中出现宏名的地方均用替换文本替换，并用实参代替替换文本中的形参。

【例 8-2】 编写程序，使用有参宏定义。

```
#include <stdio.h>
#define MAX(a,b)   a>b?a:b          // 定义带参数的宏 MAX
#define SQR(c)   c*c                // 定义带参数的宏 SQR
int main()
{
  int x=3,y=4;
  x=MAX(x,y) ;                      // 引用带参数的宏 MAX(a,b)，并用 x,y 替换 a,b
  y=SQR(x) ;                        // 引用带参数的宏 SQR(c)，并用 x 替换 c
  printf("x=%d,y=%d\n ",x,y);
  return 0;
}
```

运行结果：

```
x=4,y=16
```

带参数的宏在使用形式上与函数很相似，但是它与函数有着本质上的区别。

1）函数在定义和调用中所使用的形参和实参都受数据类型的限制，而带参数宏的形参和实参可以是任意数据类型。

2）函数有一定的数据类型，且数据类型是不变的。而带参数的宏一般是一个运算表达式，它没有固定的数据类型，其数据类型就是表达式运算结果的数据类型。同一个带参数的宏，随着使用实参类型的不同，其运算结果的类型也不同。

3）函数调用时，先计算实参表达式的值，然后代入形参。而宏定义展开时，只是纯文本替换。

4）函数调用是在程序运行时处理的，分配临时的存储单元。而宏展开是在编译时进行的，展开时不分配内存单元，不传递值，也没有"返回值"的概念。

5）函数调用影响运行时间，源程序无变化，宏展开影响编译时间，通常使源程序加长。

为了正确地定义和使用有参宏定义，应注意以下几点：

1）对于宏定义的形参要根据需要加上圆括号，以免发生运算错误。例如：

```
#define   MULTI(x)   ((x)*(x))
...
a=15;
b=3;
p= MULTI(a+b)*10;
```

经过预编译，该赋值语句变为：

```
p=((a+b)*(a+b))*10;
```

如果定义中没有使用相应的括号，定义为：

```
#define   MULTI(x)   (x*x)
```

预编译后的赋值语句变为：

```
p=(a+b*a+b)*10;
```

显然与原题意不符。所以在定义带参数的宏时，应在需要时加上相应的括号。

2）在定义带参数的宏时，在宏名和带参数的括号之间不应该有空格，否则空格之后的字符序列都将被作为替换文本。例如：

```
#define   max   (x,y)   (x>y?x: y)
```

系统把 max 视为宏名，它代表替换文本 (x,y) (x>y?x: y)。这显然是错误的。

8.2   文件包含

文件包含也是一种预处理语句，它的作用是使一个源程序文件将另一个源程序文件全部包含进来，其一般形式为：

```
#include   <文件名>   或   #include   "文件名"
```

说明：

1）一个 #include 命令只能包含一个指定的文件，若要包含多个文件，则需要使用多个 #include 命令。

2）采用 < > 形式，C 编译系统将在系统指定的路径（即 C 库函数头文件所在的子目录）下搜索 < > 中的指定文件，称为**标准方式**。

3）采用 "" 形式，系统首先在用户当前工作的目录中搜索要包含的文件，若找不到，再按系统指定的路径搜索包含文件。

4）在 C 语言编译系统中，有许多扩展名为 .h（h 为 head 的缩写）的头文件。在程序设计时，若用到系统提供的库函数，通常需要在源程序中包含相应的头文件。

5）根据需要，用户可以自定义包含类型声明、函数原型、全局变量、符号常量等内容的头文件，采用这种方法包含到程序中，可以减少不必要的重复工作，提高编程效率。若需要修改头文件的内容，则修改后所有包含此文件的源文件都要重新进行编译。用户自己定义的文件与系统头文件本质上是一样的，都是为编译提供必要的信息来源，使编译能够正常进行下去。通常习惯将自己所编写的包含文件放在自己所建立的目录下，所以一般采用第二种包含形式。

6）文件包含可以嵌套，嵌套多少层与预处理器的实现有关。如果文件 1 包含文件 2，而文件 2 要用到文件 3 的内容，则可以在文件 1 中用两个 #include 命令分别包含文件 2 和文件 3，但包含文件 3 的命令必须在包含文件 2 的命令之前。例如：

```
#include "file3.h"
#include "file2.h"
```

【例 8-3】　分析以下程序功能。

```
/* 文件一 f1.c*/
int  Max(int x,int y)
{
    return x>y?x:y;
}
/* 文件二 f2.c*/
#include <stdio.h>
# include "f1.c"
int main()
{
    int a=6,b=9;
    printf(" 最大值 =%d\n",Max(a,b));
}
```

运行结果：

最大值 =9

该例中定义 f1.c 函数实现求两个变量的最大值，f2.c 调用 f1.c 程序，输出 a 和 b 中的最大值。在 f2.c 程序中使用了文件包含命令，首先将 f1.c 函数包含进来，与 f2.c 程序作为一个整体一起编译后生成目标程序。运行时只需编译、运行 f2.c 程序。

8.3　条件编译

一般情况下，C 源程序的所有行都参与编译过程，所有的 C 语句都生成到目标程序中，如果只想把源程序中的一部分语句生成目标代码，可以使用条件编译。

利用条件编译，可以方便程序的调试，增强程序的可移植性，从而使程序在不同的软硬件环境下运行。此外，在大型应用程序中，还可利用条件编译选取某些功能进行编译，生成不同的应用程序，供不同用户使用。

主要有两种条件编译命令的形式。

1. if 格式

```
#if    表达式
    程序段 1;
[#else
    程序段 2;]
#endif
```

功能：首先计算表达式的值，如果为非 0（真），就编译"程序段 1"，否则编译"程序段 2"。如果没有 #else 部分，则当"表达式"的值为 0 时，直接跳过 #endif。

2. ifdef 格式

```
#ifdef     宏名
    程序段 1;
[#else
    程序段 2;]
#endif
```

功能：首先判断"宏名"在此之前是否已经被定义过，若已经定义过，则编译"程序段 1"，否则编译"程序段 2"。如果没有 #else 部分，则当宏名未定义时直接跳过 #endif。

【例 8-4】 分析以下程序功能。

```
#include <stdio.h>
int main()
{
    float r=4.5,s;
    #ifdef  PI
      s=PI*r*r;
    #else
        #define PI 3.14
        s=PI*r*r;
    #endif
    printf("s=%f\n",s);
    return 0;
}
```

运行结果：

```
s=63.59
```

本程序的功能是给定半径 r，求圆的面积。如果之前定义过宏 PI，则直接计算面积；如果之前没有定义过宏 PI，则定义 PI 之后再计算面积。

小结

编译预处理是 C 语言编译程序的组成部分，是在编译之前对程序中的预处理命令进行特殊的"预处理"。预处理命令的使用为程序的编写和调试提供了方便，提高了程序设计的效率。

本章介绍的主要内容有：

1）C 语言的所有预编译语句都是以"#"开头，不以分号结束。

2）宏定义是用一个标识符来表示一个替换文本，这个替换文本可以是常量、表达式或格式串。在宏调用中将用该替换文本代替宏名。宏替换（展开）是纯文本替换。宏定义可以带参数，宏调用是用实参代换形参，而不是函数中的"值传递"。为避免宏替换使用时出现错误，一般宏定义中的替换文本应加圆括号，替换文本中的形参也要用圆括号括起来。

3）文件包含的功能是将多个源文件连接成一个源文件进行编译，结果生成一个目标文件。

4）条件编译是对程序中的部分内容指定编译条件，只有在满足指定条件时才进行编译，最后形成目标代码。

习题

一、判断题

以下各题的叙述如果正确，则在题后括号中填入"Y"，否则填入"N"。

1. 宏名没有作用域，在整个文件范围内都有效。（　　　）

2. 进行宏定义时, 可以引用已经定义的宏名进行层层置换。(　　　)

3. 带参数的宏名无类型, 它的参数也无类型。(　　　)

4. 带参数的宏定义进行宏展开时, 与函数调用的主要区别是, 只替换, 不求值。(　　　)

5. 被包含的文件修改后, 凡包含此文件的所有文件都要重新编译。(　　　)

二、选择题

以下各题在给定的四个答案中选择一个正确答案。

1. 下列叙述中, 正确的是 (　　　)。

A. 引用带参数宏时, 实际参数的类型应与宏定义时的形式参数类型相一致

B. 宏名必须用大写字母表示

C. 宏替换不占用运行时间, 只占用编译时间

D. 在程序的一行上可以出现多个有效的宏定义

2. 设有宏定义命令 "#define SUM 2+3", 则表达式 5+SUM*5 的值为 (　　　)。

A. 50 　　　　　　　　B. 30 　　　　　　　　C. 22 　　　　　　　　D. 20

3. C 编译系统对文件包含命令 #include "file.h" 的处理通常是在 (　　　)。

A. 编译处理之前 　　　　　　　　　　B. 编译处理过程之中

C. 程序连接时 　　　　　　　　　　　D. 程序执行的开始

4. 在文件包含预处理的定义中, #include 后的文件名用 <> 括起来时, 寻找被包含文件的方式是 (　　　)。

A. 仅搜索当前目录

B. 先在源程序所在目录搜索, 再按系统设定的标准方式搜索

C. 仅搜索源程序所在目录

D. 按系统的标准方式搜索

5. 设有以下宏定义, 则执行语句 "x=2*(N+Y(5+1));" 后, x (设 x 为整型) 的值是 (　　　)。

```
#define N 3
#define Y(n)  ((N+1)*n)
```

A. 42 　　　　　　　　B. 48 　　　　　　　　C. 54 　　　　　　　　D. 出错

6. 下列程序的运行结果是 (　　　)。

```
#include <stdio.h>
#define N 2
#define M N+1
#define NUM (M+1)*M/2
int main()
{
  int i,n=0;
  for(i=1;i<=NUM;i++)
    n++;
    printf("%d",n);
  return 0;
}
```

A. 5 　　　　　　　　B. 6 　　　　　　　　C. 8 　　　　　　　　D. 9

三、阅读程序题

写出下面程序的运行结果。

```
1.#define MOD(x,y) x%y
  int main()
  {
    int z,a=15,b=100;
```

```
      z=MOD(b,a);
      printf("%d\n",++z);
      return 0;
   }
```

运行结果：＿＿＿＿＿＿＿＿＿＿＿＿＿＿＿。

2.
```
#define PT 3.5
#define S(x)  PT*x
int main()
{
   float a=1.1,b=2.3;
   printf("%4.2f\n",S(a+b));
   return 0;
}
```

运行结果：＿＿＿＿＿＿＿＿＿＿＿＿＿＿＿。

若将以上程序中的宏定义改为：

```
#define S(x)  PT*(x)
```

运行结果：＿＿＿＿＿＿＿＿＿＿＿＿＿＿＿。

3. 利用文件包含命令编写求两个数中最大值和平均值的程序。

```
/* 符号常量定义文件，文件名为 p1.h*/
#define  MAX(x,y)   (x>y?x: y)
/* 求两个数中最大值的函数，文件名为 p2.c*/
int zmax(int x,int y)
{    int m;
     m=MAX(x,y);
     return m;}
/* 求两个数平均值的函数，文件名为 p3.c*/
int ave(int x,int y)
{ return (x+y)/2;}
/* 主函数，文件名为 p4.c*/
#include <stdio.h>
#include "p1.h"
#include "p2.c"
#include "p3.c"
int zmax(int x,int y);
int main()
{
   int a=2,b=4;
   printf("max=%d,average=%d\n", zmax(a,b), ave(a,b));
   return 0;
}
```

运行结果：＿＿＿＿＿＿＿＿＿＿＿＿＿＿＿。

第 9 章

指　针

指针是 C 语言的一个重要概念，指针类型是 C 语言最有特色的数据类型。

利用指针变量可直接对内存中不同的数据结构进行快速的处理，可以为函数间各类数据的传递提供非常有效的手段。使用指针可以实现内存空间的动态存储分配，可以提高程序的编译效率和执行速度。正确使用指针，可以方便、灵活而有效地组织和表达复杂的数据结构。

本章介绍指针的基本概念、指针的运算以及与指针有关的一些语句的语法形式和功能，并结合例题介绍指针的应用方法。

9.1　指针的基本概念及指针变量的定义

9.1.1　指针的基本概念

计算机的内存是以字节为单位的连续的存储空间，每个字节都有一个编号，这个编号称为**地址**。由于内存的存储空间是连续的，因此地址编号也是连续的。

每个变量在生存期内都占据一定字节的存储单元。变量所占存储空间的字节数不但与变量的类型有关，还随着程序运行环境的不同而不同。例如，在某些 C 语言程序的运行环境中，假设 int 型变量占 4 个字节，则需要分配 4 个字节的内存单元，char 型变量需要分配 1 个字节的内存单元，float 型变量占据 4 个字节，double 型变量占据 8 个字节。一个变量所占内存区域一段连续字节中的第一个字节的地址，就称作该变量的地址。

变量名与内存中的一个地址相对应。通常情况下，在程序中只需指出变量名，而不必知道每个变量在内存中的具体地址，每个变量与其具体地址的联系由 C 编译系统完成。程序中对变量进行存取操作，也就是对该变量所对应地址的存储单元 (显然，这里的存储单元由若干字节组成) 进行存取操作，这种直接按变量的地址存取变量值的方式称为**直接存取方式**。

一个变量的内存地址称为该变量的**指针**。如果一个变量用来存放指针（即内存地址），则称该变量是指针类型的变量（一般也简称为**指针变量**）。在不至于引起混淆的情况下，有时也把指针变量称为**指针**。

如果指针变量 a 的值等于变量 b 的地址，则称指针变量 a 指向变量 b。

假定变量 a 的地址是无符号十进制整数（以下相同）0077FE84，变量 b 的地址是无符号十进制整数（以下相同）0077FE90，变量 a 中存放的是变量 b 的地址值0077FE90，变量 b 的值是 56，这时要访问变量 b 所代表的存储单元，可以先找到变量 a 的地址 0077FE84，从中取出变量 b 的地址0077FE90，然后再去访问以 0077FE90 为首地址的存储单元。这种通过变量 a 间接得到变量 b 的地址，然后再存取变量 b 的值的方式称为**间接存取方式**，如图 9-1 所示。

图 9-1　间接存取方式示意图

9.1.2　指针变量的定义方法

指针变量定义的一般形式：

类型说明符　* 标识符；

功能：定义了名为"标识符"的指针变量，该指针变量只可以保存类型为"类型说明符"的变量地址。

说明：

1）指针变量定义形式中的星号"*"不是变量名的一部分，它的作用是说明该变量是指针变量。

例如，有定义"int a, *b, *c; double *d;"，其功能是：定义 b、c、d 是指针变量，a 是整型变量，b、c 中只能保存 int 型变量的地址，d 中只能保存 double 型变量的地址，a 中只能保存int 型的值。也可以说，定义 a 是 int 型变量，b 和 c 是指向 int 型的指针变量，d 是指向 double型的指针变量。这里省略了存储类型说明符，编译系统默认 a、b、c、d 是 auto 存储类型。

2）如果一个表达式的值是指针类型的，即内存地址，则称这个表达式是**指针表达式**。指针变量是指针表达式，如上面定义的 b、c、d 都是指针表达式。数组名代表数组的地址，是地址常量（作为形参的数组名除外），数组名也是指针表达式。

3）无论指针变量指向何种类型，指针变量本身也有自己的地址，所占存储空间根据程序运行的软、硬件环境而定，目前常用的系统占 4 个字节。

9.2　指针运算

9.2.1　赋值运算

赋值运算的一般形式：

指针变量 = 指针表达式

功能：将指针表达式的值赋给指针变量，即用指针表达式的值取代指针变量原来存储的地址值。

说明：进行赋值运算时，赋值运算符右侧的指针表达式指向的数据类型和左侧指针变量指向的数据类型必须相同。

例如，设 m 和 n 是指向相同类型的指针变量，则 m=n 表示把 n 赋给 m，执行赋值运算后，m 和 n 指向了同一个变量（或由若干连续字节组成的内存区域）。

9.2.2　取地址运算

取地址运算的一般形式：

& 标识符

其中，"&"是取地址运算符。

功能：执行该表达式后，返回"&"符后面名为"标识符"的变量（或数组元素）的地址值。

说明：

1）"标识符"只能是一个除 register 存储类型之外的变量或数组元素。

2）表达式"& 标识符"的值就是运算符"&"后面变量或数组元素的地址，因此"& 标识符"是一个指针表达式。

3）单目运算符"&"必须放在运算对象（即"标识符"）的左边。若将指针表达式"& 标识符"的值赋给一个指针变量，则运算对象（即"标识符"）的数据类型与被赋值的指针变量所指向的数据类型必须相同。例如有程序段：

```
int d, *e, *f;
e=&d;
scanf("%d",&d);
f=e;
```

整型变量 d 的数据类型与指针变量 e 所指向的变量的数据类型相同，因而，赋值语句"e=&d;"是合法的。本程序段执行完毕，指针变量 e 和 f 都指向了整型变量 d。

由于 &d 的值与 e 中存储的地址值相同，所以"scanf("%d",&d);"可以用"scanf("%d",e);"代替。

若有赋值语句"&d=15;"，则该语句是错误的，因为 &d 表示变量 d 的地址，是地址常量，并不表示变量 d 所占据的存储单元，利用赋值语句只能给一个变量或数组元素赋值。

9.2.3 取内容运算

取内容运算的一般形式：

`* 指针表达式`

其中，"*"是取内容运算符，"指针表达式"是取内容运算符的运算对象。

功能："* 指针表达式"的功能与"*"后面"指针表达式"所指向的变量或数组元素等价。

说明：

1）取内容运算符"*"是单目运算符，也称作**指针运算符**和**间接访问运算符**。

2）取内容运算符"*"必须出现在运算对象的左边，其运算对象可以是地址或者存放地址的指针变量。例如：

```
int a=12, b;b=*(&a);
```

表达式 &a 求出变量 a 的地址，赋值语句"b=*(&a);"表示取"(&a)"中的内容赋给变量 b，实际上该赋值语句与赋值语句"b=a;"等价。

3）指针运算符"*"和乘法运算符"*"的书写方法相同，但是二者之间没有任何联系。由于二者出现在程序中的位置不同，编译系统自动识别"*"是指针运算符还是乘法运算符。同理，位运算符"&"和取地址运算符"&"之间也没有任何联系。

4）设 m 是一个指针表达式。如果"*m"出现在赋值运算符"="的左边，代表 m 所指向的那块内存区域，表示给 m 所指向的变量赋值；如果"*m"不出现在赋值运算符"="的左边，"*m"代表 m 所指向的那块内存区域中保存的值，即表示 m 所指向的变量的值。

【**例 9-1**】 阅读以下程序。

```
#include <stdio.h>
int main()
{
```

```
        int x,*p;
        x=40;
        p=&x;
        printf("%d %p\n", x, p);
        x=78;
        *p=x;
        printf("%d %d\n", x, *p);
        return 0;
}
```

运行结果：

```
40  00BCFEAC
78 78
```

本例中，&x 是变量 x 的地址，&x 所返回的地址值取决于机器结构、操作系统、变量的类型、存储器的用法和可利用的内存空间的大小等多个因素。执行" p=&x;"后，指针变量 p 中的内容是变量 x 的地址；地址值 00BCFEAC 是十六进制数；执行" *p=x;"后，将变量 x 的内容赋给变量 p 所指向的变量，即赋给变量 x 本身。

【例 9-2】　阅读以下程序。

```
#include <stdio.h>
int main( )
{
    int a=24,b=25,*x=&a,*y=&b,*r;
    r=x;
    *x=*y;
    printf("%d,%d,%p,%p,%p\n",*x,*y,x,y,r);
    return 0;
}
```

运行结果：

```
25,25,00BBFCDC, 00BBFCD0, 00BBFCDC
```

本例对 a、b、x、y 进行了初始化，执行赋值语句" r=x;"后 x 与 r 中的地址值相等，都指向变量 a。而执行赋值语句" *x=*y;"后，是将 y 所指向的变量 b 中的值 25 赋给 x 所指向的变量 a，使得 a 等于 b，但是 x 所在单元中存放的地址值没有变化，因此，x 不等于 y。

注意　地址值 00BBFCDC 、00BBFCD0 和 00BBFCDC 是十六进制数，这里所输出的地址值随程序运行环境的不同而不同。

9.2.4　指针表达式与整数相加、相减运算

指针表达式与整数相加、相减运算的一般形式：

```
p+n 或 p-n
```

其中，p 是指针表达式，n 是整型表达式。

指针表达式与整数相加、相减运算的规则：

1）表达式 p+n 的值 =p 的值 +p 所指向的类型长度 *n

2）表达式 p-n 的值 =p 的值 -p 所指向的类型长度 *n

上述二式中，符号"="是等号，符号"*"是乘号。

指针表达式与整数相加、相减运算的结果值：从所指向的位置算起，内存地址值大 (+) 或地址值小 (-) 方向上第 n 个数据的内存地址。

说明：

1）C 语言规定，p+n 与 p−n 都是指针表达式，p+n 与 p−n 所指向的类型与 p 所指向的类型相同。显然，执行 p+n 或 p−n 后，p 与 p+n 或 p−n 的值不相等，p 的值没有变化。

2）只有当 p 和 p+n 或 p−n 都指向连续存放的同类型数据区域（例如数组）时，指针加、减整数才有实际意义。

9.2.5　自增、自减运算

自增、自减运算的一般形式：

```
p++,p--,++p,--p
```

其中，p 是指针变量。

自增、自减运算的结果值：

p++ 和 ++p 运算使 p 增加了一个 p 所指向的类型长度值，即与赋值表达式 p=p+1 等价；p−−和 −−p 运算使 p 减小了一个 p 所指向的类型长度值，即与赋值表达式 p=p−1 等价。

说明：

1）进行 ++p 或 p++ 运算后都使 p 指向下一个数据，++p 与 p++ 的区别是：表达式 p++ 的值等于没有进行加 1 运算前的 p 值，表达式 ++p 的值等于进行加 1 运算后的 p 值。p−− 与 −−p 的区别与此类似。

2）取内容运算符"＊"、取地址运算符"＆"和自增、自减运算符都是单目运算符，运算的优先级相同，结合方向都是自右至左。

例如，设有程序段：

```
int x[6]={14,15,16,17,18,19},*p=x,*q;
```

数组 x 在内存中的存储如图 9-2 所示。x[0] 在内存低端（地址值小），x[5] 在内存高端（地址值大）。

图 9-2 中的每个小方格是一个整型类型长度占据的存储空间，代表对应的数组元素 x[0]，x[1]，…，x[5]，指针变量 p 已指向了 x[0]。

连续执行以下各条语句的结果如各个对应的注释部分所示：

```
q=p+3;        /* 表达式 p+3 的值是从 x[0] 算起的第 3 个数组元素的地址，因此使指针变量 q 指向了 x[3]，
如图 9-2 所示 */
q++;          // 使指针变量 q 指向了 x[4]
p++;          // 使指针变量 p 指向了 x[1]
q--;          // 使指针变量 q 指向了 x[3]
```

执行上述各条语句后，p 与 q 的指向如图 9-3 所示。

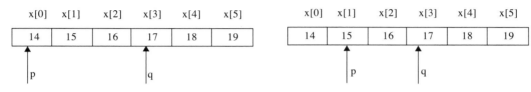

图 9-2　数组 x 在内存中的存储示意图　　　　图 9-3　指针变量 p 与 q 的最终指向示意图

由本例可见，无论指针变量所指向的变量的地址向内存高端移动还是向内存低端移动，只需简单地加、减一个整数即可，而不必考虑在内存中移动多少字节，系统会根据指针变量定义时所指向的变量类型自动地确定移动的字节数。

9.2.6 同类指针相减运算

同类指针相减运算的一般形式：

m-n

其中，m 与 n 是两个指向同一类型的指针表达式。

同类指针相减运算的结果值是 m 与 n 两个指针之间数据元素的个数。

【例 9-3】 阅读以下程序。

```
#include <stdio.h>
int main( )
 {
     int a[10], r, *p, *q;
     p=&a[2];
     q=&a[4];
     r=q-p;
     printf("q=%p\tp=%p\tq-p=%d\n",q,p,r);
     return 0;
}
```

运行结果：

```
q=010FF798 p=010FF790   q-p=2
```

由本例的执行结果可见，q 与 p 之间数据元素的个数是 2。地址值 010FF798 和 010FF790 是十六进制数。

9.2.7 关系运算

关系运算的一般形式：

指针表达式　关系运算符　指针表达式

结果值：若关系式成立 (为真)，则其值为 int 型的 1，否则其值为 int 型的 0。

说明：==（相等）和 !=（不相等）是比较两个表达式是否指向同一个内存单元，地址值是否相同；<（小于）、<=（小于或等于）、>=（大于或等于）和 >（大于）是比较两个指针所指内存区域的先后顺序。

【例 9-4】 求数组 a 中 10 个元素之和。

```
#include <stdio.h>
 int main( )
  {
     int s=0,a[10],*p,*q;
     for(p=a+9,q=a;p>=q;p--)
         scanf("%d",p);
     q=a+10;
     p=a;
     while(p<q)
     {
         s+=*p;
         ++p;
     }
     printf("sum=%d\n",s);
     return 0;
  }
```

输入：

1 2 3 4 5 6 7 8 9 10< 回车 >

运行结果：

```
sum=55
```

本例输入时 p 值递减，输入是从 a[9] 开始至 a[0] 结束；累加时 p 值递增，累加是从 a[0] 开始至 a[9] 结束。

9.2.8　强制类型转换运算

强制类型转换运算的一般形式：

（类型说明符 *）指针表达式

功能：将"指针表达式"的值转换成"类型说明符"类型的指针。

例如，程序段" float q,*i=&q; int *p; p=(int*)i+1;"是将 i 的值（而不是 i+1 的值）转换成与 p 同类型的指针。如果 i 的值（即 q 的地址）是无符号十进制整数 50000，则 i+1 的值是在无符号十进制整数 50000 的基础上增加一个 float 类型的长度值，而 (int*)i+1 的值是在无符号十进制整数 50000 的基础上增加一个 int 类型的长度值。

9.2.9　空指针

在没有对指针变量赋值（包括赋初值）以前，指针变量存储的地址值是不确定的，它存储的地址值可能是操作系统程序在内存中占据的地址空间中的一个地址，也可能是某一常驻内存的系统应用程序占据的地址空间中的一个地址，还可能是内存中没有被分配使用的一块空间中的一个地址。因此，没有对指针变量赋地址值而直接使用指针变量 p 进行" *p= 表达式;"形式的赋值运算时，可能会产生不可预料的后果，甚至会导致系统不能正常运行。

为了避免发生上述问题，通常给指针变量赋初值 0，并把值为 0 的指针变量称作**空指针变量**。空指针变量表示不指向任何地方，而表示指针变量的一种状态。如果给空指针变量所指内存区域赋值，将会得到一个出错信息。

"p='\0';""p=0;"和"p=NULL;"三个语句等价。其中，p 为指针变量；'\0' 的 ASCII 码值为 0；NULL 是在"stdio.h"文件中定义的常数，其值为 0。

9.3　指针变量与一维数组

9.3.1　指针变量与一维数组之间的联系和区别

1. 指针变量与一维数组之间的联系

指针变量与一维数组不仅都可以用来处理内存中连续存放的一系列数据，而且采用统一的地址计算方法访问内存。因此，任何能够用下标变量完成的操作都可以用指针变量来实现。数组名代表数组的首地址，其值为数组第一个元素（即下标值为 0 的下标变量，以下相同）的地址，一维数组名就是一个指向该数组第一个元素的指针。同样，一个指向一维数组第一个元素的指针变量在程序中可以用一维数组名来表示。

2. 指针变量与一维数组之间的区别

指针变量是地址变量，可以改变其本身的值；而除了作为形参的数组名外，其他数组名是地址常量，地址值不可以改变，不可以给除了作为形参的数组名之外的其他数组名赋值。

用数组存取内存中的数据是通过其每个元素来实现的，而用指针变量存取内存中的数据是通过连续地改变指针的指向来实现的。

数组在内存中始终占用固定大小的存储空间（具体的大小由数组定义语句确定），而指针变量只需要存放一个地址值的存储空间。

若有定义"int a[5],*p=a,i;"，且 0 ≤ i < 5，则有以下等价形式：

p[i]、*(p+i)、*(a+i) 与 a[i] 四个表达式等价，都表示数组元素 a[i]。

&p[i]、p+i、a+i 与 &a[i] 四个表达式等价，都表示数组元素 a[i] 的地址。

其区别在于 p 的值可变，a 的值不可变。

若有定义"int m[10], *p;"，则连续执行以下各条语句的结果如各个对应的注释部分所示：

```
p=m;                     //  p 指向数组 m, 即指向 m[0]
p++;                     //  p 指向 m[1]
p=&m[2];                 //  p 指向 m[2]
*(p+2)=*(m+3)=42         //  (p+2) 指向 m[4], (m+3) 指向 m[3], 把 42 赋给 m[3] 和 m[4]
```

【例 9-5】 将字符数组 s1 中的字符串拷贝到字符数组 s2 中去。

```c
#include <stdio.h>
int main( )
{
        char s1[20], s2[20], *p1=s1, *p2=s2;
        scanf("%s", s1);
        for(; *p1!= '\0'; p1++, p2++)
                *p2=*p1;
         *p2='\0';
         printf("%s\n",s2);
         return 0;
}
```

输入：

ABCDEF < 回车 >

运行结果：

ABCDEF

本例 for 循环结构实现将指针变量 p1 逐次指向数组 s1 的各元素，并把 p1 所指向的字符拷贝到 p2 所指的位置上，循环结束的条件是直到遇到数组 s1 的最后一个字符 '\0' 为止。由于 for 循环体内的赋值语句并未赋值最后一个字符 '\0'，所以，循环结束之后需要将空字符 '\0' 赋值到数组 s2 的最后，作为字符串的结束标志，否则，打印输出 s2 时，可能会输出一些并不属于 s2 的其他字符或者乱码。

9.3.2 字符串指针与字符串

本节介绍用指针的方法定义和引用字符串。

通常用下面的方式将一个字符型指针变量指向字符串：

1）用赋初值的方式。例如，定义语句" char *p="C Language";"，它是将存放字符串常量的存储区（或称无名数组）的首地址赋给指针变量 p，使 p 指向字符串中第一个字符 C 所在的存储单元，并将字符串中的字符依次存入首地址开始的连续存储单元中，系统在最后一个字符 e 的后面自动加了 '\0' 字符。如图 9-4 所示。

图 9-4 指针变量 p 指向字符串示意图

2）用赋值运算的方式。例如，程序段" char *p; p="C Language";"。

这两种方式都使指针变量 p 指向了字符串，其结果完全相同。利用这两种方式将字符型指针变量 p 指向字符串，系统是把字符串存储在只读存储区，不允许对字符串进行修改。

可以改变指针变量 p 中的地址而使 p 指向另外的字符串，另外的字符串的长度不受限制，一旦 p 指向另外的字符串，并且没有另外的指针指向 "C Language"，则此字符串将"失踪"，再也无法找到。

注意　对数组赋初值时，语句" char s[11]= "C Language";"不能等价于程序段" char s[11]; s[]="C Language";"，即数组可以在定义时整体赋初值，不可以利用赋值语句对数组整体赋值。

利用字符型指针变量引用字符串中字符的方法与利用指针变量引用一维数组中元素的方法类似。

【例 9-6】　阅读以下程序。

```c
#include <stdio.h>
int main( )
{
    char *p="C Language";
    for(;*p!= '\0';)
        putchar(*++p);
    return 0;
}
```

运行结果：

```
Language
```

本例中，每执行一次 putchar 函数就输出一个字符，执行表达式 *++p 时是先执行 ++p 运算，使 p 指向下一个字符所在存储单元，然后进行取内容运算，因而字符 'C' 没有被输出，但字符 'L' 前面的空格字符依然存在，因此，输出的第一个字符是空格。

由本例还可见，给指向字符型的指针变量赋字符串初值相当于定义了一个无名字符串数组，该数组有 10 个有效字符，因为最后还有一个系统自动加上去的字符 '\0'，因而该数组占据了 11 个字符大小的内存空间。

【例 9-7】　阅读以下程序。

```c
#include <stdio.h>
int main( )
{
    char *p="I am a student";
    int i=0;
    while(p[i])
        printf("%c",p[i++]);
    return 0;
}
```

运行结果：

```
I am a student
```

由本例可见，定义一个字符型指针变量并使它指向一个字符串以后，可以用下标形式引用指针变量所指的字符串中的字符。

【例 9-8】　求出字符串 "I love China" 的长度。

```c
#include <stdio.h>
int main( )
{
```

```
    char s[20],*p=s;
    printf("Input a string: ");
    gets(s);
    while(*++p);
    printf("Length of the string is %d\n ",p-s);
    return 0;
}
```

程序运行情况:

```
Input a string: I love China< 回车 >
Length of the string is 12
```

本例中，p 和 s 都表示地址，s 的值是该字符串首地址，p 经过多次 ++ 运算后最终指向了该字符串结束符（'\0'）所在的存储单元。字符串中的字符在内存中是按字节连续存放的，因此可用 p-s 计算出该字符串的长度。

【例 9-9】 阅读以下程序。

```
#include <stdio.h>
int main( )
{
    char *p,a='A',b='B';
    p="a=%d,b=%d\n";
    printf(p,a,b);
    return 0;
}
```

运行结果:

```
a=65,b=66
```

本例中，p 指向格式字符串，用 p 代替 printf 函数中的格式字符串。

9.4 指针与函数

9.4.1 指针作为函数参数

函数可以有指针类型的参数。定义函数的指针类型参数与定义指针类型变量的方法类似。

【例 9-10】 利用指针参数显示一个字符串 "Happy"。

```
#include <stdio.h>
void dis(char *a)          // 定义 dis 子函数。形参 a 是指向字符型的指针变量
{
    printf("%s\n",a);       // 输出字符串, 遇字符 '\0' 停止输出

}
int main( )
{
    char *p;               // 定义 p 是指向字符型的指针变量
    p="Happy";             /* 将字符串 "Happy" 的首地址赋给 p, 并将字符串送入首地址开始的连续
                              存储区域中, 字符串末尾系统自动加了 '\0' 字符 */
    dis(p);                // 调用子函数 dis, 实参 p 存放了字符串首地址
    return 0;
}
```

运行结果:

```
Happy
```

由本例执行结果可见，调用函数 dis 时将 p 的值传递给 a，p 与 a 都指向了同一个字符串。

本例子函数可改成如下形式:

```
void dis(char *a)
{
    while(*a)                      // 如果 *a 非 0, 则执行循环体
        printf("%c",*a++);         // 输出字符串中的各个字符
}
```

其中，*a++ 是先取出 a 所指向的存储单元中的字符供输出使用，然后再将 a 指向下一个字符所在的存储单元。

若将 *a++ 写成 (*a)++, 则不能输出字符串 "Happy", 因为 (*a)++ 是将 a 所指的元素加 1, a 的值没有变，仍然指向原来的位置。

【例 9-11】 阅读以下程序。

```
#include <stdio.h>
void display(char *t)
{
    char s[ ]= "Happy";
    printf("%s\n",t);
    t=s;
    printf("%s\n",t);
}
int main( )
{
    char *p="Teacher";
    display(p);
    printf("%s\n",p);
    return 0;
}
```

运行结果：

```
Teacher
Happy
Teacher
```

由本例的执行结果可见，p 与 t 是两个指针变量，分别存储在内存的不同区域，变量 p 与 t 存储的信息可以不同，变量 p(实参) 存储的值传递给变量 t(形参) 后，变量 t 存储的值变化对变量 p 存储的值没有影响。调用函数 display 后，返回 main 函数，p 指向的存储区域的值并未发生变化，依然为 "Teacher"，即指针作为函数参数也遵循实参和形参间的数据是单向值传递原则。

本例的子函数还可改成如下的形式：

```
void display(char t[ ])
{
    char s[ ]= "Happy";
    printf("%s\n",t);
    t=s;
    printf("%s\n",t);
}
```

指针作为函数的参数，在调用时传递的是地址，传递地址的方法有四种：① 形参和实参都用数组名；② 形参和实参都用指针变量；③ 形参用数组名，实参用指针变量；④ 形参用指针变量，实参用数组名。

由于 C 编译系统是将形参数组名作为指针变量来处理，因此在子函数体内可以将形参数组名作为指针变量使用，可以在子函数体内给形参数组名赋值。

【例 9-12】 交换 a 与 b 两个变量中的信息。

```
#include <stdio.h>
void swap(int *qa, int *qb)
```

```
{
    int temp;
    temp=*qa;
    *qa=*qb;
    *qb=temp;
}
int main( )
{
    int a, b, *pa=&a, *pb=&b;
    scanf("%d%d", pa, pb);
    printf("%d,%d\n",a,b);
    swap(pa,pb);
    printf("%d,%d",a,b);
    return 0;
}
```

输入:

40 50< 回车 >

运行结果:

```
40,50
50,40
```

由本例可见，实参指针变量的值传递给形参指针变量后，在子函数中没有给形参指针变量赋值，因而实参指针变量和形参指针变量所存储的地址值相同，即指向同一个变量。形参指针变量所指向的变量中内容的变化，就是实参指针变量所指向的变量中内容的变化。利用指针参数返回了运算结果，即 a 和 b 的值。

由本例和例 9-11 还可见，被调用函数不能改变实参指针变量的值，但是，可以改变实参指针变量所指变量的值。

【例 9-13】 将字符串 str 中的字符按照逆序输出。

```
#include <stdio.h>
#include <string.h>
#define M 80
void rever(char *q)
{
    int length,k;
    char *p;
    length=strlen(q);
    printf("length=%d\n",length);
    for(p=q+length-1;q<p;q++,p--)
    {
        k=*q;
        *q=*p;
        *p=k;
    }
}
int main( )
{
    char str[M];
    printf("Enter a string which is less than 80 characters:\n");
    scanf("%s",str);
    rever(str);
    printf("revers string is:%s\n",str);
    return 0;
}
```

程序运行情况:

```
Enter a string which is less than 80 characters:
characters< 回车 >
length=10
revers string is:sretcarahc
```

本例主函数实现输入字符串、调用子函数和输出已经按逆序排好字符顺序的字符串，子函数实现将字符串中的字符按照逆序排序。实参是字符型一维数组名，对应形参是字符型指针变量。

9.4.2 返回指针的函数

返回指针函数定义的一般形式：

类型说明符 * 函数名（[类型说明符 形式参数 1,…, 类型说明符 形式参数 n]）

$$\{[说明与定义部分] \\ 语句 \}$$

说明：

1）"*"表示函数的返回值是一个指针，其指向的数据类型由函数名前的类型说明符确定。

2）除函数名前的"*"号外，其他都与普通函数定义形式相同。

3）方括号"[ ]"括起来的内容是可选项，字符"["和"]"是为叙述方便而添加的，不是定义形式所要求的字符。

【例 9-14】 将给定字符串的第一个字母变成大写字母，其他字母变成小写字母。

```
#include <stdio.h>
char *str(char *s)
{
    int i=1;
    if(*s>='a' &&*s<='z')
        *s=*s-32;
    while(*(s+i)!= '\0')
    {
        if(*(s+i)>='A'&&*(s+i)<='Z')
            *(s+i)=*(s+i)+32;
        i++;
    }
    return s;
}
int main( )
{
    char string[40];
    printf("original string is: ");
    gets(string);
    printf("correct string is: %s\n",str(string));
    return 0;
}
```

程序运行情况：

```
original string is: we are STUDENTS !< 回车 >
correct string is: We are students !
```

由于同一个字母大小写之间相差的 ASCII 码值为 32，因此加或减 32 就实现了字母大小写的转换。子函数返回了一个地址，即字母大小写转换后的字符串的首地址。

【例 9-15】 在给定的字符串 s 中寻找一个特定的字符 x，若找到 x，则返回 x 在 s 中第一次出现的地址，并把 s 中该字符和该字符之前的字符按逆序输出。

```
#include <stdio.h>
char *str(char *s, char x)
{
    int c=0;
    while(x!=s[c]&&s[c]!= '\0')
        c++;
    return (&s[c]);
}
 int main( )
 {
    char s[40], *p, x;
    gets(s);
    x=getchar( );
    p=str(s,x);
    if(*p)
    {
        printf("%c",*p);
        while(p-s)
        {
            p--;
            printf("%c",*p);
        }
    }
    else
        printf("char %c not found", x);
    return 0;
 }
```

输入：

China< 回车 >
i< 回车 >

运行结果：

ihC

本例执行子函数后，若找到 x，则返回 x 在 s 中第一次出现的地址，否则返回其值为 '\0' 的数组元素的地址。主函数实现将 x 和 x 之前的字符按逆序输出。

9.4.3　函数的指针和指向函数的指针变量

函数的名字有值，其值等于该函数存储的首地址，即等于该函数的入口地址，在编译时分配给函数的这个入口地址就称作**函数的指针**。指向函数的指针变量的值是一个函数的入口地址。指向函数的指针变量定义的一般形式：

类型说明符 (标识符)([形式参数表]);*

其中，方括号中的内容是可选项。

功能：定义一个名为"标识符"的指向函数的指针变量，该指针变量所指向的函数的返回值是"类型说明符"的类型，该函数的参数个数及类型由"形式参数表"确定。

说明：

1）定义指向函数的指针变量时，形式参数表只写出各个形式参数的类型即可，也可以与函数原型的写法相同，还可以将形式参数表省略不写。

2）指向函数的指针变量允许的操作：

- 将函数名或指向函数的指针变量的值赋给指向同一类型函数的指针变量。
- 函数名或指向函数的指针变量作为函数的参数。

● 可以利用指向函数的指针变量调用函数，调用形式是：

(＊变量名)(实际参数表)

其调用结果是使程序的执行流程转移到指针变量所指向函数的函数体。

函数的地址值赋给指向函数的指针变量后，指针变量就指向了该函数。调用时，实际参数的个数必须与被调用函数所要求的参数个数相同，实参与形参的对应类型必须符合赋值兼容的规则。

【例 9-16】 求多项式 x^4+x-1 当 x=1.5、2.5、3.5、4.5 时的值。

```
#include <stdio.h>
double f(double z)
{
     double d;
     d=z*z*z*z+z-1;
     return d;
}
int main( )
{
    int i; double r, x, (*y)(double);
    y=f;
    for(i=1; i<=4; i++)
    {
        x=i+0.5;
        r=(*y)(x);
        printf("x=%f,y=%f\n",i+0.5, r);
    }
    return 0;
}
```

运行结果：

```
x=1.500000,y=5.562500
x=2.500000,y=40.562500
x=3.500000,y=152.562500
x=4.500000,y=413.562500
```

本例先将函数 f 的地址赋给指向函数的指针变量 y，然后利用 y 调用函数 f。

由于 y 已定义为指向函数的指针变量，且已将函数的地址赋给了 y，因此，语句"r=(*y)(x);"与"r=f(x);"等价，即可用"r=f(x);"代替"r=(*y)(x);"。

【例 9-17】 当 x=15°、30°、45° 时，求函数 y=2sin$x$-cos2x 的值。

```
#include <stdio.h>
#include <math.h>
double cpe(double (*p1)(double),double (*p2)(double),double q)
{
    return (2*(*p1)(q)-(*p2)(2*q));
}
int main( )
{
    double x;
    x=3.1415926/180;
    printf("x=15,y=%10.6f\n",cpe(sin,cos,15*x));
    printf("x=30,y=%10.6f\n",cpe(sin,cos,30*x));
    printf("x=45,y=%10.6f\n",cpe(sin,cos,45*x));
    return 0;
}
```

运行结果：

```
x=15,y= -0.348387
x=30,y=  0.500000
x=45,y=  1.414214
```

本例中，语句"x=3.1415926/180;"的目的是在程序中实现度与弧度的转换。子函数 cpe 共被调用三次，每次调用都是把库函数 sin 和 cos 的地址传递给 p1 和 p2，把第三个实参值传递给子函数 cpe 的第三个形参 q。子函数的返回值就是 x=15°、30°、45° 时 $y=2\sin x-\cos 2x$ 的值。

9.5 指针与二维数组

9.5.1 二维数组的结构

一个数组的名字代表该数组的首地址，是地址常量（作为形式参数的数组名除外），这一规定对二维数组或更高维数组同样适用。

在 C 语言中定义的任何一个二维数组实际上都可以看作一个一维数组，该一维数组中的每一个成员又是一个一维数组。

例如，有定义：

```
float *p, d[3][5];
```

则可以认为数组 d 由 d[0]、d[1]、d[2] 三个元素组成，而 d[0]、d[1]、d[2] 又分别是由 5 个 float 型的元素组成的一维数组，如图 9-5 所示。

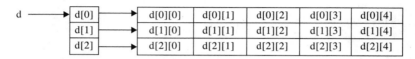

图 9-5 二维数组 d 的组成形式示意图

可以用 d[0][0]，d[0][1]，…，d[0][4] 等来引用 d[0] 中的每个元素，其他以此类推。

在以上二维数组中，d[0]、d[1]、d[2] 都是一维数组名，分别代表各自对应的一维数组的首地址，都是地址常量，其地址值分别是二维数组每行第一个元素的地址，其指向的类型就是数组元素的类型。很显然，d[0]++ 是错误的表达式，d++ 也是错误的表达式。而若有表达式 d[0]+1，则表达式中 1 的单位是一个 float 类型的长度值，d[0]+1 指向 d[0] 数组中的 d[0][1] 元素。由于 d[0] 是一维数组名，且与 p 指向的数据类型相同，因此赋值表达式 p=d[0] 是正确的。

9.5.2 二维数组元素及其地址

若有定义"int d[3][4],i,j;"，且 0 ≤ i ≤ 2，0 ≤ j ≤ 3，则：

1）数组元素 d[i][j] 的表示方法为：

```
d[i][j]
*(d[i]+j)
*(*(d+i)+j)
(*(d+i))[j]
*(&d[0][0]+4*i+j)
*(d[0]+4*i+j)
```

2）数组元素 d[i][j] 地址的表示方法为：

```
&d[i][j]
d[i]+j
*(d+i)+j
&((*(d+i))[j])
&d[0][0]+4*i+j
d[0]+4*i+j
```

例如，设数组 d 的首地址是无符号十进制整数 40000，则各表示形式、含义与地址的关系如

表 9-1 所示。表 9-1 中地址值增减变化的大小随程序运行环境的不同而不同。

表 9-1 二维数组 d 各表示形式、含义与地址的关系

表示形式	含 义	地 址
d	二维数组名，数组首地址，第 0 行首地址	00FCFAF0
d[0],*(d+0),*d	第 0 行第 0 列元素 d[0][0] 地址	00FCFAF0
d+1	第 1 行首地址	00FCFB00
d[1],*(d+1)	第 1 行第 0 列元素 d[1][0] 地址	00FCFB00
d[1]+2,*(d+1)+2,&d[1][2]	第 1 行第 2 列元素 d[1][2] 地址	00FCFB08

注意 二维数组名 d 是指向行的，例如 d+2 表示二维数组 d 第 2 行的首地址；一维数组名 d[0]、d[1]、d[2] 是指向各自对应的列元素的，例如 d[0]+2 表示元素 d[0][2] 的地址。*d 与 *(d+1) 都不代表任何数组元素。

【例 9-18】 将 a 矩阵与 b 矩阵相加，所得之和存入 c 矩阵中。a、b、c 矩阵都是 3*4 矩阵。

```
#include <stdio.h>
int i,j;
void matrix(int *x,int *y,int *z)
{
    for(i=0; i<3; i++)
        for(j=0; j<4; j++)
            *(z+i*4+j)=*(x+i*4+j)+ *(y+i*4+j);
}
 int main( )
 {
    int *p, a[3][4], b[3][4], c[3][4];
    printf("The value of a:\n");
    for(i=0; i<3; i++)
        for(j=0; j<4; j++)
            scanf("%d",a[i]+j);
    printf("The value of b:\n");
    for(i=0; i<3; i++)
        for(j=0; j<4; j++)
            scanf("%d", *(b+i)+j);
    matrix(*a, b[0], &c[0][0]);
    printf("The value of c:");
    for(i=0, p=c[0]; p<c[0]+12; p++,i++)
    {
        if (i%4==0)
            printf("\n");
        printf("%-4d",*p);
    }
    return 0;
}
```

程序运行情况：

```
 The value of a:
1 3 5 7 9 11 13 15 17 19 21 23< 回车 >
The value of b:
2 4 6 8 10 12 14 16 18 20 22 24< 回车 >
The value of c:
3   7   11  15
19  23  27  31
35  39  43  47
```

由于数组元素在内存中是按照行优先的原则且下标值从小到大的顺序连续存储，因此，在子函数中用 z+i*4+j、x+i*4+j 和 y+i*4+j 表示二维数组各元素的地址；在主函数中用 a[i]+j 和 *(b+i)+j 表示二维数组各元素的地址；在主函数中还利用指针变量 p 经过 p=c[0] 和各次 p++ 运算，指向数组 c 的各元素；子函数的形参是 int *x, int *y, int *z，对应的实参是 *a, b[0], &c[0][0]。

9.5.3 指针数组

如果一个数组的元素都是指针变量，则称这个数组是**指针数组**。

指针数组定义的一般形式：

类型说明符 * 数组名 [正整型常量表达式 1] [正整型常量表达式 2] … [正整型常量表达式 n] ;

其定义形式除符号 "*" 外，其余与第 6 章定义数组方法相同。

功能：定义了名字为 "数组名" 的数组，该数组的所有元素都是指向 "类型说明符" 类型的指针变量。

例如，有定义语句 " int *x[5], *y[3][7];"，则定义 x 是一个一维的具有 5 个元素的指针数组，定义 y 是一个二维的具有 3*7=21 个元素的数组，x 与 y 数组中的元素都是指向整型的指针变量。

若有程序段 " int *p[3], d[3][3], i, j; for(i=0; i<3; i++) p[i]=d[i];"，且 $0 \leqslant j \leqslant 2$，则用指针数组和用数组地址两种引用形式引用数组元素 d[i][j] 是等价的，两种引用形式有以下的对应书写方法：

```
*(p[i]+j)                    与 *(d[i]+j)
*(*(p+i)+j)                  与 *(*(d+i)+j)
(*(p+i))[j]                  与 (*(d+i))[j]
 *(&p[0][0]+3*i+j)           与 *(&d[0][0]+3*i+j)
*(p[0]+3*i+j)                与 *(d[0]+3*i+j)
p[i][j]                      与 d[i][j]
```

其区别在于 p[i] 的值可变，而 d[i] 的值不可变。

由以上用指针数组引用数组元素 d[i][j] 的形式，读者不难推出用指针数组表示数组元素 d[i][j] 地址的形式。

【**例 9-19**】 求 *N* 阶方阵次对角线上的元素之和。

```c
#include <stdio.h>
#define N 4
int main( )
{
    int a[N][N],i,j,sum=0,*p[N];
    for(i=0;i<N;i++)
        p[i]=a[i];
    for(i=0;i<N;i++)
        for(j=0;j<N;j++)
            scanf("%d",p[i]+j);
    for(i=0;i<N;i++)
        for(j=0;j<N;j++)
            if(i+j==N-1)
                sum+=p[i][j];
    printf("sum=%d",sum);
    return 0;
}
```

输入：

1 2 3 4< 回车 >
5 6 7 8< 回车 >

```
1 2 3 4<回车>
5 6 7 8<回车>
```

运行结果：

```
sum=18
```

本例中，通过指针数组 p 引用了二维数组 a 中的元素。

9.5.4　指针与字符串数组

字符数组中的每一个元素都是一个字符，而字符串数组指的是数组中的每个成员都是存放字符串的数组。

例如，有定义“ char a[10], b[4][5];”。它定义了 a 是字符型数组，该数组最多可以容纳 10 个字符（作为字符串使用时，最多可以容纳 9 个有效字符，再由系统自动添加一个字符串结束符 '\0'）；定义了 b 是字符串数组，该数组共有 4 个成员，每个成员又都是最多可以容纳 5 个字符（作为字符串使用时，最多可以容纳 4 个有效字符，再由系统自动添加一个字符串结束符 '\0'）的数组。从定义形式上看，a 是一维字符数组，b 是二维字符数组。

与一维字符型数组相类似，可以用赋初值的方式给字符串数组赋值：

1）直接给字符串数组赋初值。

例如，有定义：

```
char b[4][8]={"Turbo C", "FORTRAN", "BASIC", "Foxpro"};
```

此定义还可以写成：

```
char b[][8]={"Turbo C", "FORTRAN", "BASIC", "Foxpro"};
```

则字符串在数组中的存储情况如图 9-6 所示。

列 →

行 ↓								
b[0]	T	u	r	b	o		C	\0
b[1]	F	O	R	T	R	A	N	\0
b[2]	B	A	S	I	C	\0		
b[3]	F	o	x	p	r	o	\0	

图 9-6　字符串在字符数组 b 中的存储情况示意图

其中，b[0]、b[1]、b[2]、b[3] 分别是数组 b 各个成员的地址（即各个相对应的字符串的首地址），是地址常量，不能进行类似 b[0]++ 和 b[1]= "FORTRAN" 的赋值运算。

由图 9-6 可见，二维字符数组定义时需要按 4*8=32 个字符分配空间，但是并没有全部使用，因而浪费了一些内存单元。

2）用给字符型指针数组赋初值的方式构成字符串数组。

例如，有定义：

```
char *f[4]= {"Turbo C", "FORTRAN", "BASIC", "Foxpro"};
```

此定义还可以写成：

```
char *f[]= {"Turbo C", "FORTRAN", "BASIC", "Foxpro"};
```

则数组 f 中的每个元素都存放着对应的一个字符串的首地址，各字符串依次存入各相应的首地址开始的连续存储单元中。

数组 f 的存储情况如图 9-7 所示。

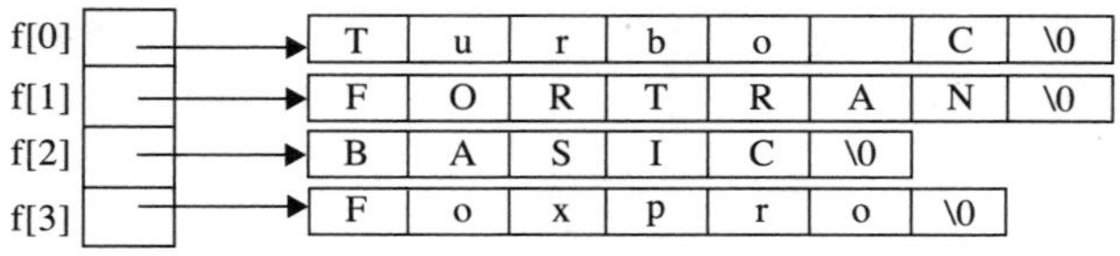

图 9-7 数组 f 的存储情况示意图

图 9-7 中符号 "——►" 表示数组 f 的每个元素指向一个字符串。由图 9-7 可见，数组 f 的各元素分别指向各个无名一维字符数组，各一维字符数组之间不占用连续的存储单元，但是，指针数组 f 中的元素的地址在内存中是连续的。由图 9-6 和图 9-7 可见，采用字符型指针数组比采用二维字符型数组节省内存空间。

可以用表达式 *(f[0]+1)、f[0][1] 等形式引用数组 f 所指字符串中的字符。

还可以用第 6 章介绍的字符串处理函数对 f[0]、f[1]、f[2]、f[3] 输入 / 输出，例如，对于 "puts(f[0]);"，输出 Turbo C。

【例 9-20】 利用数字月份查找其英文月份名。

```c
#include <stdio.h>
char *month_name(int n)
{
    char *name[ ]={"Illegal Month","January","February",
    "March","April","May","June","July","August",
    "September","October","November","December"};
    return (n<1||n>12)? name[0]:name[n];
}
 int main( )
 {
    int n;
    scanf("%d",&n);
    printf("%d month name is %s\n",n, month_name( n));
    return 0;
}
```

输入：

1< 回车 >

运行结果：

1 month name is January

本例中子函数利用给字符型指针数组赋初值的方式构成字符串数组，其返回值是一个字符串首地址。当输入数值 1 时，子函数对应的返回值是字符串 "January" 的首地址，通过输出语句输出字符串 "January"。

9.5.5 指向数组的指针变量

指向数组的指针变量定义的一般形式：

类型说明符 （* 变量名）[正整型常量表达式]；

功能：定义一个名为 "变量名" 的指针变量，该指针变量所指向的是一个具有 "正整型常量表达式" 个元素的一维数组，该数组的每个元素都是 "类型说明符" 类型的。

例如，" int (*p)[10];" 定义 p 是一个指针变量，它所指的对象是一个具有 10 个元素的 int 型数组。

若有程序段 " int d[3][2], *q, (*p)[2]; p=d;"，且 0 ≤ i < 3, 0 ≤ j < 2，则用指向数组的指针

变量和用数组地址两种引用形式引用数组元素 d[i][j] 是等价的, 两种引用形式有以下的对应书写方法:

```
*(p[i]+j)              与 *(d[i]+j)
*(*(p+i)+j)            与 *(*(d+i)+j)
(*(p+i))[j]            与 (*(d+i))[j]
*(&p[0][0]+2*i+j)      与 *(&d[0][0]+2*i+j)
*(p[0]+2*i+j)          与 *(d[0]+2*i+j)
p[i][j]                与 d[i][j]
```

由以上用指向数组的指针变量引用数组元素 d[i][j] 的形式, 读者容易推出用指向数组的指针变量表示数组元素 d[i][j] 地址的形式。而 p+i 与 d+i 等价, 都表示数组 d 第 i 行的首地址。

连续执行以下语句的结果如各对应的注释部分所示:

```
p=d;    // p 指向第 0 行, 即指向整个数组 d[0][0]、d[0][1]
p++;    // p 指向第 1 行, 即指向整个数组 d[1][0]、d[1][1]
```

注意

1) p 与 d 都是指向二维数组行的指针 (简称为行指针)。其区别在于: p 是指向具有两个元素的一维数组的指针变量, 其值可变; d 是指向具有两个元素的一维数组的指针常量, 其值不可变。

2) 若有赋值语句 "q=d;", 则是不符合语法规则的, 因为 q 是指向整型变量的指针变量, d 由三个成员组成, 每个成员又都是由两个整型变量构成的一维数组, 即数组名 d 是指向由两个整型变量构成的一维数组的指针, q 与 d 指向的数据结构不同。而 p 是指向具有两个整型元素的一维数组的指针变量, 因此, 赋值语句 "p=d;" 是正确的。

【例 9-21】 阅读以下程序。

```
#include <stdio.h>
int main( )
{
    int i,*q,(*p)[4],a[3][4]={{2,4,6,8},{10,12,14,16},
        {18,20,22,24}};
    q=a[0];
    for(i=1;i<=4;q+=2,i++)
        printf("%d\t",*q);
    printf("\n");
    p=a;
    for(i=2;i>=0;i--)
        printf("%d\t",*(p[i]+i));
    printf("\n");
    return 0;
}
```

运行结果:

```
2       6       10      14
22      12      2
```

本例第一个循环利用指针变量输出数组中的四个元素, 第二个循环利用指向数组的指针变量输出数组中的三个元素。

【例 9-22】 求二维数组中的最小元素。

```
#include <stdio.h>
int amin(int array[][4])
{
    int i,j,min;
    min =array[0][0];
    for(i=0;i<3;i++)
```

```
        for(j=0;j<4;j++)
            if(min>array[i][j])
                min=array[i][j];
        return min;
}
int main( )
{   int i,j;
    int a[3][4],(*p)[4];
    p=a;
    for(i=0;i<3;i++)
      for(j=0;j<4;j++)
        scanf("%d",*(p+i)+j);
    printf("MIN=%d\n",amin(p));
    return 0;
}
```

输入:

16 23 45 24 11 31 42 78 2 8 10 86< 回车 >

运行结果:

MIN=2

本例子函数与主函数之间利用二维数组名和指向数组的指针变量传递地址值，在子函数中实现寻找数组最小值，主函数实现给数组赋值并输出其最小值。可以把形参 int array[][4] 写成 int (*array)[4], 作为函数形参时，这两种写法等价。

9.6　二级指针

如果一个变量的值是其他变量的地址，而这些其他变量的值不再是内存地址，则这个变量是**一级指针变量**。

如果一个变量的值是一级指针变量的地址，则称这个变量是**二级指针变量**。二级指针变量定义的一般形式:

类型说明符 ** 标识符 ;

其中，"类型说明符"是其最终目标对象的数据类型。

功能：定义名为"标识符"的二级指针变量，该二级指针变量存储的内容是一个地址，该地址是指向"类型说明符"类型的指针变量的地址。

说明：

1）指针变量定义形式中的星号"**"不是变量名的一部分，它的作用是说明该变量是二级指针变量。

2）9.2 节关于指针的运算对二级指针同样适用。

例如，程序段"int b, *m, **p; m=&b; p=&m;"定义 b 是整型变量，m 是一级指针变量，p 是二级指针变量；m 中存储的是 b 的地址，p 中存储的是 m 的地址，因而 p 中存储的是地址的地址，即二级指针。*p 与 m 等价，*m 与 b 等价，因此 **p 与 *m 及 b 三者等价。

若有定义"int *y[5],**x=y,i;"，且 $0 \leqslant i \leqslant 4$，则有以下等价形式:

- *(x+i)、*(y+i)、x[i] 与 y[i] 四个表达式等价，都表示数组元素 y[i]。
- x+i、y+i、&x[i] 与 &y[i] 四个表达式等价，都表示数组元素 y[i] 的地址。
- **(x+i)、**(y+i)、*x[i] 与 *y[i] 四个表达式等价，都表示数组元素 y[i] 所指向的变量（或由若干连续字节组成的内存区域）。

其区别在于 x 的值可变，y 的值不可变。

连续执行以下各语句的结果如各个对应的注释部分所示：

```
int *b[10], **x;      // 定义 b 是指针数组、x 是二级指针变量
x=b;                  // x 指向 b[0]
x++;                  // x 指向 b[1]
```

理论上可以定义一个三级、四级甚至更多级的指针变量，方法与定义一、二级指针变量类似。在实际应用中，很少用到三级及三级以上的指针变量。

【例 9-23】 阅读以下程序。

```
#include <stdio.h>
void swap(int **m, int **n)
{
    int *i;
    i=*m;
    *m=*n;
    *n=i;
}
int main( )
{
    int a, b, *pa, *pb;
    pa=&a;
    pb=&b;
    scanf("a=%d,b=%d", pa, pb);
    swap(&pa,&pb);
    printf("pa=%d,pb=%d\n",*pa, *pb);
    printf("a=%d,b=%d\n", a, b);
    return 0;
}
```

输入：

```
a=40,b=50< 回车 >
```

运行结果：

```
pa=50,pb=40
a=40,b=50
```

本例通过调用 swap 函数，改变了 pa 和 pb 的指向，使 pa 指向 b，pb 指向 a，函数执行完成后，没有改变 a 和 b 的值，而改变了指针变量 pa 和 pb 所指向的对象。由于实参是两个指针变量的地址，所以对应形参是两个指向 int 型的二级指针变量。

【例 9-24】指出下列程序的运行结果。

```
#include <stdio.h>
int main( )
{
    char **p, *address[ ]={ "China","Japan","English", ""};
    p=address;
    for(;**p!= '\0';)
        printf("%s\n",*p++);
    return 0;
}
```

运行结果：

```
China
Japan
English
```

本例中字符型指针数组 address 包含四个指针变量，每个指针变量都各自存储一个字符串的首地址（第四个字符串只有系统自动添加的一个字符串结束符 '\0'）。二级指针变量 p 经过赋地址

值和各次 *p++ 运算，遍历各字符串首地址。

【例 9-25】 指出下列程序的运行结果。

```c
#include <stdio.h>
int main( )
{
    int x[5]={2,4,6,8,10},*y[5],**a ,b,i;
    for(i=0;i<5;i++)
        y[i]=&x[i];
    a=y ;
    for(b=4;b>=0;b--)
    {
        printf("%3d",**a);
        a++;
    }
    return 0;
}
```

运行结果：

```
2   4   6   8   10
```

本程序还可写成以下形式：

```c
void s(int **a)
{
    int b;
    for(b=4;b>=0;b--)
    {
        printf("%3d",**a);
        a++;
    }
}
int main( )
{
    int x[5]={2,4,6,8,10}, *y[5], i;
    for(i=0;i<5;i++)
        y[i]=&x[i];
    s(y) ;
    return 0;
}
```

本例利用二级指针变量输出了数组各元素的值。指针数组名作为函数实参时，形参得到的是实参指针数组的地址，这是一个二级指针。因此，形参可以写成 int **a 形式，也可以写成 int *a[ ] 形式，两种写法等价。

9.7 内存空间的动态分配

9.7.1 指向 void 的指针

void 类型是一种抽象的数据类型，如果用指针的 void 类型说明符定义一个指针变量，则该指针变量并没有被确定存储具体哪种数据类型变量的地址。

void 类型的指针和其他类型的指针可以互相赋值，且不必强制类型转换。

指向任何类型的指针都可以转换为指向 void 类型，如果将结果再转换为初始指针类型，则可以恢复初始指针且不会丢失信息。

【例 9-26】 阅读以下程序。

```c
#include <stdio.h>
int main()
```

```
{
    float a[4]={1,2,3,5},*p1,*p3;
    void *p2=a;              // 定义 p2 为指向 void 的指针变量，并对 p2 初始化
    p1=(float *)p2;
    p2=(void *)p1;           // 将 p1 的值强制转换为指向 void 类型，然后赋给 p2
    p3=&a[2];
    p2=p3;
    p3=p2;
    printf("a=%p,p1=%p,p2=%p,p3=%p,*p3=%f",a,p1,p2,p3,*p3);
    return 0;
}
```

运行结果：

```
a=010FFEC0,p1=010FF70,p2=010FFEC8,p3=010FFEC8,*p3=3.000000
```

由程序的运行结果可见：指向 void 的指针起到了通用指针的作用。

9.7.2　常用内存管理函数

在此之前编写的程序，在程序运行之前所需要的变量数或数组的大小就已经确定。

C 语言提供了一些内存管理函数，这些内存管理函数可以在程序运行期间分配内存空间，即可以动态地分配内存空间，也可以将已经分配的内存空间释放。常用的内存管理函数有 calloc、malloc 和 free。

calloc 函数的功能是向系统申请分配连续的内存空间。如果申请获得成功，则把所分配内存区域的首地址作为函数值返回，该函数的返回值是 void 类型的指针；如果申请没有获得成功，则函数返回空指针。calloc 函数的原型是

```
void *calloc(unsigned n, unsigned size);
```

因此把 calloc 函数的值赋给一个指针变量时一般要进行强制类型转换（但对于 calloc 函数和 malloc 函数强制类型转换不是必需的），例如程序段：

```
int *p;
p=(int *)calloc(20,sizeof(int));
```

该程序段的功能是申请一块连续的能保存 20 个 int 类型数据的内存区域，并使 p 指向该块内存区域。其中 sizeof(int) 的功能是求出 int 类型数据所占用的字节数。

malloc 函数的原型是

```
void *malloc(unsigned size);
```

malloc 函数与 calloc 函数的功能类似，malloc 函数是向系统申请分配一块连续的 size 个字节的内存区域。

free 函数的原型是

```
void free(void *p);
```

其功能是释放 p 所指向的由 calloc 函数或 malloc 函数已经申请成功的内存区域，free 函数没有返回值。

【例 9-27】　求具有 n 个元素的一维数组各元素之和。

```
#include <stdio.h>
#include <stdlib.h>
int main()
{
    int i, n,sum=0,*p;
    scanf("%d",&n);
    // 本行可改写为 p=malloc(n*sizeof(int));,改后程序运行结果相同
```

```
        p=(int *)malloc(n*sizeof(int));
        for(i=0;i<n;i++)
        {
            scanf("%d",&p[i]);
            sum=sum+p[i];
        }
        free(p);
        printf("sum=%d",sum);
        return 0;
}
```

输入:

```
6< 回车 >
12  24  11  9  7  14< 回车 >
```

运行结果:

```
sum=77
```

本例输入的 n 值确定了数组元素的个数。malloc 函数的功能是申请一块能保存 n 个 int 类型数据的连续内存空间；for 循环语句实现了给数组输入数据和数组元素求和，使用了内存空间；free 函数释放了由 malloc 函数申请的并且已经不再使用的内存空间。

9.8　main 函数的参数

在此之前编写的 main 函数，总是写成 main( )，实际上 main 函数也可以有参数。

9.8.1　命令行参数

在操作系统提示符状态下，为了执行某个操作系统命令或某个可执行文件而键入的一行字符称为**命令行**。命令行的一般形式是:

命令名　[参数 1] [参数 2] …[参数 n]

命令名与参数之间以及各参数之间用空格或 Tab 键分开。空格不作为参数的内容，命令行参数本身若含有空格，则要用双撇符 " " " " 把该参数括起来。方括号 " [   ] " 中的内容是可选项，字符 " [" 和 "] " 不是命令行的一般形式所要求的字符。

例如，C>copy f1.c f2.c < 回车 > 是一个命令行。

9.8.2　指针数组作为 main 函数的形参

在操作系统下运行一个 C 程序，实际就是操作系统调用该程序的主函数，主函数再调用程序中的其他函数。

对于 C 程序来说，命令行参数就是主函数的参数，主函数 main 是程序的入口，在运行 C 程序时，通过运行 C 程序的命令行，把命令行参数传递给主函数 main 的形参。

主函数 main 的形参通常可有两个参数，例如:

```
int main( int argc, char *argv[ ])
{… }
```

第一个参数是 int 型的，习惯上记作 argc，表示命令行中参数的个数（包括命令名在内），在运行 C 程序时由系统自动计算出来参数的个数；第二个参数是指向字符型的指针数组，习惯上记作 argv，用来存放命令行中的各个参数（系统将以空格为界的参数视为字符串，存放各字符串的首地址），该数组元素的个数由参数 argc 确定，由于作为形参 char *argv[ ] 与 char **argv 等价，因此第二个参数还可定义成 char **argv。

注意　两个参数的名字可由用户自己确定，而两个参数的类型是固定不变的。

【**例 9-28**】　假定以下程序存放在 xx.c 文件中，编译连接后已生成一个 xx.exe 文件。阅读程序并指出程序的运行结果。

```c
#include <stdio.h>
int main( int argc, char *argv[ ])
    {
        int i=1;
        printf("argc= %d\n",argc);
        printf("argv=  ");
        while(i<argc)
        {
            printf("%s  ",argv[i]);
            i++;
        }
        return 0;
    }
```

在命令行中键入：

xx　Shenyang　Liaoning　China< 回车 >

本例中命令行共有四项，其中 xx 是执行程序的命令，其余三项是命令行参数。argc 中存放的是命令行中包括命令名在内的字符串的个数，其值为 4。argv 中存放的是命令行各项的首地址。ANSI 标准要求 argv[argc] 的值必须是一个空指针。argv 的结构如图 9-8 所示。

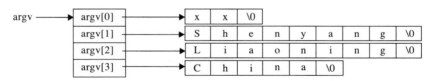

图 9-8　argv 的结构示意图

程序运行结果：

```
argc= 4
argv=  Shenyang  Liaoning  China
```

9.9　应用举例

【**例 9-29**】将直角坐标值转换为极坐标值。

直角坐标系的一个坐标点 (x, y) 转换为极坐标系中的坐标值 (ρ, θ) 的公式为：

$$\begin{cases} \rho = \sqrt{x^2 + y^2} \\ \theta = \mathrm{atan}(y/x) \end{cases}$$

```c
#include <stdio.h>
#include <math.h>
double change(double x, double y, double *p)
{
    double m;
    m=sqrt(x*x+y*y);
    *p=atan(y/x);
    return m;
}
int main( )
{
    double a, b, c, q;
```

```
        scanf("a=%lf b=%lf",&a,&b);
        c=change(a, b, &q);
        printf("c=%f q=%f\n",c,q);
        return 0;
    }
```

输入：

```
a=3.0 b=5.0< 回车 >
```

运行结果：

```
c=5.830952 q=1.030377
```

本例中主函数输入直角坐标值 a 与 b，输出极坐标值 ρ 与 θ；子函数实现将直角坐标值转换为极坐标值，利用 return 语句返回极径 ρ 值，利用函数参数的地址传递返回极角 θ 值。

【例 9-30】 编写 3*3 数组交换第二列与第三列数据的程序。

```
#include <stdio.h>
#define M 3
#define L1 1
#define L2 2
void column(int (*a)[M], int i, int j)
{
    int *p, *r, *y, x;
    p=*a+i;
    y=*a+j;
    r=*(a+M);
    while(y<r)
    {
        x=*p;
        *p=*y;
        *y=x;
        p+=M;
        y+=M;
    }
}
int main( )
{
    int k[M][M], (*p)[M], i, j, n=0;
    p=k;
    for(i=0; i<M; i++)
        for(j=0; j<M; j++)
            scanf("%d", *(p+i)+j);
    column(k, L1, L2);
    for(i=0; i<M; i++)
        for(j=0; j<M; j++){
            printf("%2d", *(*(p+i)+j));
            n+=1;
            if(n%M==0)
                printf("\n");
        }
    return 0;
}
```

输入：

```
1 2 3 4 5 6 7 8 9< 回车 >
```

运行结果：

```
1 3 2
4 6 5
7 9 8
```

本例中主函数实现数组的输入与输出，子函数实现数组第二列与第三列数据的交换。调用子函数时，实参是一个二维数组名和两个整数，对应的形参是指向数组的指针变量和两个整型变量。

【例 9-31】 将 10 个国家英文名字按字母由小到大的顺序排序并输出。

```c
#include <stdio.h>
#include <string.h>
void sort(char *name[],int n)
{
    char *temp;
    int i,j,k;
    for(i=0;i<n-1;i++)
    {
        k=i;
        for(j=i+1;j<n;j++)
            if(strcmp(name[k],name[j])>0)
                k=j;
        if(k!=i){
            temp=name[i];
            name[i]=name[k];
            name[k]=temp;
        }
    }
}
int main()
{
    int n=10,i;
    char
        *name[]={"China", "America", "France", "Britain", "Canada",
        "Australia", "Switzerland", "Japan", "Italy", "Germany"};
    sort(name,n);
    for(i=0;i<n;i++)
        printf("%s;",name[i]);
    return 0;
}
```

运行结果：

```
America;Australia;Britain;Canada;China;France;Germany;Italy;Japan;Switzerland;
```

本例中主函数利用给字符型指针数组赋初值的方式构成字符串数组，调用子函数并输出按题目要求已排好顺序的数组；子函数利用 strcmp( ) 函数完成字符串大小的比较，实现各字符串的排序。

【例 9-32】 使用指针参数将字符串 ch2 复制到字符串 ch1 的末尾，即实现 ch1 与 ch2 的连接。

```c
#include <stdio.h>
void string(char *str1,char *str2)
{
    while(*++str1!= '\0');
    while((*str1++=*str2++)!= '\0');
}
int main( )
{
    char ch1[40],ch2[20],*p1=ch1,*p2=ch2;
    printf("Enter ch1:\n");
    gets(p1);
    printf("Enter ch2:\n");
    gets(p2);
    string(p1,p2);
```

```
        printf("ch1+ch2=%s\n",ch1);
        return 0;
}
```

程序运行情况：

```
Enter ch1:
defg< 回车 >
Enter ch2:
abc< 回车 >
ch1+ch2=defgabc
```

本例中子函数第一个 while 循环执行结束后，使 str1 指向第一个字符串的结束符 '\0' 所在的存储单元；第二个 while 循环执行结束后，完成了两个字符串的连接。主函数实现两个字符串的输入、子函数的调用和连接后的字符串的输出。

【例 9-33】 用返回指针的函数编写程序，要求输入某个学生的编号后，输出该学生四门课程的成绩及四门课程的平均成绩。

```
#include <stdio.h>
int *search(int (*p1)[4],int n)
{
    int *p2;
    p2=*(p1+n);
    return p2;
}
int main( )
{
    int i,number,*p,s=0;
    int student[][4]={{78,68,75,90},{64,95,83,72},{97,86,82,87},
                      {85,80,71,65},{90,60,85,90},{80,87,63,95},
                      {61,93,90,75},{76,93,82,64},{65,69,87,73}};
    printf("Enter the number of student:");
    scanf("%d",&number);
    p=search(student,number);
    printf("The scores are :\n");
    for(i=0;i<4;i++)
    {
        printf("%4d",*(p+i));
        s=s+*(p+i);
    }
    printf("\nThe average is:%f",s/4.0);
    return 0;
}
```

程序运行情况：

```
Enter the number of student:2< 回车 >
The scores are :
97  86  82  87
The average is:88.000000
```

本例中子函数返回了数组 student 第 n 行第 0 列元素 student[n][0] 的地址。主函数利用返回值计算并输出编号为 number 的学生的四门课程成绩及四门课程的平均成绩。

【例 9-34】 编写将 10 个整数按照从小到大的顺序排列起来的程序。

10 个数据在内存中连续存储，如图 9-9 所示。

a_0	a_1	a_2	a_3	a_4	a_5	a_6	a_7	a_8	a_9

图 9-9　10 个数据在内存中的存储情况示意图

排序的方法是：首先将 a_0 与其余 9 个数据逐一比较，将 10 个数据中的最小值放入 a_0 中，然后再将 a_1 与其余 8 个数据逐一比较，将 9 个数据中的最小值放入 a_1 中，以此类推，至最后一个数据，则不进行比较。

```c
#include <stdio.h>
int *min(int *b,int n)
{
    int *p, *r;
    p=b+1;
    r=b+n;
    for(; p<r ; p++)
        if(*p<*b)
            b=p;
    return b;
}
void sort(int *a, int n)
{
    int *p, x;
    for(;n>1;n--,a++)
    {
        p=min(a,n);
        x=*a;
        *a=*p;
        *p=x;
    }
}
int main( )
{
    int i=0, k[ ]={32,24,15,63,85,70,41,96,51,10};
    sort(k,10);
    while(i<10)
    {
        printf("%3d",k[i]);
        i++;
    }
return 0;
}
```

运行结果：

```
10 15 24 32 41 51 63 70 85 96
```

本例中主函数调用 sort 子函数，sort 子函数调用 min 子函数；min 子函数返回最小值地址，sort 子函数将每次调用 min 子函数而找到的最小值放到数组中合适的位置，主函数实现数组的赋初值和输出。

小结

本章介绍了指针的基本概念、指针的运算以及与指针有关的一些语句的语法形式和功能，并结合例题介绍了指针的应用方法。

本章主要介绍了下面一些重要概念：

1）指针的数据类型及其定义形式。其中包括：一级指针变量、返回值是指针的函数、指向函数的指针变量、指针数组、指向数组的指针变量和二级指针等。

2）指针的运算。其中包括：赋值运算、取地址运算、取内容运算、指针表达式与整数相加 / 相减运算、自增 / 自减运算、同类指针相减运算、关系运算和强制类型转换运算等。

3）空指针。

4）指针与数组之间有关的概念。数组形参是指针型的形参，一维指针数组的名字是二级指针常量，二维数组的名字是一个指向一维数组的指针常量。

指针变量与数组名字在一定条件下有可互换的关系，各自对应的是：一维数组名字与一级指针变量，二维数组名字与指向一维数组的指针变量，指针数组名字与二级指针变量。

5）数组元素的表示方法和数组元素地址的表示方法。

6）指向 void 的指针和内存空间的动态分配。

7）main 函数的参数。

利用指针编写的程序可使调用函数和被调用函数共享变量或数据结构，实现双向数据通信；可以实现内存空间的动态存储分配，可以提高程序的编译效率和执行速度。

没有对指针变量 p 赋地址值而直接使用指针变量 p 进行 "*p= 表达式 ;" 形式的赋值运算时，可能会产生不可预料的后果，甚至会导致系统不能正常运行。为避免此类情况的发生，最好对没有赋地址值的指针变量 p 赋 0 值，使之成为空指针。

为有效利用内存资源，对于 malloc 函数和 calloc 函数申请分配成功的内存区域，用完之后，要用 free 函数及时释放。

利用指针可以编出高质量的程序，但细节注意不够，指针使用不当，也容易产生不易发现和排除的错误，甚至会产生不可预料的后果，因此利用指针编程对编程人员提出了较高要求。

习题

一、判断题

以下各题的叙述如果正确，在题后的括号中填入 "Y"，否则填入 "N"。

1. 地址运算符 "&" 只能应用于变量和数组元素的运算。（   ）

2. 只可以通过求地址运算 "&" 获得地址值。（   ）

3. 空指针 p 是指向地址为 0 的内存单元的指针。（   ）

4. 可以利用指针实现函数返回多个值。（   ）

5. 如果一个变量的值是一级指针变量的地址，则称这个变量为二级指针变量。（   ）

6. 二维 $M*N$ 数组的名字是一个指向 N 元数组的指针常量。（   ）

7. 指向函数的指针变量的值是一个函数的入口地址。（   ）

8. 作为函数形式参数时，int x[ ][5] 与 int (*x)[5] 两种写法等价。（   ）

二、选择题

以下各题在给定的四个答案中选择一个正确答案。

1. 若有以下语句，则 &a[2]−p 的值是（   ）。

```
int a[3], *p=a;
```

A. 2   B. 3   C. 1   D. 不确定

2. 若有程序段

```
int b[4], *p, *q;
p=&b[1]; q=&b[3];
```

则 q−p 表示的意义是（   ）。

A. 表达式错误   B. p 与 q 之间的数据个数

C. p 占据的字节数   D. p 与 q 之间的字节数

3. 若有定义 "float *p, m;"，则以下正确的表达式是（   ）。

A. p=&m   B. p=m   C. *p=&m   D. *p=*m

4. 若有定义 "int b[3][4];"，则对数组元素 b[2][3] 不正确的引用是（   ）。

    A. *(b[2]+3)   B. *(*(b+2)+3)   C. (*(b+2))[3]   D. *(b+2)[3]

5. 若有定义 "int m[2][3], (*p)[3]=m;"，且 0 ≤ i<2, 0 ≤ j<3，则以下不正确地引用数组元素 m[i][j] 的方式是（   ）。

    A. *(p[i]+j)   B. *(*(p+i)+j)   C. (*(p+i))[j]   D. *((&p+i)+j)

6. 若有定义 "char d[15],*p=d;"，则以下正确的赋值语句是（   ）。

    A. d[0]= "I love China!";   B. d= "I love China!";

    C. *p= "I love China!";   D. p= "I love China!";

7. 若有程序段 "int **p, *q[5]; p=q;"，则以下不正确的叙述是（   ）。

    A. 执行语句 "p=q;" 后 p 指向 q[0]   B. p+3 就是 q[3] 的地址

    C. **(p+3) 与 *q[3] 等价   D. q 与 p 都不是指针常量

三、完善程序题

以下各题在每题给定的 A 和 B 两个空中填入正确内容，使程序完整。

1. 将字符数组 s1 中的字符串拷贝到字符数组 s2 中。

```c
#include <stdio.h>
int main( )
{
    char s1[80],s2[80],*p1,*p2;
    gets(___A_____);
    p1=s1;
    p2=s2;
    while(*p2++=*p1++);
    printf("s2=%s",___B___);
    return 0;
}
```

2. 将输入的字符串按逆序打印出来，例如输入 abcd，则按 dcba 顺序打印出来。

```c
#include <stdio.h>
#include <string.h>
int main( )
{
    char *str, s[20]; int n;
    str=___A___;
    scanf("%s",str);
    n=strlen(str);
    while(--n>=0)
    {
        str=&s[___B___];
        printf("%c",*str);
    }
    return 0;
}
```

3. 删除字符串的所有前导空格。

```c
#include <stdio.h>
void f1(char *s)
{
    char *t;
    t=___A___;
    while(*s==___B___)
        s++;
    while(*t++=*s++);
}
int main( )
```

```
{
    char str[80];
    gets(str);
    f1(str);
    puts(str);
    return 0;
}
```

4. 求方阵 s 中主对角线上元素之和及次对角线上元素之和。

```
#include <stdio.h>
#define N 5
int main( )
{
    int s[N][N],i,j,k=N,sum1=0,sum2=0;
    for(i=0;i<N;i++)
        for(j=0;j<N;j++)
            scanf("%d",*(s+i)+j);
    for(i=0;i<N;i++)
    {
        sum1=sum1+(*(*(s+i)+____A____));
        k=____B____;
        sum2=sum2+(*(*(s+i)+k));
    }
    printf("sum1=%d,sum2=%d",sum1,sum2);
    return 0;
}
```

5. 找出二维数组 C 中每行的最大值，并按一一对应的顺序放入一维数组 s 中。也就是说，第 0 行中的最大值放入 s[0] 中，第 1 行中的最大值放入 s[1] 中……然后输出每行的行号和最大值。

```
#include <stdio.h>
#define N 4
int main( )
{
    int c[N][N],s[N],____A____,j;
    while(i<N)
    {
        j=____B____;
        while(j<N)
        {
            scanf("%d",*(c+i)+j);
            j++;
        }
        i++;
    }
    for(i=0;i<N;i++)
    {
        *(s+i)=(*(c+i))[0];
        for(j=1;j<N;j++)
            if(*(s+i)<*(*(c+i)+j))
                *(s+i)=*(*(c+i)+j);
    }
    for(i=0;i<N;i++)
    {
        printf("row=%3d max=%4d",i,*(s+i));
        printf("\n");
    }
    return 0;
}
```

6. 求一维数组中的最小值。

```
#include <stdio.h>
#include " ___A___ "
int main()
{
    int i,n,min=0,*p;
    scanf("%d",&n);
    p=(int *) ___B___ (n,sizeof(int));
    for(i=0;i<n;i++)
        scanf("%d",&p[i]);
    for(min=p[0],i=1;i<n;i++)
        if(min>p[i])
            min=p[i];
    free(p);
    printf("min=%d\n",min);
    return 0;
}
```

7. 以下 main 函数经过编译、连接后得到的可执行文件名为 f1.exe，且在系统命令状态下输入命令行 f1 china Beijing< 回车 > 后得到的输出结果是：

```
China
Beijing
#include <stdio.h>
int main(int argc,char **argv)
{
    while(argc>___A___)
    {
        argv++;
        printf("%s\n",*argv);
        argc___B___;
    }
    return 0;
}
```

四、阅读程序题

指出以下各程序的运行结果。

```
1. #include <stdio.h>
   void f(int x,int y,int *p,int *q)
   {
       int r;
       *q=x*y;
       while(r=x%y)
       {
           x=y;
           y=r;
       }
       *p=y;
       *q/=y;
   }
   int main( )
   {
       int x,y,*p,*q;
       scanf("%d%d",&x,&y);
       x=(x>y)?x:y;
       p=&x;
       q=&y;
       f(x,y,p,q);
       printf("x=%d y=%d",*p,*q);
       return 0;
   }
```

输入:

　36　4　<回车>

程序运行结果: _____。

2.
```c
#include <stdio.h>
#define N 6
int main( )
{
    int a[N],*p=a;
    for(;p<a+N;)
        scanf("%d",p++);
    for(;p>a;)
        printf("%d",*(--p));
    return 0;
}
```

输入:

　2 4 6 8 10 12　<回车>

程序运行结果: _____。

3.
```c
#include <stdio.h>
#define N 4
#define M 3
int main( )
{
    int a[M][N],*p1[M],**p2,i,j;
    for(i=0;i<M;i++)
        p1[i]=a[i];
    p2 =p1 ;
    for(i=0;i<M;i++)
        for(j=0;j<N;j++)
            scanf("%d",p2[i]+j);
    for(i=0;i<M;i++){
        for(j=N-1;j>=0;j--)
            printf("%4d",*(*(p2+i)+j));
        printf("\n");
    }
    return 0;
}
```

输入:

2 4 6 8 10 12 1 3 5 7 9 11　<回车>

程序运行结果: _____。

4.
```c
#include <stdio.h>
int max(int a,int b)
{
    if(a>b)
        return a;
    else
        return b;
}
int main( )
{
    int (*fp)( ),max( ),x,y;
    fp=max;
    scanf("%d,%d",&x,&y);
    printf("%d",(*fp)(x,y));
    return 0;
```

```
}
```

输入：

```
18,27  <回车>
```

程序运行结果：_____。

5.
```c
#include <stdio.h>
int main( )
{
    int a[2][3]={{2,3,4},{8,7,9}};
    int *b[2];
    int *c=a[0];
    int k;
    b[0]=a[0];
    b[1]=a[1];
    for(k=0;k<2;k++)
        printf("%2d%2d%2d\n",a[k][1-k],*a[k],*(*(k+a)+k));
    for(k=0;k<2;k++)
        printf("%2d%2d\n",*b[k],c[k]);
    return 0;
}
```

程序运行结果：_____。

6.
```c
#include <stdio.h>
char *transverd(char *p)
{
    char *str=p;
    while(*str!= '\0')
    {
        if(*str>='A'&&*str<='Z')
            *str=*str+'a'-'A';
        str++;
    }
    return p;
}
int main( )
{
    char s[80]="…Yesterday,today,and tomorrow";
    puts(transverd(s));
    return 0;
}
```

程序运行结果：_____。

7.
```c
#include <stdio.h>
int main( )
{
    int d[3][3]={{2,4,6},{1,3,5},{7,8,9}};
    int i=0,(*p)[3]=d,*q=d[0];
    while(i<3)
    {
        if(i==1)
            (*p)[i]=*q+2;
        else
            ++p,q++;
        i++;
    }
    for(i=2;i>=0;i--)
        printf("%2d",*(*(d+i)+i));
    return 0;
}
```

程序运行结果：_____。

8.
```c
#include <stdio.h>
int main( )
{
    int i;
    char a[ ][6]={"one","two","three","four"};
    char *p[4],**s=p;
    for(i=0;i<4;i++)
        p[i]=a[i];
    printf("%c",*(*a+1));
    printf("%c",**++s+2);
    printf("%c",(*(p+2))[2]);
    return 0;
}
```

程序运行结果：_____。

五、编写程序题（要求全部用指针编写程序）

1. 编写程序，删除字符串的所有尾部空格。

2. 对具有 10 个元素的 **char** 类型数组，从下标为 6 的元素开始全部设置 '#' 号，保持前 6 个元素中的内容不变。

3. 求二维数组每行元素的平均值。

4. 编写函数 output 和 input，其功能分别与 gets 和 puts 相同，函数中分别用 getchar 和 putchar 读入和输出字符。

5. 输入 10 个整数，将其中最小的数与第一个数对换，把最大的数与最后一个数对换，并输出对换后的 10 个数。

6. 用梯形法编写程序求定积分 $f=\int_0^{10}(x^3+x/2+1)\mathrm{d}x$ 的值。

提示：用有限的矩形面积的和近似表示曲边形面积。设 b 为积分上限，a 为积分下限，n 为小矩形的数量，每个小矩形的宽度为 $h=\dfrac{b-a}{n}$，则函数 f 在 (a,b) 区间的定积分公式为 $s=\dfrac{h}{2}[f(a)+f(b)]+h\sum_{i=1}^{n-1}f(x_i)$。本例可取 n 为 1000，a 为 0，b 为 10。

7. 统计一个字符串中的单词个数。

8. 对具有 m 个字符的字符串，将从第 n 个字符开始的全部字符复制成为另外一个字符串，其中 $m>n$。

9. 编写小学生做加、减、乘、除四则运算的程序。例如，在操作系统下，键入 cal 15 * 15< 回车 >，则在屏幕上显示 15*15=225。

第 10 章

结构体与共用体

前面我们介绍了 C 语言的基本数据类型，例如，整型、单精度型、双精度型、字符型，以及构造类型的数组。这些数据类型应用广泛，特别是数组，它把若干个类型相同的数据集合在一起，便于整理和统计。但是，在程序设计中，还会遇到一些关系密切但数据类型不同的数据，例如，一个学生的信息有学号、姓名、性别、年龄、家庭住址等。对于这些不同类型的数据，难以用基本数据类型和数组表示。为此，C 语言提供了另外两种构造类型——结构体和共用体。

本章主要介绍结构体和共用体两种构造类型的定义，以及相关变量的定义和引用。

10.1 结构体类型和结构体变量

10.1.1 结构体类型的定义

结构体类型由不同类型的数据组成。组成结构体类型的每一个数据称为该结构体类型的**成员**。在程序设计中使用结构体类型时，首先要对结构体类型的组成（即成员）进行描述，这就是结构体类型的定义。其一般形式：

```
struct    结构体类型名
{
    数据类型  成员名1;
    数据类型  成员名2;
    ...
    数据类型  成员名n;
};
```

其中，"struct"是定义结构体类型的关键字，其后是所定义的"结构体类型名"，这两部分组成了定义结构体类型的标识符。在"结构体类型名"下面的大括号中定义组成该结构体的成员项，每个成员项由"数据类型"和"成员名"组成。

例如，某学生的基本情况由学号（num）、姓名（name）、性别（sex）、年龄（age）、家庭住址（addr）等信息组成，这些不同类型的信息构成了学生的自然情况。以下语句定义了一个名为 student 的结构体类型：

```
struct student
{
    long num;
    char name[20];
    char sex;
    int age;
    char addr[30];
} ;
```

以上定义中，结构体类型 struct student 由 5 个成员组成。

说明：

1）结构体类型定义以关键字 struct 开头，其后是结构体类型名，结构体类型名由用户自定义，命名规则与变量名相同。每个成员项后用分号结束，整个结构体的定义也用分号结束。

2）定义一个结构体类型只是描述结构体数据的组织形式，表示声明了一种新的数据类型，并没有内存空间的分配。它的作用只是告诉 C 编译系统所定义的结构体类型由哪些类型的成员构成，各占多少字节，按什么形式存储，并把它们当成一个整体来处理。

10.1.2　结构体变量的定义

结构体类型定义之后，就可以指明使用该结构体类型的具体对象，即定义结构体类型的变量，简称**结构体变量**。结构体变量的定义可以采用以下三种方法。

1. 先定义结构体类型，再定义结构体变量

一般形式：

```
struct 结构体类型名　结构体变量名表；
```

例如，前面已定义了 struct student 结构体类型，用它来定义变量的形式为：

```
struct student  stu1, stu2;
```

在定义变量 stu1 和 stu2 为 struct student 类型之后，它们就具有了 struct student 类型的结构体特征，它们不是一个简单变量，而是由许多个数据成员组成的构造类型的变量。如图 10-1 所示。

stu1:	201740001	Wang Li	M	20	Liaoning

stu2:	201740002	Zhang Ming	M	20	Beijing

图 10-1　结构体变量 stu1、stu2 的构成

结构变量的存储分配与计算机系统及所定义的结构有关。为了提高 CPU 的存储速度，多数编译系统对结构中的成员变量的存储分配采用按字节"对齐"的方法。分配原则如下：

- 各成员按照定义顺序依次存放，但并不是紧密排列，成员的存储位置从自己宽度的整数倍上开始。
- 检查所有成员的存储单元长度之和是否为成员中最宽的元素长度的整数倍，若不是，则补齐为整数倍。

在内存中，变量 stu1 和 stu2 分别占据一段连续的存储单元。在 Microsoft Visual C++ 2010 运行环境中，系统为它们各分配 64 个字节的存储单元。其中，num 4 个字节，name 20（4×5）个字节，sex 4 个字节，age 4 个字节，addr 32（4×8）个字节。

2. 在定义结构体类型的同时定义结构体变量

一般形式：

```
struct  结构体类型名
        { 数据类型  成员名 1;
          数据类型  成员名 2;
              …
          数据类型  成员名 n;
} 结构体变量名表 ;
```

例如，以下语句在定义结构体类型的同时定义结构体变量 stu1 和 stu2。

```
struct student
{
   long num;
   char name[20];
   char sex;
   int age;
   char addr[30];
} stu1, stu2;
```

3. 直接定义结构体类型变量

这种方法不需要给出结构体类型名，而是直接给出结构体类型并定义结构体变量。

一般形式：

```
struct                          // 不需要给出结构体类型名
    { 数据类型  成员名 1;
      数据类型  成员名 2;
          …
      数据类型  成员名 n;
} 结构体变量名表 ;
```

例如，采用这种方式定义前面的 stu1 和 stu2 两个结构体变量：

```
struct
{
   long num;
   char name[20];
   char sex;
   int age;
   char addr[30];
} stu1, stu2;
```

注意　该结构体无名。

说明：

1）结构体中的成员可以单独使用，它的作用和地位相当于普通变量。成员名也可以与程序中的变量名相同，但二者不代表同一对象，互不干扰。

2）C 编译系统只对变量分配单元，不对类型分配单元。因此，在定义结构体类型时，不分配存储单元。

3）结构体成员也可以是一个结构体变量，即一个结构体的定义中可以嵌套另外一个结构体的结构。例如：

```
struct date
{
   long month;
   int day;
   int year;
};
struct student
{
   long int num;
   char name[20];
```

```
    char sex;
    struct date birthday;              // birthday 是 struct date 类型
    char addr[30];
} stu3,stu4;
```

struct student 类型结构如图 10-2 所示。

num	name	sex	birthday			addr
			month	day	year	

图 10-2　struct student 类型结构

成员 birthday 是 struct date 类型，它包括 3 个成员：month、day 和 year。struct date 作为结构体类型名，出现在结构体类型 struct student 的定义中。

10.1.3　结构体变量的引用

在定义了结构体类型变量以后，就可以引用结构体类型变量，如赋值、存取和运算等。结构体变量的引用应遵循以下规则。

1）在程序中使用结构体变量时，不能将一个结构体变量作为一个整体进行处理。例如，对于前面定义的结构体变量 stu1，不能整体引用，即 " printf("%ld,%s,%c,%d,%s", stu1);"，而应当通过对结构体变量的各个成员项的引用来实现各种运算和操作。引用结构体变量中的一个成员的格式如下：

结构体变量名 . 成员名

例如，stu1.num 表示引用结构体变量 stu1 中的 num 成员，可以对它赋值，写成：

```
stu1.num=201740001;
```

说明：这里 "."是成员（分量）运算符，它在所有的运算符中优先级最高，可以说 stu1.num 是一个整体。因此，stu1.num++ 是对 stu1.num 进行自增运算，即等价于（stu1.num）++。

2）如果结构体变量成员又是一个结构体类型，则访问一个成员时，应采用逐级访问的方法，即通过成员运算符逐级找到最低层的成员时再引用。

例如，以上定义的结构体变量 stu3 的成员中 birthday 又是一个结构体类型，若访问 month 成员，应写成 stu3.birthday.month，而不能写成 stu3.birthday。

3）结构体变量成员可以像普通变量一样进行各种运算。例如：

```
stu2.age=stu1.age =20;
sum+=stu2.age;
stu1.age++;
```

4）可以引用结构体成员地址和结构体变量的地址。例如：

```
scanf("%ld", &stu1.num);
```

作用是从键盘给 stu1.num 成员提供值。

```
printf("%p", &stu1);
```

作用是输出 stu1 的首地址（按十六进制）。

注意　不能用以下方法给结构体成员提供值：

```
scanf("%ld,%s,%c,%d,%s", &stu1);
```

10.1.4　结构体变量的初始化

结构体类型是数组类型的扩充，只是它的成员项可以具有不同的数据类型，因此，结构体变量的初始化和数组的初始化一样，在定义结构体变量的同时对其成员赋初值，方法是将成员的初始值置于花括号内。例如：

```
struct student
{
    long num;
    char name[20];
    char sex;
    char addr[20];
}s1={201740001,"Wang Ying",'f',"12 XueGong Road"};
```

10.2　结构体数组

结构体数组就是数组中的每一个数组元素都是结构体类型的变量，它们都是具有若干个成员（分量）的项。例如，描述学生的学号、姓名、成绩。每个班级有 30 名学生，每名学生都有相同的数据结构，就可以用结构体数组进行定义。

10.2.1　结构体数组的定义

定义结构体数组的一般形式：

struct 结构体类型名 结构体数组名 [元素个数]；

结构体数组的定义方法与结构体变量的定义方法相同。例如：

```
struct   student
{
    long num;
    char name[20];
    float score;
}stu[30];
```

注意　stu[i]（i=0,1,…, 29）的每一个数组元素都是 struct student 类型变量。

其内存使用情况如图 10-3 所示。

	num	name	score
stu[0]	201740001	Zhang Chen	62.5
stu[1]	201740002	Chang Li	84.5
stu[2]	201740003	Wu Ming	77.0
⋮	⋮	⋮	⋮
stu[29]	201740030	Ma Qing	90.0

图 10-3　结构体数组 stu 的内存使用情况

10.2.2　结构体数组的引用

结构体数组的引用是指对结构体数组元素的引用，由于每个结构体数组元素都是一个结构体变量，因此前面提到的关于引用结构体变量的方法也同样适用于结构体数组元素。

1. 结构体数组元素中某个成员的引用

一般形式：

数组元素名称 . 成员名

例如，前面的结构体数组 stu 定义后，以下引用的含义如各对应的注释部分所示：

```
stu[1].num                                    // 引用 stu 第一个元素的 num 成员项
sum+=stu[i].score;                            // 对第 i 名同学的成绩累加
scanf("%ld%s%f",&stu[i].num,stu[i].name,&stu[i].score);
                                              /* 结构体数组元素用 scanf 函数提供初值 */
```

2. 结构体数组元素的赋值

可以将一个结构体数组元素赋给同一结构体数组中的另一个元素，或者赋给同一类型的变量。例如，在前面的 stu 结构体数组定义后，以下赋值语句都是合法的：

```
stu[1]= stu[2];
stu[3]= stu[4];
```

10.2.3　结构体数组的初始化

结构体数组赋初值的方法与数组赋初值的方法相同。只是由于结构体数组中的每个元素都是一个结构体变量，为清晰起见，通常将其成员的值依次放在一对花括号中，以便区分各个元素。例如：

```
struct student
{
    long num;
    char name[20];
    float score;
stu[30]={{201740001,"Zheng Chen",62.5},{201740002,"Chang Li",84.5},
    {201740003,"Wu Ming",77.0},…,{20174030,"Ma Qing",90.0}};
```

也可以在初始化时不指定数组元素的个数，系统在编译时根据所给出的初值来确定结构体变量的个数。例如：

```
struct student
{
    long num;
    char name[20];
    float score;
} stu[]={{201740001,"Zheng Chen",62.5},{201740002,"Chang Li",84.5},
    {201740003,"Wu Ming",77.0},…,{20174030,"Ma Qing",90.0}};
```

10.2.4　应用举例

【例 10-1】　输入 3 名学生的信息并输出。

```
#include <stdio.h>
#include <string.h>
struct student                          // 定义结构体类型
{
    long num;
    char name[20];
    int age;
    char sex;
    int score;
};
 int main()
 {
     struct student stu[3];             // 定义结构体数组
     int i;
     for(i=0;i<3;i++)
```

```
            {
                printf("\n Enter all data of student[%d]:\n",i);
                scanf("%ld,%s%d,%c,%d",&stu[i].num,stu[i].name,&stu[i].age,&stu[i].sex,
&stu[i].score);
            }
            printf("\n  num\t name\t age    sex     score\n");
        for(i=0;i<3;i++)
                printf("\n%ld\t%s\t%d%4c%5d",stu[i].num,stu[i].name,stu[i].age,stu[i].sex,
stu[i].score);
        printf("\n");
        return 0;
    }
```

程序运行情况：

```
Enter all data of student[0]:
201740001,WangLi< 回车 >
18,f,86< 回车 >
Enter all data of student[1]:
201740002,LiYang< 回车 >
19,m,90< 回车 >
Enter all data of student[2]:
201740003,GaoHui< 回车 >
18,f,78< 回车 >
num             name        age     sex     score
201740001       WangLi      18      f       86
201740002       LiYang      19      m       90
201740003       GaoHui      18      f       78
```

注意　本例中用 scanf 函数输入各成员时，除字符型数组外，其他变量都采用","相隔，而字符型数组以回车表示字符串输入结束。

【**例 10-2**】 统计候选人总得票数。假设有 3 名候选人，每次输入一个得票候选人的名字，要求最后输出每个人的得票总数。

```
#include <string.h>
struct person
{
  char name[20];
  int count;
} leader[3]={ "Hu",0, "Li",0, "Ma",0};      // 对结构体数组赋初值
int main()
{
    int i,j;
    char leader_name[20];
    for(i=1; i<=5; i++)
      {
        scanf("%s", leader_name);
        for(j=0;j<3;j++)
             if(strcmp(leader_name, leader[j].name)==0)
                  leader[j].count++;
      }
    for(i=0;i<3;i++)
        printf("\n%5s: %d",leader[i].name,leader[i].count);
    printf("\n");
    return 0;
}
```

输入：

```
Hu< 回车 >
Ma< 回车 >
```

```
Hu< 回车 >
Li< 回车 >
Li< 回车 >
```

运行结果：

```
Hu: 2
Li: 2
Ma: 1
```

10.3　结构体指针

结构体指针就是指向结构体变量的指针，一个结构体变量的起始地址就是这个结构体变量的指针。如果把一个结构体变量的起始地址存放在一个指针变量中，那么，这个指针变量就指向该结构体变量。结构体指针与前面介绍的各种指针在特性和使用方法上完全相同。结构体指针变量的运算也按照 C 语言的地址计算规则进行。

10.3.1　结构体指针变量的定义

结构体指针变量定义的一般形式：

```
struct 结构体类型 *结构体指针；
```

例如：

```
struct  student  stu1,*p=&stu1;
```

定义了 p 是一个指向 struct student 结构体类型的指针变量，并将结构体变量 stu1 的起始地址赋给指针变量 p。通过下面的例子说明结构体指针变量的应用。

【例 10-3】　阅读以下程序。

```
#include <string.h>
int main()
{
   struct student
   {
      long num;
      char name[12];
      char sex;
      float score;
   } stu;
   struct student *p=&stu;
   stu.num=201740001;
   strcpy(stu.name, "Zhao Qian");
   stu.sex='f';
   stu.score=95.0;
   printf("No.:%ld\nname:%s\nsex:%c\nscore:%5.2f\n",stu.num,stu.name,stu.sex,stu.score);
   printf("No.:%ld\nname:%s\nsex:%c\nscore:%5.2f\n",(*p).num,(*p).name,(*p).sex,(*p).score);
   printf("No.:%ld\nname:%s\nsex:%c\nscore:%5.2f\n",p->num,p->name,p->sex,p->score);
   return 0;
}
```

在主函数中，定义了 struct student 类型的变量 stu，同时定义了一个指针变量 p，它指向一个 struct student 类型的结构变量 stu。如图 10-4 所示。

在第一个 printf 函数中，输出表列中输出的各成员用 stu.num 表示 stu 中的成员 num，用 stu.name 表示 stu 中的成员 name，以此类推。

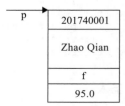

图 10-4　指针 p 指向 stu 示意图

在第二个 printf 函数中，输出表列中输出的各成员使用的是 (*p).num 形式，(*p) 表示 p 指向的结构体变量 stu，而 (*p).num 是 p 指向的结构体变量 stu 中的成员 num。注意，*p 必须加上圆括号写成 (*p).num，若丢掉了圆括号写成 *p.num 就等价于 *(p.num) 了，因为运算符 "." 的级别高于运算符 "*" 的级别。为了方便直观，C 语言中引入了一个指向运算符 "->"，它用于连接指针变量与其指向的结构体变量的成员。例如，(*p).num 可以写为 p->num，也就是说以下三种形式是等价的：

```
结构体变量 . 成员名
(*p). 成员名
p-> 成员名
```

说明：指向运算符 "->" 的优先级最高。例如，p->num+1 相当于 (p->num)+1，即返回 p->num 的值加 1 的结果；p->num++ 相当于 (p->num)++，即得到 p 所指向的结构体变量中的成员 num 的值，用完该值后使它加 1。

10.3.2　结构体数组指针

一个指针变量可以指向结构体数组，即将结构体数组的起始地址赋给指针变量，这种指针就是**结构体数组指针**。例如，以下语句定义了一个 struct student 类型的结构体数组和指向该数组的指针变量：

```
struct  student  stu1[10],*p=stu1;
```

其中，p 是一个指向 struct student 类型结构体数组的指针变量。从定义上看，它与结构体指针没有什么区别，只不过是指向结构体数组。

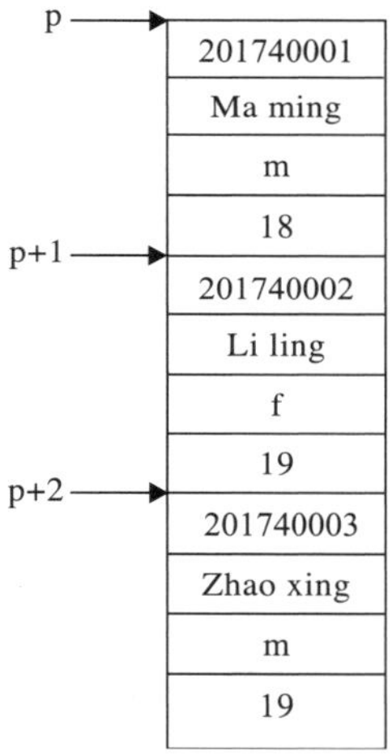

【例 10-4】 结构体数组指针的应用。

输出学生情况表。每个学生的情况由 sta 数组存放。指针的变化如图 10-5 所示。

图 10-5　指针 p 的变化示意图

```
include <stdio.h>
#include <string.h>
struct student
{
        long num;
        char name[12];
        char sex;
        int age;
};
struct student sta[3]={{201740001,"Ma ming",'m',18},{201740002,"Li ling",'f',19},
{201740003,"Zhao xing",'m',19}};
int main()
{
        struct student *p;
        printf("No.\t  Name\t\tsex\tage\n");
        for(p=sta; p<sta+3; p++)
          printf("%ld    %-12s   %-2c   %4d\n", p->num, p->name, p->sex, p->age);
        return 0;
}
```

运行结果：

```
No.              Name           sex      age
201740001        Ma ming        m        18
201740002        Li ling        f        19
201740003        Zhao xing      m        19
```

注意

1）"p=sta;"使 p 指向结构体数组 sta 中的第一个元素，p+1 指向下一个元素（p+1 意味着 p 所增加的值为结构体数组 sta 的一个元素所占的字节数。本例为 4+12+4+4=24 字节）。

2）"(++p)-> num;"先使 p 加 1，然后得到它指向的元素中的 num 成员值（即 201740002），而"++p->num;"先处理 p->num（当前指向 201740001），再使 num 成员的值加 1。

3）p 只能指向该结构体数组中的一个元素，然后用指向运算符"->"取其成员的值，而不能指向数组元素中的某一成员。因此，以下赋值是错误的：

p=&sta[1].num;

而正确的赋值语句应该是：

p=sta;

或

p=&sta[0]; p=&sta[1]; p=&sta[2];

10.4　结构体类型数据在函数间的传递

函数间不仅可以传递简单变量、数组、指针等类型的数据，也可以传递结构体类型的数据。函数之间结构体类型数据的传递和普通变量一样，可以"按值传递"，也可以"按地址传递"。

10.4.1　结构体变量作为函数参数

结构体变量的成员作为参数和结构体变量作为参数的用法同普通变量一样，属于"按值传递"方式。应当注意的是，实参与形参的类型要保持一致。

【例 10-5】　用结构体变量作为函数实参传递数据。

```c
#include <stdio.h>
struct gzqk                                        // 定义结构体类型
{
    char name[20];
    float jbgz;
    float fdgz;
    float sum;
};
void display(struct gzqk p)                        // 定义函数 display
{
    printf("\n%s    %7.2f    %7.2f    %7.2f", p.name, p.jbgz, p.fdgz, p.sum);
    p.jbgz=1800.00;
    p.fdgz=1500.00;
    p.sum= p.jbgz+ p.fdgz;
    printf("\n%s    %7.2f    %7.2f    %7.2f", p.name, p.jbgz, p.fdgz, p.sum);
    printf("\n");
}
int main()
    {
        struct gzqk teacher;                        // 定义结构体变量
        printf("\nInput Name: ");
        scanf("%s", teacher.name);                  // 对结构体变量赋值
        teacher.jbgz =1650.40;
        teacher.fdgz=800.00;
        teacher.sum= teacher.jbgz+ teacher.fdgz;
        display(teacher);                           // 结构体变量作为实参
        printf("\n%s    %7.2f", teacher.name, teacher.jbgz);
```

```
        printf("    %7.2f    %7.2f", teacher.fdgz, teacher.sum);
        return 0;
}
```

程序运行情况:

```
Input Name: Zhang Li< 回车 >
Zhang Li    1650.40     800.00    2450.40
Zhang Li    1800.00    1500.00    3300.00
Zhang Li    1650.40     800.00    2450.40
```

使用"按值传递"方式传递数据时，要注意以下几点:

1）调用函数的实参与被调用函数的形参都是结构体变量名。

2）形参和实参的结构类型相同，但运行时分配在不同的存储空间，因此，被调用函数不能修改调用函数实参的值。

10.4.2　结构体指针变量作为函数参数

结构体指针变量存放的是结构体变量的首地址，所以结构体指针作为函数的参数，其实就是传递结构体变量的首地址，即"按地址传递"。因此在函数调用过程中，实参和形参所指向的是同一组内存单元。

【例 10-6】　用指向结构体变量的指针作为函数实参传递数据。

```
#include <stdio.h>
struct student
{
long num;
char name[12];
float score[3];
    };
void output(struct student *p)          // 结构体指针变量作为形参
{
    printf("%ld\n%s\n%f\n%f\n%f\n",p->num,p->name,p->score[0],p->score[1],p->score[2]);
    printf("\n");
}
 int main()
{struct student stb1={201740001, "Li Ying", 66.0, 74.5, 80.0},
               stb2={201740002, "Yang Li", 76.0, 84.5, 90.0};
 output(&stb1);                          // 结构体变量地址作为实参
 output(&stb2);
 return 0;
}
```

运行结果:

```
201740001
Li Ying
66.000000
74.500000
80.000000

201740002
Yang Li
76.000000
84.500000
90.000000
```

10.4.3　结构体数组作为函数参数

函数间不仅可以传递一般的结构体变量，也可以传递结构体数组。在传递结构体数组时，实参是数组名，即结构体数组的首地址；形参是指针，它接收传递来的数组首地址，使它指向实参所表示的结构体数组，这种传递方式也是"按地址传递"。

【例 10-7】 结构体数组作为函数参数。

```c
#include <stdio.h>
struct student
{
    long num;
    char name[12];
    float score[3];
};
void output(struct student *p)          // 指针作为形参
{
    for(p=stb;p<stb+2;p++)
    {
        printf("%ld\n%s\n%f\n%f\n%f\n",p->num,p->name,p->score[0],p->score[1],p
->score[2]);
        printf("\n");
    }
}
int main()
{   struct student stb[2]={{201740001, "Li Ying", 66.0, 74.5, 80.0},
{201740002, "Yang Li", 76.0, 84.5, 90.0}};
    output(stb);                        // 数组名作为实参
    return 0;
}
```

运行结果：

```
201740001
Li Ying
66.000000
74.500000
80.000000

201740002
Yang Li
76.000000
84.500000
90.000000
```

10.4.4　应用举例

本节给出一个管理通讯录的综合应用程序。程序包括：建立信息、查询信息、修改信息、显示所有信息。通讯录中联系人的基本信息包括：姓名、学号、电话。通讯录最多可包括 100 人。程序通过主函数选择菜单项调用不同的功能模块。

【例 10-8】 管理通讯录程序。

```c
// 通讯录建立、查询、修改及显示程序
#include <stdio.h>
#include <string.h>
#include <stdlib.h>
int count=0;
char *NAME[100];
struct txl
{
    char name[10];
    int num;
    char telephone[13];
};
```

```
// 新建联系人
void new(struct txl friends[])
{
    struct txl f;
    if(count==100)
    {
        printf(" 通讯录已满！\n");
        return;
    }
    printf(" 请输入新联系人的姓名：");
    scanf("%s",f.name);
    printf(" 请输入新联系人的学号：");
    scanf("%d",&f.num);
    printf(" 请输入新联系人的电话：");
    scanf("%s",f.telephone);
    printf("\n");
    friends[count]=f;
    count++;
}
// 查询联系人
void search_friend(struct txl friends[],char *name)
{
    int i,flag=0;
    if(count==0)
    {
        printf(" 通讯录为空！\n");
        return;
    }
    for(i=0;i<count;i++)
    {
        if(strcmp(name,friends[i].name)==0)
        {
            flag=1;
            printf(" 姓名：%s\t",friends[i].name);
            printf(" 学号：%d\t",friends[i].num);
            printf(" 电话：%s\t\n",friends[i].telephone);
        }
    }
    if(flag<1)
        printf(" 无此联系人！\n");
}
// 修改联系人
void edit_friend(struct txl friends[],char *name)
{
    int i,j,k,flag=0;
    struct txl f;
    for(i=0;i<count;i++)
    {
        if(strcmp(name,friends[i].name)==0)
        {
            flag=1;
            break;
        }
    }
    if(flag==1)
    {
    printf(" 请输入修改后的名字 \n");
    scanf("%s",f.name);
    printf(" 请输入修改后的学号 \n");
    scanf("%d",&f.num);
    printf(" 请输入修改后的电话 \n");
```

```
        scanf("%s",f.telephone);
        friends[i]=f;
        NAME[i]=friends[i].name;
        for(i=0;i<count-1;i++)
        {
            k=i;
            for(j=i+1;j<count;j++)
            {
                if(strcmp(NAME[i],NAME[j])>0)
                    k=j;
            }
            if(k!=i)
                {f=friends[i];friends[i]=friends[k];friends[k]=f;}
        }
    }
    else
        printf(" 无此联系人 !\n");
}

// 显示所有联系人
void sort_friend(struct txl friends[])
{
    int i;
    if(count==0)
    {
        printf(" 通讯录为空 !\n");
        return;
    }
    else
    {
        printf(" 按字母顺序排列 : \n");
        for(i=0;i<count;i++)
        {
            printf(" 姓名 : %s\t",friends[i].name);
            printf(" 学号 : %d\t",friends[i].num);
            printf(" 电话 : %s\t\n",friends[i].telephone);
        }
    }
}
int main()
{
    char choice;
    char name[10];
    struct txl friends[100];
    do
    {
        printf("==== 通讯录功能选项 ====\n");
        printf("       1:  新建   \n");
        printf("       2:  查询   \n");
        printf("       3:  修改   \n");
        printf("       4:  显示   \n");
        printf("       0:  退出   \n");
        printf(" 请选择数字 :   ");
        scanf("%d",&choice);
    switch(choice)
    {
      case 1:      new(friends);
        break;
      case 2:
        printf(" 请输入要查询人的姓名: ");
        scanf("%s",name);
        search_friend(friends,name);
```

```
            break;
        case 3:
            printf("请输入要修改人的姓名:");
            scanf("%s",name);
            edit_friend(friends,name);
            break;
        case 4:
            sort_friend(friends);
            break;
        case 0:
            break;
        }
    }while(choice!=0);
    printf("谢谢使用通讯录管理系统!\n");
    return 0;
}
```

运行结果:

```
201740001
Li Ying
66.000000
74.500000
80.000000

201740002
Yang Li
76.000000
84.500000
90.000000
```

10.5　共用体

在 C 语言中,共用体数据类型与结构体数据类型都属于构造类型。共用体数据类型在定义上与结构体类型十分相似,但它们在内存空间的占用分配上有本质的区别。结构体变量是各种类型数据成员的集合,各成员占用不同的内存空间,而共用体变量是从同一起始地址开始存放各个成员的值,即所有成员共享同一段内存空间,但在某一时刻只有一个成员起作用。

10.5.1　共用体类型的定义

定义共用体类型的一般形式:

```
union    共用体类型名
{
    数据类型  成员名1;
    数据类型  成员名2;
    ...
    数据类型  成员名n;
};
```

例如:

```
union data
{   int m;
    float x;
    char c;
};
```

以上定义了一个名为 data 的共用体类型。它说明该类型由三个不同类型的成员组成,这些成员共享同一内存空间。

10.5.2　共用体变量的定义

共用体变量的定义形式和结构体变量的定义形式类似，可以采用以下三种方法。

1）先定义共用体类型，再定义共用体变量。

```
union data
 {
    int m;
    float x;
    char c;
 };
 union data a,b;
```

2）在定义共用体类型的同时定义共用体变量。

```
union data
 {
    int m;
    float x;
    char c;
 }a,b;
```

3）直接定义共用体类型变量。

```
union                      // 不需要给出共用体类型名
   {
      short int m;
      float x;
      char c;
   }a,b;
```

以上三种定义形式对共用体变量 a 和 b 来说都是等价的。共用体变量 a 和 b 所分配的内存空间是一样的。以共用体变量 a 为例，它有三个成员，即 m、x 和 c，编译时系统按最长的成员为它分配内存空间。此例中，float 类型的成员 x 占用的内存字节数最多（为 4 个字节），所以为共用体变量分配 4 个字节内存。三个成员共享所分配的内存空间，其共享内存空间分配情况如图 10-6 所示。

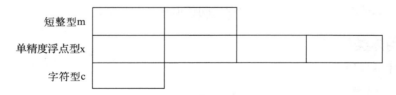

图 10-6　共用体变量 a 的成员共享内存空间情况

由此可见，"共用体"与"结构体"的定义形式类似，但是它们的含义却不同。结构体变量所占的内存长度根据编译系统环境有所不同，采用字节对齐的方法，即检查所有成员的存储单元长度之和是否为成员中最宽的成员长度的整数倍，若不是，则每个成员所占空间的字节数补齐为最宽的成员长度整数倍。而共用体变量所占的内存长度却是成员中所占内存最长的。如果把 union 改为 struct，则将为变量 a 和 b 分配 12 个字节。

10.5.3　共用体变量的引用和初始化

1. 共用体变量的引用

（1）引用共用体变量中的一个成员

引用共用体变量成员的一般形式为：

```
共用体变量名 . 成员名
共用体指针变量 -> 成员名
```

第一种引用方式应用于普通共用体变量，第二种引用方式应用于共用体指针变量。例如：

```
union data a,*p=&a;
```

如果引用 m 成员，以下形式对应的含义如注释部分所示：

```
a.m          // 引用了共用体变量 a 中整型变量的成员 m
p->m         // 引用了共用体指针变量 p 所指向的变量的成员 m
```

（2）共用体类型变量的整体引用

可以将一个共用体变量作为一个整体赋给另一个同类型的共用体变量。例如：

```
union data a,b;
 ...
a=b;
```

请注意，这种赋值的前提是两个共用体变量必须具有完全相同的数据类型。

2. 共用体变量的初始化

在共用体变量定义的同时只能用第一个成员的类型值进行初始化，共用体变量初始化的一般形式：

```
union 共用体类型名  共用体变量 ={ 第一个成员的类型值 };
```

例如，以下语句对 union data 共用体的一个变量 a 进行初始化：

```
union data a={8};
```

请注意，在对共用体变量进行初始化时，尽管只能给第一个成员赋值，但必须用花括号括起来。另外，不能对共用体变量名赋值，不能通过引用变量名得到其成员的值，也不可以在定义共用体变量时对它初始化。

例如，以下初始化是非法的：

```
union
{
    int i;
    char ch;
    float f;
} a={1,'t',2.6};            // 不能在此初始化
    a=1;                    // 不能对共用体变量赋值
    m=a;                    // 不能引用共用体变量名以得到值
```

说明：

1）共用体变量与结构体变量的定义和引用很类似，但两者是有区别的。其主要区别是：在程序执行的任何特定时刻，共用体变量仅有一个成员驻留在共用体变量所占用的存储空间中；而结构体变量是所有成员都同时驻留在该结构体变量所占用的内存空间中。

例如，根据以上对共用体变量 a 的定义，有以下程序段：

```
a.i=2;
a.f=90.5;
a.ch='b';
```

三个赋值语句处理完后，只有 a.ch 有效，其他已无意义了，共用体存储空间中所保留的是最后一次被赋值的成员。

2）共用体变量的地址及其各成员的地址都是同一地址，因为各成员地址的分配都是从同一起始地址开始的。

3）共用体变量可以作为函数参数，函数也可以返回共用体变量。

4）共用体变量可以出现在结构体类型定义中，也可以定义共用体数组。

【例 10-9】 输入学生的不同类型的成绩（百分制、等级制），运行程序后屏幕输出学生的成绩表。以 flag 标志不同类型的成绩，flag=0 作为百分制成绩的标志，非 0 是等级制成绩的标志。

```c
#include <stdio.h>
struct c                      // 定义结构体类型
{
    char flag;
    int num;
    union stu                 // 定义共用体类型
    {
        int score;
        char s[8];
    }cg;                      // 共用体变量
}pe[3];                       // 结构体数组
int main()
{
    int i,m;
    for(i=0;i<3;i++)
    {
        scanf("%d", &pe[i].flag);
        if(pe[i].flag==0) scanf("%d%d", &pe[i].num,&pe[i].cg.score);
        else scanf("%d%s", &pe[i].num,pe[i].cg.s);
    }
    for(i=0;i<3;i++)
        if(pe[i].flag==0) printf("%d, %d\n", pe[i].num, pe[i].cg.score);
        else printf("%d, %s\n", pe[i].num,pe[i].cg.s);
    return 0;
}
```

输入：

```
0 101 78< 回车 >
1 102 A< 回车 >
0 103 85< 回车 >
```

运行结果：

```
101,  78
102,  A
103,  85
```

【例 10-10】 分析下列程序的运行结果。

```c
#include <stdio.h>
union
{
    short int m;
    char c[2];
}a;
int main()
{
    char x;
    a.m=259;
    x=a.c[0];
    a.c[0]=a.c[1];
    a.c[1]=x;
    printf("%d\n",a.m);
    return 0;
}
```

程序运行结果：

`769`

本例中，定义了一个共用体 a，在主函数中给共用体变量 a.m 赋值 259，存储情况如图 10-7 所示。

a. m	
a.c[1]	a.c[0]
00000001	00000011

图 10-7　共用体变量 a 的存储情况

a.c[1] 和 a.c[0] 进行值的交换，使 a.c[0] 的值为 1，a.c[1] 的值为 3。a.m 的值为二进制的 0000001100000001，转换成十进制是 769。

地址的分配根据机器 CPU 的不同而不同，有的是从低字段开始，有的是从高字段开始。图 10-7 即为从低字段开始分配。

10.6　枚举类型

当一个变量的取值只限定为几种可能时，如星期几，就可以使用枚举类型。枚举是将可能的取值一一列举出来，那么变量的取值范围也就在列举值的范围之内。

10.6.1　枚举类型的说明

枚举类型说明的一般形式：

`enum　枚举类型名 { 枚举值 1，枚举值 2，…}；`

例如：

```
enum flag{true,false};                            // 只允许取两个值
enum weekday{sun, mon, tue, wed, thu, fri, sat};  // 只允许取七个值
```

枚举类型的说明只是规定了枚举的类型和该类型允许取哪几个值，它并不分配内存。这里，flag 和 weekday 都是枚举类型名。

10.6.2　枚举型变量的定义

枚举型变量定义的一般形式：

`enum　 { 枚举值 1，枚举值 2，…} 变量名表 ；`

以下几种定义形式都是合法的：

1）进行枚举类型说明的同时定义枚举型变量。

`enum flag{true, false}a, b;`

2）用无名枚举类型。

`enum {true, false}a, b;`

3）枚举型类型说明和枚举型变量定义分开。

```
enum flag{true, false};
enum flag a, b;
```

以上三种形式的定义其作用是相同的，它们所定义的枚举型变量 a 和 b 都只能取 true 和 false 两个值。在编译时，为定义的变量分配内存，一个枚举型变量所占用的空间与 int 型相同。

说明：

1）枚举类型说明中的枚举值本身就是常量，不允许对其进行赋值操作。例如：

```
true=1;false=0;
```

都是错误的。

2）在 C 语言中，枚举值被处理成一个整型常量，此常量的值取决于说明时各枚举值排列的先后次序，第一个枚举值序号为 0，因此它的值为 0，以后依次加 1。例如：

```
enum  weekday{sun, mon, tue, wed, thu, fri, sat}workday;
```

其中，sun 的值为 0，mon 的值为 1，…，sat 的值为 6。

要想使 sun 为 7，mon 为 1，则可以这样指定：

```
enum  workday{sun=7, mon=1, tue, wed, thu, fri, sat} workday;
```

这时指定了部分枚举元素的值，对于没有指定值的元素，其取值原则仍按所处的顺序取。这里，tue 的值是 2，wed 的值是 3，…，sat 的值是 6。

3）枚举值可以进行比较。例如：

```
tue>wed;
```

这实际上是在进行 2 > 3 的比较。

4）整数不能直接赋给枚举变量。例如：

```
workday =3;
```

这是错误的，因为 workday 是枚举类型的变量，而 3 是整型常量。在赋值时，必须将赋值号右边的类型强制转换为左边变量的类型后再赋值。例如：

```
workday =(enum  weekday)3;
```

是正确的。它相当于

```
workday= wed;
```

也可以写为：

```
workday=(enum weekday)(5-2);
```

【例 10-11】 盒子里有若干个 5 种颜色（红、黄、蓝、白、黑）的彩球。每次从盒子里取出 3 个球，问得到 3 种不同色的彩球的可能取法，并输出每种组合的 3 种颜色。

分析：采用枚举法。设 i、j、k 分别代表所取的 3 种颜色的球，若 i≠j≠k 则输出这种取法。

```c
#include  <stdio.h>
int main()
{
enum color{ red, yellow, blue, white, black};
enum color i, j, k, t;
int n=0, lp;
for(i=red; i<=black; i++)
  for(j=red; j<=black; j++)
    if(i!=j)
    {
     for(k=red; k<=black; k++)
       if((k!=i)&&(k!=j))
       {
         n++;  printf("%-4d", n);
```

```
            for(lp=1; lp<=3; lp++)
            {
             switch(lp)
             {
               case 1: t=i; break;
               case 2: t=j;break;
               case 3: t=k; break;
               default: break;
             }
             switch(t)
             {
              case red: printf("%-10s", "red"); break;
              case yellow: printf("%-10s", "yellow"); break;
              case blue: printf("%-10s", "blue"); break;
              case white: printf("%-10s", "white"); break;
              case black: printf("%-10s", "black"); break;
             }
            }
    printf("\n");}   }
    printf("total: %5d\n", n);
    return 0;
}
```

运行结果：

```
1    red    yellow    blue
2    red    yellow    white
3    red    yellow    black
.    .      .         .
.    .      .         .
.    .      .         .
59   black  white     yellow
60   black  white     blue
total:   60
```

10.7　用 typedef 定义类型

在 C 语言中，可以用 typedef 定义新的类型名来代替已有的类型名。定义的一般形式为：

```
typedef  类型名  新名称;
```

其中，"typedef"是类型定义的关键字，"类型名"是 C 语言中已有的类型（如 int、float），"新名称"是用户自定义的新名，习惯上用大写字母表示。例如：

```
typedef float REAL;              // 用 REAL 代表 float
typedef int INTEGER;             // 用 INTEGER 代表 int
```

则"float a,b;"与"REAL a,b;"等价，"int m,n;"与"INTEGER m,n;"等价。

应用举例：

1）定义一个新的结构体类型 DATE，它代表一个结构体。

```
typedef  struct                  // 用户定义类型 DATE
{
    int month;
    int day;
    int year;
} DATE;
DATE d1,d2;                       // 用新类型 DATE 定义两个变量
```

2）
```
typedef  int  ARR[10];           // 定义 ARR 是整型数组类型
    ARR   m,n;                    // m,n 被定义为一维数组，都含 10 个元素
```

```
3）typedef  char  *STR;          // 定义 STR 是字符指针类型
   STR  p, x[10];               // 定义 p 为字符指针变量，x 为指针数组
4）typedef  int  *PI;
   PI  p, *q, r[20];
```

这里"PI p, *q, r[20];"等价于"int *p, **q, *r[20];"，可见 p 是指向 int 型的指针变量，q 是指向 int 型指针的指针变量，r 是具有 20 个指向整型类型元素的指针数组。

说明：

1）用 typedef 可以声明各种类型名，但不能用来定义变量。

2）用 typedef 只是对已经存在的类型增加一个类型的新名称，而没有构造新的类型。

3）如果在不同源文件中使用同一类型数据，常用 typedef 说明这些数据类型，并把它们单独放在一个文件中，然后在需要时用 #include 命令把它们包含进来。

10.8　链表及其简单操作

通过前面的学习我们了解到，数组是一组相同类型数据的有序集合，数组中的元素在内存中连续存放。线性表是 n 个具有相同特性的数据元素的有限序列，它是数据结构的一种。因此，数组是线性表的存储方式之一，即顺序存储。用数组名和下标可以唯一确定数组元素，而且操作简单。但是用数组存放数据时，必须事先定义固定的数组长度，当数组元素个数不确定时，需要开辟足够大的存储空间，因此，势必会造成内存空间的浪费。而且，采用数组结构时，要想插入或删除元素需要移动其他元素。

链表是结构类型的重要应用之一，与数组一样，链表也是一种有先后次序的序列，但是链表中的元素可以根据需要动态开辟内存单元。链表中的各元素在内存中的地址可以是不连续的，在链表中插入和删除元素时不需要移动其他元素。现实生活中存在大量需要动态存储和表示的数据。链表常被看成是与数组互为补充的一种重要的数据构成方式。

10.8.1　链表的概念

在链表中，所有数据元素都分别保存在一个具有相同数据结构的结点中，结点是链表的基本存储单位，一个结点与一个数据元素相对应。每个结点在内存中使用一块连续的存储空间。把线性表的元素存放到一个由这种结点组成的链式存储中，每个结点之间可以占用不连续的内存空间，结点与结点之间通过指针链接在一起，这种存储方式称为**链表**。

链表中的每个结点至少由两部分组成，即**数据域**和**指针域**。结点的定义需采用结构类型，其一般形式为：

```
struct node
  {
  int  data;                    // 数据域
  struct node *link;            // 指针域
  };
```

数据域存放线性表的一个元素，指针域存放其后继结点的地址，所有元素通过指针链成一个链式存储的结构，最后一个结点的指针域为空指针。采用这种存储结构，逻辑上相邻的数据元素在内存中的物理存储空间不一定相邻。具有这种链式存储结构的线性表也称为**单向链表**，这里只介绍单向链表。

在实际应用中，要建立一个链表通常包括三部分内容：

1）**指向链表表头结点的指针**，也称为**头指针**，通过头指针可以很方便地找到链表中的每一个数据元素。

2）**表头结点**，也称为**头结点**，头结点的数据域可以不存放任何信息，也可以存储线性表的长度等附加信息。表头结点不是链表中必不可少的组成部分，是为了操作方便而设立的。也可以采用不带表头的结点结构形式。带头结点的线性链表的逻辑状态如图 10-8 所示。头指针变量 h 指向链表的头结点。不带头结点的链表，头指针直接指向第 1 个元素结点，如图 10-9 所示。本节叙述中如果不做特殊说明，均是指带头结点的链表。

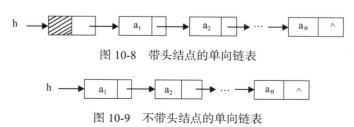

图 10-8　带头结点的单向链表

图 10-9　不带头结点的单向链表

3）**数据结点**，也称为**结点**，是实际存储数据信息的结点。数据结点的信息可以根据需要设立，也可以是多个不同类型的数据。

链表的存储空间可在程序运行期间动态分配，如需要向链表中插入一个结点，只需调用 C 语言的动态空间分配函数（calloc 或 malloc）动态申请一个存储结点存放相应信息，并把新申请的结点插入链表的适当位置上。删除一个结点意味着该结点将被系统回收。C 语言中 free 函数用来动态回收结点。

链式存储结构具有如下特点：

1）插入、删除运算灵活方便，不需要移动结点，只要改变结点中指针域的值即可。

2）可以实现动态分配和扩展空间，当表中数据是动态产生的时候，最好使用链表。

3）查找操作只能从链表的头结点开始顺序查找，不适合有大量频繁查找操作的表。

10.8.2　链表的基本操作

链表的操作包括：建立链表、遍历链表、向链表中插入结点、从链表中删除结点、求链表长度等，这里仅介绍有关链表最基本的概念和相关操作。

1. 建立链表

建立链表首先要定义一个包含数据域和指针域的结构类型，然后定义一个指向表头结点的头指针，最后通过调用 malloc 函数动态申请结点的方法建立整个链表。

【**例 10-12**】　下面以建立学生信息（学号、姓名、成绩）链表为例，叙述建立链表的过程。程序中还统计了 90 分以上的成绩个数。当学号输入为 0 时将结束链表的建立。

```
/* 建立学生数据链表，统计 90 分以上成绩的个数 */
#include <stdio.h>
#include <stdlib.h>
typedef struct student
{
    int num;
    int   score;
struct student *link;
}NODE;

NODE *creat()
{
  NODE *head,*p1,*p2;
  int n=0;
  p1=p2=(NODE *)malloc(sizeof(NODE));
```

```
    printf("input num and score:\n");
    scanf("%d,%d",&p1->num,&p1->score);
    head=NULL;
    while(p1->num!=0)
    {
        n=n+1;
        if(n==1) head=p1;
        else p2->link=p1;
        p2=p1;
        p1=(NODE *)malloc(sizeof(NODE));
        scanf("%d,%d",&p1->num,&p1->score);
    }
    p2->link=NULL;
    return(head);
}
int count(NODE *p)
{
    int sum=0;
    while(p!=NULL)
    {
        if(p->score>=90)
            sum++;
        p=p->link;
    }
    return(sum);
}
int  main()
{
    NODE *p;
    p=creat();
    printf("\n the count of 90 =%d\n",count(p));
    return 0;
}
```

函数 create() 用于建立链表，当建立链表的第一个结点时，整个链表是空的，这时，p1 应该直接赋给 head，而不是 p2->link=p1；由于新增结点总是加在链表的尾部，所以新增结点的 link 域应设置成 NULL。函数 count() 用于统计链表中 90 分以上的成绩。

2. 遍历链表

所谓遍历就是逐一地访问链表中的每个结点。设线性链表头指针为 h，指针变量 p 指向不同的结点。沿着链头开始向后查找结点中学号为 x 的结点，若找到，则返回该结点在链表中的位置，否则返回空地址。由于各结点在内存中不是连续存放的，因此，不可以用 p++ 来寻找下一个结点。图 10-10 给出了指针 p 移动的过程。

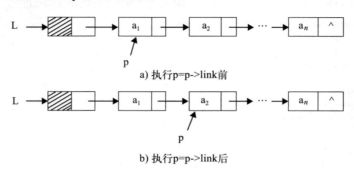

图 10-10　遍历算法中指针的移动过程

单链表的查找操作的程序如下：

```
NODE *lbcz (NODE *L, int x)
{
NODE *p;
p=L->link ;                       // p先指向第一个结点
while (p!=NULL && p->num!=x)
    p=p->link;                    // p指向下一结点
return(p);
}
```

3. 向链表中插入结点

要在单链表中的两个数据元素 a 和 b 之间插入一个数据元素 x，首先将指针 p 指向结点 a，然后生成一个新结点，使其数据域为 x，并使结点 a 中的 link 域指向新结点 x，x 的 link 域则指向结点 b，这样即完成了插入操作。插入结点时指针变化状况如图 10-11 所示。

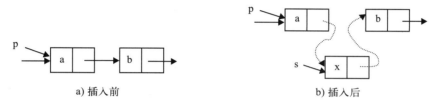

图 10-11　在单链表中插入结点时指针变化状况

插入操作的程序如下：

```
void ListInsert_L(NODE *L,int i,int x)
{                                 // 在带头结点的链表 L 中第 i 个位置之前插入元素 x
NODE *p=L,*s;
int j=0;
 while( p && j<i-1)
 {
      p=p->link;++j;
 }                                // 寻找第 i-1 个结点
if(!p || j>i-1)  return (0);      // 插入位置错误
s=(NODE *)malloc(sizeof(NODE));   // 生成新结点
s->num=x;s->link=p->link;p->link=s; // 插入到表中
return (1);
}
}
```

4. 从链表中删除结点

要在如图 10-12 所示的单链表中删除中间结点 b，只需将结点 a 的 link 域指向结点 c，并释放 b 结点占用的存储空间即可。

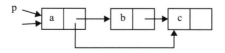

图 10-12　在单链表中删除结点时指针变化状况

单链表的删除操作的程序如下：

```
 void ListDelete(NODE *L,int i,int x)
 {                                // 在带头结点的线性链表 L 中删除第 i 个元素
NODE *p=L,*q;
int j=0;
```

```
    while( p->link && j<i-1)
    {
        p=p->link;++j;                          // 寻找第 i 个结点，并令 p 指向其前驱
    }
    if(!(p->link) || j>i-1)  return (0);        // 删除位置错误
    q=p->link;p->link=q->link;free(q);          // 删除并释放结点
    return (1);
}
```

5. 求链表长度

由于链表的长度不是事先确定而是动态建立的，因此求链表的长度需要遍历链表的所有结点才能完成。

```
int lblenth (NODE *L)                   // 求链表长度
{
    NODE *p=L;                          // 定义指针 p，使其指向第一个结点
    int count=0;
    while (p!=NULL)
    {
        count++;                        // 结点计数器加 1
        p=p->link;                      // p 指向下一结点
    }
    return(count);
}
```

小结

本章介绍了结构体、共用体、枚举、typedef 定义新类型和链表，主要概念总结如下：

1）结构体类型是一种构造数据类型，它允许将若干个相关的、数据类型不同的数据作为一个整体进行处理，结构体的引入为处理复杂的数据提供了有力的手段。

2）结构体类型和结构体变量是不同的概念，不要混淆。结构体类型定义是对其组成的描述，它说明该结构体由哪些成员组成，以及这些成员的数据类型。对于结构体变量来说，在定义时一般先定义结构体类型再定义结构体变量，或在定义结构体类型的同时定义结构体变量。定义一个结构体类型，系统并不分配内存，只有定义了结构体变量后才分配内存单元。

3）结构体变量是一个整体，一般不允许对结构体变量的整体进行操作，而只能对其成员进行操作。要访问结构体中的一个成员，有以下三种引用成员的方式：结构体变量.成员名、(*p).成员名和 p-> 成员名。

4）结构体变量的初始化就是在定义它的同时对其成员赋初值，其格式与一维数组类似，即

struct 结构体类型名 结构体变量名 ={初始数据}；

5）结构体数组的定义与结构体变量的定义类似。与数组一样，结构体数组的初始化也可以在定义时进行。一维结构体数组的初始化格式与二维数组类似。

6）指向结构体变量的指针称为结构体指针。结构体指针定义的形式为：

struct 结构体类型 *结构体指针；

当把一个结构体变量的首地址赋给结构体指针时，该指针就指向这个结构体变量，结构体指针的运算与普通指针相同。

7）结构体变量可以在函数间传递，传递方式有两种：

● 值传递：调用函数的实参和被调用函数的形参都是结构体变量名。

● 地址传递：调用函数的实参是结构体变量的首地址，被调用函数的形参是结构体指针变量。如果传递的是结构体数组，则实参是数组名，形参可以是结构体指针变量或数组名。

8）共用体类型的特点是所有成员共享同一段内存空间。共用体类型的定义、共用体变量的定义和引用，分别与结构体类型的定义、结构体变量的定义和引用相类似。

9）枚举类型仅适用于取值有限的数据。枚举值表中规定了所有可能的取值，它实际上是常量名。因此，不能对其赋值。各枚举值间用逗号隔开。

10）typedef 并不能创造一个新的类型，只是定义已有类型的一个新名。

11）链表是一种常用的数据存储方式，它用动态管理的方式，通过"链"建立起数据元素之间的逻辑关系。使用链表，首先要定义一个包含数据域和指针域的结构类型，然后定义一个指向表头结点的指针，最后通过调用函数，采用动态申请结点的方法完成整个链表的建立。

习题

一、判断题

以下各题如果叙述正确，在题后括号中填入"Y"，否则填入"N"。

1. C 语言结构体数据类型变量在程序执行期间，所有成员一直驻留在内存中。（   ）

2. 若已定义指向结构体变量 stu 的指针 p，在引用结构体成员时，有三种等价的形式，即 stu. 成员名、*p. 成员名和 p-> 成员名。（   ）

3. 使几个不同类型的变量共占同一段内存的结构称为共用体。（   ）

4. 已知共用体

```
union u
{int a;
 char c;
 float f;
};
```

其各个成员起始地址 &u.a、&u.c、&u.f 是不相同的。（   ）

5. 在定义一个共用体变量时，系统分配给它的存储空间是该共用体变量中占用存储单元最长的成员的长度。（   ）

二、选择题

以下各题在给定的四个答案中选择一个正确答案。

1. 下面结构体数组的定义，错误的是（   ）。

A. ```
struct student
  { int num;
    char name[10];
    float score;
  };
   struct student stu[30];
```

B. ```
struct
  { int num;
    char name[10];
    float score;
  } stu[30];
```

C. ```
struct student
  { int num;
    char name[10];
    float score;
  } stu[30];
```

D. ```
struct stu[30]
  { int num;
    char name[10];
    float score;
  };
```

2. 若有如下定义，则能打印出字母 M 的语句是（   ）。

```
struct pe
{ char name[9];
 int age;
} ca[4]={{ "John",17},{"Paul",19},{"Mary",18},{"Adam",16}};
```

A. printf("%c\n", ca[3].name);

B. printf("%c\n", ca[3].name[1]);

C. printf("%c\n", ca[2].name[1]);

D. printf("%c\n", ca[2].name[0]);

3. 下面程序的输出结果是（　　　）。

```
struct t
{
   int x;
   int *y;
} *p;
int d[4]={5,10,15,20};
struct t x[4]={25,&d[0],30,&d[1],35,&d[2],40,&d[3]};
int main()
{
   p=x;
   printf("%d\n", ++p->x);
   printf("%d\n", (++p)->x);
   printf("%d\n", ++(*p->y));
   return 0;
}
```

A. 5   B. 25   C. 26   D. 30

　15   　30   　30   　35

　15   　11   　11   　11

4. 在下面共用体定义中，错误的叙述是（　　　）。

```
union date
{
short int j;
char c;
float f;
}a;
```

A. a 所占的内存空间长度等于 f 的长度

B. a 的地址和它的各个成员的地址不同

C. a 不可以作为函数的参数

D. 对 a 进行初始化时，只能对第一个成员进行初始化，不能对共用体的所有成员进行初始化

三、阅读程序题

指出以下各程序（或程序段）的运行结果。

1.
```
int main()
{
   struct test
   {
   int x;
   int y;
   }
   a={1,2}, b={3,4};
   printf("%d\n", a.y+b.y*a.x+b.y);
   return 0;
}
```

运行结果：＿＿＿＿＿＿＿＿＿＿＿＿。

2.
```
#include <stdio.h>
struct st
{
    int num;
    char name[8];
    int age;
} stu[3]={2031,"Wang",18,2032,"Wu",19,2033,"Ma",20};
void f(struct st *p)
{
```

```
        printf("%s\n", (*p).name);
    }
    int main()
    {
     f(stu+1);
     return 0;
    }
```

运行结果: _____ 。

3.
```
struct node
{
    int x;
    char c;
};
void func(struct node *b)
{
 b->x=20;
 b->c='x';
    }
    int main()
    {
     struct node a={10,'x'};
     func(&a);
     printf("%d,%c\n",a.x,a.c);
     return 0;
    }
```

运行结果: _____ 。

4.
```
int main()
{
    union b
    {
        int k;
        char c[2];
    } a;
        a.k=-7;
        printf("%d,%d\n", a.c[0], a.c[1]);
        return 0;
}
```

运行结果: _____ 。

5.
```
int main()
{
    enum em{em1=3, em2=1,em3};
    char *aa[ ]={"AA", "BB","CC", "DD"};
    printf("%s%s%s\n", aa[em1] , aa[em2], aa[em3]);
    return 0;
}
```

运行结果: _____ 。

四、编写程序题

1. 某班有 20 名学生，每名学生的数据包括学号、姓名、3 门课的成绩，从键盘输入 20 名学生数据，要求打印出 3 门课的总平均成绩，以及最高分的学生的数据（包括学号、姓名、3 门课成绩、平均成绩）。

2. 定义一个结构体类型变量（包括年、月、日）。从键盘上输入一个日期，计算该日期在本年中是第几天。注意闰年问题。

第 11 章

文　件

　　程序设计的目的就是对从实际问题中抽象出来的数据进行加工处理，原始数据需要从外部设备输入，加工处理的结果数据需要向外部设备输出，因此，在程序设计中数据的输入和输出是一个很重要的环节。

　　在前面章节的程序中，原始数据是从键盘输入的，运行结果是向显示器输出的。在实际使用过程中发现，这种数据的输入/输出方式有不足之处，即输入/输出都是临时性的，每次运行程序都要重新输入数据，程序运行结果不能长期保存，且难以实现大批量数据的输入和输出。

　　为了解决这些问题，提高数据输入/输出的处理效率，C 语言提供了以文件形式管理数据的方法，使得程序运行时所需要的原始数据可以从文件中输入，程序运行时所产生的结果数据可以输出到文件中。本章将介绍利用文件进行数据输入/输出的方法。

11.1　文件概述

1. 文件的概念

　　一般来说，**文件**是指存储在外部介质上的数据集合。外部介质包括软盘、硬盘、固态硬盘、U 盘和光盘等。操作系统是以文件为单位对数据进行管理的。操作系统负责文件（数据集合）在外部介质上的具体存储细节，并将文件与文件名关联起来，这样一般用户就可以通过文件名访问对应的文件。文件具有多种文件类型，不同的文件类型通常用扩展名区分，如记事本软件生成的文件的扩展名为".txt"，Word 软件生成的文件的扩展名为".docx"，C 语言集成开发环境生成的 C 语言源文件、目标文件和可执行文件的扩展名分别为".c"".obj"和".exe"。通过 C 语言程序也可以生成不同类型的文件，既可以从文件中输入数据也可以向文件中输出数据。

　　实际上，操作系统把每一个与主机相连的输入/输出设备都看作一个文件。例如，键盘可以看作一个文件，用于输入数据；显示器也可以看作一个文件，用于输出数据。为了采用统一的方式对外部设备进行管理，操作系统提供了通用的文件管理功能，对各种外部设备都能够以文件形式进行数据交互。C 语言可以通过标准输入/输出函数调用操作系统的文件管理功能，从而实现对外部设备的访问。

2. 文件的结构

虽然文件的类型有多种,但 C 语言把所有的文件都看作一个字符(字节)序列,即文件是由一个一个字符(字节)顺序组成的。对文件的存取是以字符(字节)为基本单位的,这类文件称为**流式文件**。

3. 文件的分类

在 C 语言中,根据文件存储的编码形式,可以把文件分为**文本文件**和**二进制文件**。文本文件又称为 **ASCII 文件**(如记事本生成的文件,扩展名为 " .txt"),是以字符的 ASCII 码值进行编码和存储的,文件的内容都是由字符组成的,每个字符在内存中占 1 个字节,文本文件可称为**字符流**或 **ASCII 流**;二进制文件是直接把内存中的数据按其在内存中的存储形式原样输出到外存,二进制文件可称为**字节流**或**二进制流**。例如,C 语言源程序和头文件是文本文件,经过编译后的目标文件和链接后的可执行文件是二进制文件。

实际上,计算机中所有的数据在文件中都是以二进制数形式存储的,分为两种类型是为了适用不同的场合。文本文件是由 ASCII 表中可打印字符(另外包含少数几个控制字符,如回车符、换行符和文件结束符)组成的,因此,文本文件便于阅读和理解。而二进制文件的每一个字节并不一定是可打印字符,不能直接以字符形式输出,但有利于节省存储空间和转换时间。例如,一个 short int 型数 32767,在内存中占 2 个字节,如果按文本形式输出则占 5 个字节(每个字符占 1 个字节),而按二进制形式输出则只占 2 个字节,如图 11-1 所示。

图 11-1　short int 型数 32767 的文本形式和二进制形式

4. 文件的输入 / 输出方式

根据文件的输入 / 输出方式,C 语言将文件系统分为**缓冲文件系统**和**非缓冲文件系统**。

缓冲文件系统是指系统自动地在内存中为每一个正在使用的文件开辟一个缓冲区,程序与文件的数据交换通过缓冲区进行。这样做的目的是解决外存文件数据访问速度和内存数据访问速度不匹配的问题,可以有效地提高文件数据的存取速度。当程序向外存文件输出数据时,先将数据送到内存缓冲区中,待装满缓冲区后,由操作系统把缓冲区中的数据存入外存文件。当程序从外存文件输入数据时,先由操作系统把一批数据送入缓冲区中,然后程序从缓冲区中读入数据。缓冲区的大小由 C 语言系统决定,默认为 4096 字节。程序处理文件时,只需要跟内存缓冲区打交道,而不必考虑外存的特性。内存与外存之间的数据传输过程如图 11-2 所示。

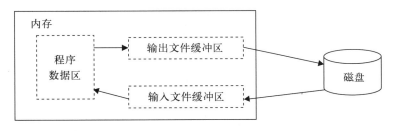

图 11-2　内存与外存之间数据的传输过程

非缓冲文件系统不自动开辟内存缓冲区，并且依赖于操作系统的底层 I/O 系统，不利于提高 C 语言程序的可移植性。本章只介绍缓冲文件系统的使用。

5. 文件类型指针

在缓冲文件系统中，每个被使用的文件都在内存开辟一个区域，用来存放文件的相关信息（如文件名、状态以及文件缓冲区的位置等），这些信息保存在一个结构体类型的数据中，结构体类型名为 FILE（包含在 stdio.h 文件中），例如：

```
struct _iobuf
{
    char *_ptr;              // 当前文件位置指针
    int   _cnt;              // 文件缓冲区中剩余字符数
    char *_base;             // 文件缓冲区的首地址
    int   _flag;             // 文件状态标志
    int   _file;             // 文件描述符
    int   _charbuf;          // 用于检查缓冲区状况
    int   _bufsiz;           // 文件缓冲区大小
    char *_tmpfname;         // 临时文件名
};
typedef  struct  _iobuf  FILE;
```

不同的 C 语言编译系统的 FILE 类型包含的内容不完全一样，但大同小异。对一般的编程人员来说，可以不必关心 FILE 结构体内部的具体内容，在对文件进行操作之前只需要使用 FILE 结构类型定义文件指针变量即可。定义文件指针的方法如下：

```
FILE *fp;          //fp 是一个指向 FILE 类型结构体的指针变量
```

使用 fp 指向某一文件的结构体变量，从而可以访问该文件的信息，也就是说，通过文件指针变量可以找到与其相关的文件。

C 语言中对文件的操作都是利用标准输入 / 输出库函数实现的。下面介绍常用的文件操作函数。

11.2　文件的打开与关闭

文件操作的一般过程为：① 打开文件；② 读写文件；③ 关闭文件。也就是说，在对文件进行读写操作之前，必须先"打开"文件，读写操作完成后，一定要"关闭"文件。

11.2.1　打开文件

所谓打开文件，就是将外存的文件内容载入内存的文件缓冲区中，并在内存中建立一个描述文件信息的结构体，将指向这个结构体的文件指针返回给用户。打开文件利用 fopen 函数，函数调用的一般形式：

```
FILE *fp;
fp = fopen( 文件名，文件使用方式 );
```

其中，"文件名"指定要打开文件的名称。"文件使用方式"指定操作类型和文件类型，如果成功打开文件，则函数返回指向已打开文件的文件指针；如果不能成功打开文件，则函数返回空指针 NULL（NULL 是包含在头文件 stdio.h 中的宏定义）。

说明：

1）打开文件具有三个要素：①文件名，即要打开的文件名称，可以带有路径；②文件使用方式，指出是读操作还是写操作，以文本形式还是以二进制形式打开文件；③文件指针，用于记录 fopen 函数的返回值，供后续其他的文件操作函数使用。例如：

```
FILE *fp;                          // 定义一个文件指针，用于记录 fopen 函数的返回值
fp = fopen("test.dat", "r");       // 以只读方式和文本形式打开文件 test.dat
```

2）在文件使用方式中需要指定操作类型，操作类型说明符包括：

- "r"，以只读方式打开文件。要求文件必须已存在，如果文件不存在或者没有找到，则打开失败。
- "w"，以只写方式打开文件。如果文件不存在，则按指定名称创建一个新的空文件；如果文件已存在，则会清空原来文件中的所有内容，再重新向文件里写入数据。
- "a"，以追加（只写）方式打开文件。如果文件不存在，则按指定名称创建一个新的空文件；如果文件已存在，则会保留原来文件中的已有内容，且只能向文件末尾增加数据。

如果要求操作既能读又能写，则只需要在以上三个说明符后面跟一个加号"+"：

- "r+"，以读 / 写方式打开文件。要求文件必须已存在，如果文件不存在或者没有找到，则打开失败。
- "w+"，以读 / 写方式打开文件。先写数据，然后可以读数据。如果文件不存在，则按指定名称创建一个新的空文件；如果文件已存在，则会清空原来文件中的所有内容，再重新向文件里写入数据。
- "a+"，以读 / 写（追加）方式打开文件。向已存在的文件末尾增加数据，也可以读文件中的全部数据。如果文件不存在，则按指定名称创建一个新的空文件；如果文件已存在，则会保留原来文件中的已有内容，且只能向文件末尾增加数据。

3）在文件使用方式中还需要指定文件类型，文件类型说明符包括：

- "t"，以文本形式打开文件，"t" 可以省略。
- "b"，以二进制形式打开文件。

文件类型说明符和操作类型说明符组合起来，构成文件使用方式，例如，"r"、"w"、"a" 以及 "r+"、"w+"、"a+" 表示以文本形式打开文件，"rb"、"wb"、"ab" 以及 "rb+"、"wb+"、"ab+" 表示以二进制形式打开文件。文件使用方式的各种组合写法见表 11-1。

表 11-1　文件使用方式

说　明　符	含　义	说　明
r	以只读方式打开一个文本文件	文件必须已存在
w	以只写方式打开一个文本文件	一定是新的文件
a	以追加（只写）方式打开一个文本文件	只能在末尾追加
rb	以只读方式打开一个二进制文件	文件必须已存在
wb	以只写方式打开一个二进制文件	一定是新的文件
ab	以追加（只写）方式打开一个二进制文件	只能在末尾追加
r+	以读 / 写方式打开一个文本文件	文件必须已存在
w+	以读 / 写方式打开一个文本文件	一定是新的文件
a+	以读 / 写（追加）方式打开一个文本文件	只能在末尾追加
rb+	以读 / 写方式打开一个二进制文件	文件必须已存在
wb+	以读 / 写方式打开一个二进制文件	一定是新的文件
ab+	以读 / 写（追加）方式打开一个二进制文件	只能在末尾追加

例如：

```
FILE *fp;          // 定义文件指针，用于记录 fopen 函数的返回值
fp = fopen("test.dat", "r");
```

表示打开当前文件夹下的文件 test.dat，文件使用方式为以只读方式和文本形式打开，fopen 函数返回指向 test.dat 文件的指针并赋给 fp，使得 fp 指向 test.dat 文件。

4）由于在打开文件时可能会遇到某些问题（如文件不存在或磁盘故障等），导致文件不能正确打开，这时就需要检测一下 fopen 函数返回的文件指针，例如：

```
FILE *fp;          // 定义文件指针,用于记录 fopen 函数的返回值
if (( fp = fopen("test.dat", "r")) == NULL)    // 调用 fopen 函数,并检测文件是否正确打开
{
      printf("Can't open this file\n");
      exit(0);
}
```

在调用 fopen 函数后，检查返回的文件指针是否为空指针。如果不是空指针，则说明文件已正确打开，程序可以继续运行；如果是空指针，则说明文件没有正确打开，应该立即停止程序运行。其中，exit 函数的作用是关闭所有其他已打开的文件，终止正在执行的程序。exit 函数的参数代表退出码，返回给操作系统，退出码可以是任意整数，一般用 0 即可。exit 函数的原型声明包含在头文件 stdlib.h 中。

11.2.2　关闭文件

文件使用完后必须执行"关闭"操作，否则会引起数据丢失。关闭文件利用 fclose 函数，函数调用的一般形式：

```
fclose( 文件指针 );
```

其中，"文件指针"指向已打开的文件。如果成功关闭文件，函数返回值为 0 ；否则函数返回值为 EOF（EOF 是包含在头文件 stdio.h 中的宏定义，定义为 –1 ）。

说明：

关闭文件意味着文件指针不再指向某个文件。在文件关闭之前，系统会将缓冲区的数据输出到外存文件中，再释放文件指针和缓冲区，这样可避免数据丢失。若关闭文件之后再要对文件执行读写操作，必须再执行"打开文件"操作。打开文件和关闭文件必须成对使用。例如：

```
FILE *fp;                                    // 定义文件指针,用于记录 fopen 函数的返回值
if ((fp = fopen("test.dat", "r")) == NULL) // 打开文件
{
    printf("file open error\n");
    exit(0);
}
// 在这里进行文件读写操作
fclose(fp);                                  // 关闭文件
```

11.3　文件的读写操作

文件打开之后，就可以对该文件进行读写操作。所谓"读"操作就是将数据从文件输入到程序，"写"操作就是将数据从程序输出到文件。C 语言提供了多种对文件进行读写操作的函数，包括 fscanf 和 fprintf、fgetc 和 fputc、fgets 和 fputs、fread 和 fwrite 等，下面分别介绍。

11.3.1　格式化读写函数

1. 格式化写函数 fprintf

fprintf 函数实现向已打开的文件中按照指定格式输出数据。函数调用的一般形式：

```
fprintf( 文件指针, 格式字符串, 输出列表 );
```

其中，"文件指针"代表已打开的文件，"格式字符串"包含输出格式符，"输出列表"是与格式符对应的输出项。如果输出成功，则函数返回值为写入文件的字节数，否则为一个负数。

说明：

fprintf 函数除了第一个参数是文件指针外，其他两个参数的用法与 printf 函数一样，printf 函数是向显示器输出数据，而 fprintf 函数是向文件输出数据。

【例 11-1】 从键盘上输入两个整数，并保存到文件 d1.txt 中。

用于保存数据的文件可根据实际情况命名，在这里文件扩展名采用"txt"是为了便于用记事本打开。

```c
#include <stdio.h>
#include <stdlib.h>                          // 包含 exit 函数的原型声明
int main()
{
    FILE *fp;
    int a, b;
    printf("Please input two integers:\n");
    scanf("%d%d", &a, &b);
    if ((fp = fopen("d1.txt", "w")) == NULL)  // 以只写方式打开文件，并检查是否成功
    {
        printf ("file open error");
        exit(0);
    }
    printf("%d %d", a, b);                    // 输出到显示器
    fprintf(fp, "%d %d", a, b);               // 输出到文件
    fclose(fp);                               // 关闭文件
}
```

程序运行情况：

```
Please input two integers:
10 20< 回车 >
10 20
```

打开 d1.txt 文件会看到其内容为 10　20。

2. 格式化读函数 fscanf

fscanf 函数实现从已打开的文件中按照指定格式输入数据。函数调用的一般形式：

```
fscanf( 文件指针，格式字符串，输入列表 );
```

其中，"文件指针"代表已打开的文件，"格式字符串"包含输入格式符，"输入列表"是与格式符对应的输入项。如果输入成功，则函数返回值为正确读入数据的个数，如果出错或读到文件结束符（EOF），则函数返回值为 EOF。

说明：

fscanf 函数除了第一个参数是文件指针外，其他两个参数的用法与 scanf 函数一样，scanf 函数是从键盘上输入数据，而 fscanf 函数是从文件中输入数据。

【例 11-2】 从例 11-1 程序产生的数据文件 d1.txt 中读入两个整数，并输出到显示器上。

```c
#include <stdio.h>
#include <stdlib.h>                          // 包含 exit 函数的原型声明
int main()
{
    FILE *fp;
    int a, b;
    if ((fp = fopen("d1.txt", "r")) == NULL)  // 以只读方式打开文件，并检查是否成功
    {
        printf ("file open error");
        exit(0);
    }
    fscanf(fp, "%d%d", &a, &b);               // 从文件中读入数据
```

```
    printf("%d %d", a, b);                          // 向显示器输出数据
    fclose(fp);
}
```

程序运行结果：

```
10 20
```

11.3.2　字符读写函数

1. 字符写函数 fputc

fputc 函数实现向已打开的文件中输出一个字符。函数调用的一般形式：

```
fputc(字符, 文件指针);
```

其中，"字符"代表要输出的字符常量或字符变量，文件指针代表已打开的文件。如果输出成功，函数返回该字符，否则返回 EOF。

说明：

fputc 函数除了最后一个参数是文件指针外，与 putchar 函数的用法基本一样，putchar 函数是向显示器输出一个字符，而 fputc 函数是向文件输出一个字符。

【**例 11-3**】 从键盘上读入一串字符，然后逐个写入文件 d2.txt，直到读入"#"为止。

```
#include <stdio.h>
#include <stdlib.h>
int main()
{
    FILE *fp;
    char ch;
    if ((fp = fopen("d2.txt", "w")) == NULL)      // 以只写方式打开文件，并判断是否成功
    {
        printf("file open error\n");
        exit(0);
    }
    while ((ch = getchar()) != '#')               // 从键盘逐个读入字符，直到"#"为止
        fputc(ch, fp);                            // 写入文件
    fclose(fp);
    return 0;
}
```

程序运行情况：

```
C Language# <回车>
```

打开文件 d2.txt 会看到其内容为 C Language。

2. 字符读函数 fgetc

fgetc 函数实现从已打开的文件中输入一个字符。函数调用的一般形式：

```
字符变量 = fgetc(文件指针);
```

其中，"文件指针"代表已打开的文件，函数返回值是从文件中读取的字符，当读到文件结束符或出错时，函数返回 EOF。

说明：

fgetc 函数除了有一个文件指针参数外，与 getchar 函数的用法相似，getchar 函数是从键盘上读入一个字符，而 fgetc 函数是从文件中读入一个字符。

【**例 11-4**】 从例 11-3 程序产生的数据文件 d2.txt 中读入所有内容，并输出到显示器上。

```
#include <stdio.h>
#include <stdlib.h>
```

```
int main()
{
    FILE *fp;
    char ch;
    if ((fp = fopen("d2.txt", "r")) == NULL)      // 以只读方式打开文件，并判断是否成功
    {
        printf("file open error\n");
        exit(0);
    }
    while ((ch = fgetc(fp)) != EOF)               // 从文件逐个读入字符，直到文件结束为止
        putchar(ch);                              // 输出到显示器上
    fclose(fp);
    return 0;
}
```

程序运行情况：

```
C Language
```

注意　根据文件结束符 EOF 来判断文件是否结束的方法只适用于文本文件，而不适用于二进制文件，这是因为在二进制文件中一般的数据很可能就是 EOF（-1）。所以应该使用系统提供的 feof 函数来判断文件是否结束，feof 函数既适用于文本文件也适用于二进制文件，具体使用方法见 11.4.4 节。

11.3.3　字符串读写函数

1. 字符串写函数 fputs

fputs 函数用于实现向已打开的文件中输出一个字符串。函数调用的一般形式：

```
fputs(字符指针，文件指针);
```

其中，"字符指针"代表字符串首字符地址，可以是字符数组名、字符指针变量或字符串常量，"文件指针"代表已打开的文件。如果输出成功，则函数返回值为非负数，否则为 EOF。

说明：

fputs 函数除了最后一个参数是文件指针外，与 puts 函数的用法相似，puts 函数是向显示器输出一个字符串，而 fputs 函数是向文件输出一个字符串。

【**例 11-5**】　从键盘上读入一个字符串，然后将其写入文件 d3.txt。

```
#include <stdio.h>
#include <stdlib.h>
int main()
{
    FILE *fp;
    char str[80];
    if ((fp = fopen("d3.txt", "w")) == NULL)      // 以只写方式打开文件，并判断是否成功
    {
        printf("file open error\n");
        exit(0);
    }
    gets(str);                                    // 从键盘上读入一个字符串
    puts(str);                                    // 输出到显示器上
    fputs(str, fp);                               // 写入文件
    fclose(fp);
    return 0;
}
```

程序运行情况：

```
C Language< 回车 >
C Language
```

打开文件 d3.txt 会看到其内容为 C Language。

2. 字符串读函数 fgets

fgets 函数实现从已打开的文件中读入一个字符串。函数调用的一般形式：

```
fgets( 字符指针，字符串存储长度，文件指针 );
```

其中，"字符指针"代表存储字符串空间的首字符地址，可以是字符数组名或字符指针变量，"字符串存储长度"是字符串长度加上 1 个字符串结束符（设字符串存储长度为 n，则从文件中读取 $n-1$ 个字符），"文件指针"代表已打开的文件。如果函数调用成功返回字符串首字符地址，如果在没有读完字符串前遇到文件结束符 EOF 或换行符，读操作结束，返回字符串首字符地址，如果函数调用失败则返回 NULL。

说明：

fgets 函数除了最后一个参数是文件指针外，与 gets 函数的用法相似，gets 函数是从键盘上读入一个字符串，而 fgets 函数是从文件中读入一个字符串。

【例 11-6】 从例 11-5 程序产生的数据文件 d3.txt 中读入一个字符串，并输出到显示器上。

```
#include <stdio.h>
#include <stdlib.h>
int main()
{
    FILE *fp;
    char str[80];
    if ((fp = fopen("d3.txt", "r")) == NULL)       // 以只读方式打开文件，并判断是否成功
    {
        printf("file open error\n");
        exit(0);
    }
    fgets(str, 11, fp);                            // 从文件读入字符串
    puts(str);                                     // 输出到显示器上
    fclose(fp);
    return 0;
}
```

程序运行情况：

```
C Language
```

11.3.4 数据块读写函数

1. 数据块写函数 fwrite

fwrite 函数实现向已打开的文件中以数据块为单位输出一组数据。函数调用的一般形式：

```
fwrite( 起始地址，每块字节数，块数，文件指针 );
```

其中，"起始地址"代表原始数据内存空间的首地址，可以是数组名或指针变量；"每块字节数"代表一组数据中每块数据的字节数；"块数"代表一组数据中的块数；"文件指针"代表已打开的文件。如果函数调用成功则返回值等于指定的"块数"，否则返回值小于指定的"块数"。

说明：

fwrite 函数是把内存中从"起始地址"开始的数据按其存储形式原样输出到文件中。

【例 11-7】 从键盘上读入一个字符串，然后将其写入文件 d4.txt。

```
#include <stdio.h>
#include <stdlib.h>
```

```
int main()
{
    FILE *fp;
    char str[80];
    int len=0;
    if ((fp = fopen("d4.txt", "w")) == NULL)    // 以只写方式打开文件, 并判断是否成功
    {
        printf("file open error\n");
        exit(0);
    }
    gets(str);                                  // 从键盘上读入一个字符串
    puts(str);                                  // 输出到显示器上
    while (str[len]) len++;                     // 计算字符串的长度
    fwrite(str, 1, len, fp);                    // 写入文件, 一块 1 个字符, 共 len 块
    fclose(fp);
    return 0;
}
```

程序运行情况:

```
C Language< 回车 >
C Language
```

打开文件 d4.txt 会看到其内容为 C Language。

2. 数据块读函数 fread

fread 函数实现从已打开的文件中以数据块为单位读入一组数据。函数调用的一般形式为:

```
fread( 起始地址, 每块字节数, 块数, 文件指针 );
```

其中, "起始地址"代表用于存储数据的内存空间的首地址, 可以是数组名或指针变量; "每块字节数"代表一组数据中每块数据的字节数; "块数"代表一组数据中的块数; "文件指针"代表已打开的文件。如果函数调用成功则返回值等于指定的"块数", 否则返回值小于指定的"块数"。

说明:

fread 函数是把文件中的数据按其存储形式原样输入到从"起始地址"开始的内存空间中。

【例 11-8】 从例 11-7 程序产生的数据文件 d4.txt 中读入 10 个字符, 并输出到显示器上。

```
#include <stdio.h>
#include <stdlib.h>
int main()
{
    FILE *fp;
    char str[80];
    if ((fp = fopen("d4.txt", "r")) == NULL)    // 以只读方式打开文件, 并判断是否成功
    {
        printf("file open error\n");
        exit(0);
    }
    fread(str, 1, 10, fp);                      // 从文件读入 10 个字节
    str[10] = '\0';                             // 由于要以字符串形式输出, 要追加空字符
    puts(str);                                  // 输出到显示器上
    fclose(fp);
    return 0;
}
```

程序运行情况:

```
C Language
```

【例 11-9】 设有 N 名学生, 每名学生的信息包括学号、姓名、年龄和住址。从键盘输入学生信息并保存到文件中。

```
#include <stdio.h>
#include <stdlib.h>
#define N 3
struct student
{
    int num;
    char name[10];
    int age;
    char addr[20];
} st[N];
int main()
{
    FILE *fp;
    int i;
    for(i = 0; i < N; i++)
        scanf("%d%s%d%s", &st[i].num, st[i].name, &st[i].age, st[i].addr);
    if ((fp = fopen("stud.dat", "wb")) == NULL)   // 以只写方式打开二进制文件
    {
        printf("file open error\n");
        exit(0);
    }
    for(i = 0; i < N; i++)
        fwrite(&st[i], sizeof(struct student), 1, fp);
    fclose(fp);
    return 0;
}
```

程序运行情况：

```
101 Wang 20 R205< 回车 >
102 Zhao 19 R102< 回车 >
103 Qian 20 R208< 回车 >
```

数据保存在文件 stud.dat 中。

【例 11-10】　从例 11-9 程序建立的文件中读取学生信息并输出到显示器上。

```
#include <stdio.h>
#include <stdlib.h>
#define N 3
struct student
{
    int num;
    char name[10];
    int age;
    char addr[20];
} st[N];
int main()
{
    FILE *fp;
    int i;
    if ((fp = fopen("stud.dat", "rb")) == NULL)   // 以只读方式打开二进制文件
    {
        printf("file open error\n");
        exit(0);
    }
    for(i = 0; i < N; i++)
        fread(&st[i], sizeof(struct student), 1, fp);
    for(i = 0; i < N; i++)
        printf("%d\t%s\t%d\t%s\n", st[i].num, st[i].name, st[i].age, st[i].addr);
    fclose(fp);
    return 0;
}
```

程序运行情况:

```
101     Wang     20      R205
102     Zhao     19      R102
103     Qian     20      R208
```

11.4 文件的随机访问

文件的访问方式分为两种:一种是顺序访问方式,另一种是随机访问方式。这两种访问方式主要是根据对文件位置指针的不同操作而划分的。文件位置指针是用于记录和指示当前读写操作位置的文件内部变量。在顺序访问方式下,每进行一次读写操作后,文件位置指针会自动移动到下一个读写位置,前面程序的文件访问方式都属于顺序访问方式。在随机访问方式下,通过移动文件位置指针可以定位到文件中的任意位置,从而实现文件的随机读写。下面介绍一下与文件位置指针有关的函数。

11.4.1 文件位置指针回绕函数

文件刚打开时,文件位置指针指向文件开头(即文件首字节),在操作过程中,文件位置指针会发生变化,如果想让文件位置指针重新指向文件开头,可以使用 rewind 函数,函数调用的一般形式:

```
rewind( 文件指针 );
```

其中,"文件指针"代表已打开的文件。函数没有返回值。

说明:

当文件是以"追加"方式打开时,rewind 函数对写操作不起作用。

【**例 11-11**】 先将 file1.c 的文件内容在屏幕上显示出来,然后将其内容复制到 file2.c 文件中。假设 file1.c 文件已存在。

```c
#include <stdio.h>
#include <stdlib.h>
int main()
{
    FILE *fp1, *fp2;
    char ch;
    if ((fp1 = fopen("file1.c", "r")) == NULL)    // 以只读方式打开文件, 并判断是否成功
    {
        printf("error when open for reading\n");
        exit(0);
    }
    if ((fp2 = fopen("file2.c", "w")) == NULL)    // 以只写方式打开文件, 并判断是否成功
    {
        printf("error when open for writting\n");
        exit(0);
    }
    ch = fgetc(fp1);
    while (!feof(fp1))                // 从 fp1 指向的文件中读出字符并显示
    {
        putchar(ch);
        ch = fgetc(fp1);
    }
    rewind(fp1);                      // 文件位置指针返回到文件开头位置
    ch = fgetc(fp1);
    while (!feof(fp1))                // 从 fp1 指向的文件中读出字符并输出到 fp2 指向的文件中
    {
        fputc(ch, fp2);
```

```
        ch = fgetc(fp1);
    }
    fclose(fp2);
    fclose(fp1);
    return 0;
}
```

11.4.2　文件位置指针定位函数

如果想在文件中的任意位置进行随机读写操作，可以用 fseek 函数移动文件位置指针定位到指定位置。函数调用的一般形式：

```
fseek( 文件指针, 偏移量, 基准位置 );
```

其中，"文件指针"代表已打开的文件，"偏移量"是相对于基准位置偏移的字节数，"基准位置"代表偏移量的相对起始点。如果函数调用成功返回值为 0，否则返回值为非 0。

说明：

1）fseek 函数将文件位置指针相对于基准位置移动一个偏移量，从而将文件位置指针定位到指定位置。

2）偏移量的数据类型为 long 型，正数表示向前移动（即向文件尾移动），负数表示向后移动（即向文件首移动）。

3）基准位置有 3 个，可分别用 3 个整数常量表示，0 代表文件开始位置，1 代表当前位置，2 代表文件末尾位置。也可以使用 stdio.h 头文件中的宏定义：SEEK_SET、SEEK_CUR、SEEK_END（分别定义为 0、1、2）。注意：文件末尾位置是文件最后一个字节后面的位置。例如：

```
fseek(fp, 40L, 0);    // 表示文件位置指针从文件开头向前移动 40 个字节
fseek(fp, 20L, 1);    // 表示文件位置指针从当前位置向前移动 20 个字节
fseek(fp, -3L, 2);    // 表示文件位置指针从文件末尾向后移动 3 个字节
```

4）一般情况下 fseek 函数主要用于以二进制形式打开的文件，不建议用于以文本形式打开的文件。

【例 11-12】 将 N 名学生 3 门课程的成绩保存在 student.dat 文件中，然后从文件中读取第二名学生和最后一名学生的成绩，并输出到显示器上。

```
#include <stdio.h>
#include <stdlib.h>
#define  N   8
typedef struct student
{
    int sno;
    char name[10];
    double score[3];
} STUD;
int main()
{
    STUD t[N] = {
                {101,"ZhaoJing",85,60,69}, {102,"FuShan",85,87,61},
                {103,"ZhangJun",88,77,65}, {104,"MaLi",80,84,72},
                {105,"WangWei",95,80,88}, {106,"ZhuQian",85,83,80},
                {107,"YangKui",95,67,82}, {108,"SunHui",67,82,74} };
    STUD s;
    FILE *fp;
    fp = fopen("student.dat", "wb");    // 以只写方式打开二进制文件
    fwrite(t, sizeof(STUD), N, fp);     // 将 t 数组全部写入 fp 指向的文件
    fclose(fp);
    fp = fopen("student.dat", "rb");    // 以只读方式打开二进制文件
```

```
        fseek(fp, sizeof(STUD), 1);             // 定位到第二名学生的位置
        fread(&s, sizeof(STUD), 1, fp);         // 读出第二名学生的信息
        printf("%d\t%-10s\t%.1lf\t%.1lf\t%.1lf",s.sno,s.name,s.score[0],s.score[1],s.score[2]);
        printf("\n");
        fseek(fp, -sizeof(STUD), 2);            // 定位到最后一名学生的位置
        fread(&s, sizeof(STUD), 1, fp);         // 读出最后一名学生的信息
        printf("%d\t%-10s\t%.1lf\t%.1lf\t%.1lf",s.sno,s.name,s.score[0],s.score[1],s.score[2]);
        printf("\n");
        fclose(fp);
        return 0;
}
```

程序运行结果：

```
102      FuShan              85.0     87.0     61.0
108      SunHui              67.0     82.0     74.0
```

11.4.3　文件位置指针获取函数

如果想获取文件位置指针所指向的当前位置，可以用 ftell 函数。函数调用的一般形式：

```
long pos;
pos = ftell( 文件指针 );
```

其中，"文件指针"代表已打开的文件。函数返回值为当前文件位置指针的内容，即相对文件开始位置的字节数，如果出现错误，则返回 -1L（长整型常量）。

【例 11-13】　假设已存在一个文件 test.dat，其内容为 abcdefg，用 fread 函数读取 5 个字节后，验证文件位置指针的内容。

```c
#include <stdio.h>
#include <stdlib.h>
int main()
{
    FILE *fp;
    long pos;
    char str[80];
    if ((fp = fopen("test.dat", "rb")) == NULL)
    {
        printf("file open error");
        exit(0);
    }
    fread(str, sizeof(char), 5, fp);
    pos = ftell(fp);
    printf( "position: %ld\n", pos);
    fclose(fp);
    return 0;
}
```

程序运行结果：

```
position: 5
```

文件刚打开时，文件位置指针指向文件首字节，读取 5 个字节后，文件位置指针指向相对文件开始位置偏移 5 个字节的位置。

11.4.4　文件结束检测函数

如果想检测文件位置指针是否已到达了文件结束位置（即文件尾），可以用 feof 函数，函数调用的一般形式：

```
feof( 文件指针 )
```

其中，文件指针代表已打开的文件。若文件位置指针已到达了文件尾且执行了读操作，函数返回非零值（真），否则返回 0（假）。

说明：

1）文件尾是指文件最后一个字节的后面。只有当文件位置指针指向了文件尾并且又进行了读操作后，feof 函数才返回真。注意该函数并不是判断是否读到了 EOF。

2）当用 fscanf 函数且格式符不是 %c 读取文件的最后一个数据后，feof() 函数返回真。

【例 11-14】 假设已存在一个文件 data.txt，其内容为 hello，请统计该文件中的字符数。

```c
#include <stdio.h>
#include <stdlib.h>
int main()
{
    FILE *fp;
    char ch;
    int count = 0;
    if ((fp = fopen("data.txt", "r")) == NULL)
    {
        printf("file open error\n");
        exit(0);
    }
    ch = fgetc(fp);
    while (!feof(fp))
    {
        count++;
        ch = fgetc(fp);
    }
    printf("count=%d\n", count);
    fclose(fp);
    return 0;
}
```

程序运行结果：

```
count=5
```

11.5　文件的其他操作

11.5.1　文件错误检测函数

在调用各种文件操作函数时，如果出现错误，可以使用函数返回值进行判断，也可以使用 ferror 函数检测，函数调用的一般形式：

```
ferror(文件指针)
```

其中，"文件指针"代表已打开的文件。若该函数返回值为非 0 则表示出错，返回 0 值表示未出错。

说明：

由于每次调用输入 / 输出函数，均产生一个新的错误信息标志，所以应该在调用输入 / 输出函数后立即检查 ferror 函数的返回值，否则会丢失错误信息。调用 clearerr(文件指针) 函数可以清除错误标志。另外，执行 fopen 函数、rewind 函数或任意一个输入 / 输出函数都会清除错误标志。

【例 11-15】 以只读方式打开一个文件 test.txt，练习 ferror 函数的使用。

```c
#include <stdio.h>
#include <stdlib.h>
int main()
{
```

```
    FILE *fp;
    if ((fp = fopen("test.txt", "r")) == NULL) // 以只读方式打开文件
    {
        printf("file open error\n");
        exit(0);
    }
    fputc('a',fp);                              // 向文件中写入一个字符
    if (ferror(fp))                             // 检查最近的输入 / 输出操作是否出错
    {
        printf("I/O Error\n");
        return 0;
    }
    fclose(fp);
    return 0;
}
```

程序运行结果：

```
I/O Error
```

由于文件是以只读方式打开的，不能向文件中写入数据，所以 ferror 函数检测到函数调用
"fputc('a', fp)" 出错。

11.5.2　标准输入 / 输出设备

前面介绍过，操作系统把每一个与主机相连的输入 / 输出设备都看作一个文件，因此可以采
用文件操作方式来访问外部设备。其中，键盘是标准输入设备，显示器是标准输出设备和标准
错误输出设备。在 C 语言的头文件 stdio.h 中定义了 3 个文件指针，分别指向 3 种设备：

1）标准输入设备文件指针 stdin，默认为键盘。

2）标准输出设备文件指针 stdout，默认为显示器。

3）标准错误输出设备文件指针 stderr，默认为显示器。

这 3 个文件在程序运行时自动打开，在程序结束时自动关闭，而不必调用打开文件函数和关
闭文件函数。编程时可以直接利用文件读写函数操作这 3 种设备。例如：

```
#include <stdio.h>
int main( )
{
    int a;
    fscanf(stdin, "%d", &a);        // 从键盘输入，相当于：scanf("%d", &a);
    fprintf(stdout, "%d\n", a);     // 向显示器输出，相当于：printf("%d\n", a);
    fprintf(stderr, "Ok\n");        // 向显示器输出，相当于：printf("Ok\n");
    return 0;
}
```

11.5.3　刷新文件缓冲区函数

如前所述，缓冲文件系统自动在内存中为文件开辟一个缓冲区，当程序向文件输出数据时，
先将数据送到缓冲区中，待装满缓冲区后，由操作系统把缓冲区的数据存入文件。当程序从文
件输入数据时，先由操作系统把一批数据装入缓冲区中，然后程序从缓冲区中读入数据。

当输出数据且缓冲区未装满时，可以使用 fflush 函数立即将缓冲区的数据输出到文件中。当
输入数据且不再需要缓冲区的数据时，可以使用 fflush 函数立即清空当前缓冲区的数据并装入下
一批数据。函数调用的一般形式：

```
fflush( 文件指针 );
```

其中，"文件指针" 代表已打开的文件。如果调用成功函数返回值为 0，否则为 EOF。

说明：

1）如果是向文件中输出数据，则 fflush 函数将输出缓冲区中的内容写入文件。如果是从文件中输入数据，则 fflush 函数会清除输入缓冲区的内容。

2）可以用于标准输入 / 输出设备，经常用于标准输入设备（键盘），例如：

```
#include <stdio.h>
int main()
{
    char ch1, ch2;
    scanf("%c", &ch1);        // 读入第一个字符
    fflush(stdin);            // 清空键盘输入缓冲区
    scanf("%c", &ch2);        // 读入第二个字符
    printf("ch1=%c, ch2=%c", ch1, ch2);
}
```

程序运行情况：

```
a< 回车 >
b< 回车 >
ch1=a, ch2=b
```

程序中"fflush(stdin);"的作用是清空键盘输入缓冲区，如果没有这个函数调用，则读入的第二个字符将会是字母 a 后面的"\n"（回车键在缓冲区中会转换为换行符）。当然也可以用 getchar 函数完成同样的功能，即将"fflush(stdin);"改为"while (getchar() != '\n');"。

小结

本章主要阐述了文件的基本概念以及文件的常用操作方法。

一般来说，文件是指存储在外部介质上的数据集合。操作系统是以文件为单位对数据进行管理的，并把每一个与主机相连的输入 / 输出设备都看作一个文件。C 语言把文件看作一个字符（字节）序列，对文件的存取是以字符（字节）为单位的。根据数据的编码形式，文件可分为文本文件和二进制文件。文本文件是由可打印 ASCII 字符构成的，每一个 ASCII 字符在内存中占 1 个字节，而二进制文件是把内存中的数据按其在内存中的存储形式原样输出到文件。根据输入 / 输出方式，文件系统分为缓冲文件系统和非缓冲文件系统。缓冲文件系统中的文件描述信息保存在一个结构体（FILE）中，指向这个结构体的指针称为文件类型指针。

文件使用前一定要利用 fopen 函数正确打开，使用完后必须使用 fclose 函数关闭。打开文件时需要确定三个要素，即文件名、文件使用方式和文件指针。文件的访问方式分为顺序访问方式和随机访问方式。这两种访问方式主要是根据对文件位置指针的不同操作而划分的。在顺序访问方式下，每进行一次读写操作后，文件位置指针会自动移动到下一个读写位置；在随机访问方式下，通过移动文件位置指针可以定位到文件中的任意位置。

本章介绍的文件读写操作函数包括格式化读写函数（fscanf 和 fprintf）、字符读写函数（fgetc 和 fputc）、字符串读写函数（fgets 和 fputs）以及数据块读写函数（fread 和 fwrite）。用于实现文件随机访问的函数包括：文件位置指针回绕函数（rewind）、文件位置指针定位函数（fseek）、文件位置指针获取函数（ftell），以及文件结束检测函数（feof）。其他函数包括文件出错检测函数（ferror）和刷新文件缓冲区函数（fflush）。

习题

一、判断题

以下各题如果叙述正确，则在题后的括号中填入"Y"，否则填入"N"。

1. 文件一般是指存储在外部介质上的数据集合。（　　　）

2. C 语言可以处理的文件类型只有文本文件。（　　　）

3. C 语言中，文件的存取方式可以是随机存取，也可以是顺序存取。（　　　）

4. feof(fp) 函数用来判断 fp 所指向的文件是否读取结束，若文件结束，则函数的返回值是真（非 0），否则是假（0）。（　　　）

5. 可以用 "r" 方式打开一个并不存在的文本文件。（　　　）

6. 对文件进行读写操作之前必须打开该文件。（　　　）

7. rewind 函数的作用是返回文件位置指针移动前的位置。（　　　）

8. 表达式 "(c=fgetc(fp))!=EOF" 的功能是从 fp 指向的文件中读取一个字符赋值给字符变量 c，并判断是否读到文件结束符。（　　　）

二、选择题

以下各题在给定的四个答案中选择一个正确答案。

1. 一个 short int 型整数 2000 在内存中占 2 个字节，如果按 ASCII 码形式输出，则占据的字节数是（　　　）。

　　A. 1　　　　　　　　　B. 2　　　　　　　　　C. 3　　　　　　　　　D. 4

2. 在 C 语言中，文件存取的基本单位是（　　　）。

　　A. 字　　　　　　　　B. 字节　　　　　　　　C. 位　　　　　　　　D. 回车符

3. 在 C 语言中，从文件中将数据读到内存称为（　　　）。

　　A. 输入　　　　　　　B. 输出　　　　　　　　C. 修改　　　　　　　D. 删除

4. 以读写方式打开一个已存在的文本文件 fd.dat，下面 fopen 函数正确的调用方式是（　　　）。

　　A. FILE *fp;　　　　　　　　　　　　　　B. FILE *fp;
　　　 fp = fopen("fd.dat", "r");　　　　　　　　 fp = fopen("fd.dat", "rb");
　　C. FILE *fp;　　　　　　　　　　　　　　D. FILE *fp;
　　　 fp = fopen("fd.dat", "r+");　　　　　　　 fp = fopen("fd.dat", "rb+");

5. 从 fp 所指向的文件中读取两个整数并分别赋给两个整型变量 a 和 b，正确的形式是（　　　）。

　　A. fscanf("%d%d", &a, &b, fp);　　　　　　B. fscanf(fp, "%d%d", &a, &b);
　　C. fscanf("%d%d", a, b, fp);　　　　　　　D. fscanf(fp, "%d%d", a, b);

6. 执行如下程序段后，则磁盘上生成文件的文件名是（　　　）。

```
#include <stdio.h>
FILE *fp;
fp = fopen("filename", "w");
```

　　A. filename　　　　　B. filename.txt　　　　C. filename.dat　　　　D. filename.c

7. 如果将文件指针 fp 所指向的文件中的文件位置指针置于文件尾，正确的语句是（　　　）。

　　A. fseek(fp, 0L, 2);　　B. feof(fp);　　　C. fseek(fp, 0L, 0);　　D. rewind(fp);

8. 在 C 语言中，下面对文件的叙述正确的是（　　　）。

　　A. 用 "r" 方式打开的文件只能用于向文件写数据

　　B. 用 "R" 方式打开的文件可以用于从文件读数据

　　C. 用 "w" 方式打开的文件只能用于向文件写数据，且该文件可以不存在

　　D. 用 "a" 方式打开的文件可以用于从文件读数据

三、完善程序题

以下各题在每题给定的 A、B 两个空中填入正确内容，使程序完整。

1. 下面程序用来统计文件中字符的个数。

```
#include <stdio.h>
#include <stdlib.h>
int main()
{
    FILE *fp;
    long num = 0;
    if ((fp = fopen("file.dat", "r")) == NULL)
    {
        printf("Can't Open File!\n");
        exit(0);
    }
    while ___A___
    {
        fgetc(fp);
        num++;
    }
    printf("num=%d\n", num - 1);
    ___B___ ;
    return 0;
}
```

2. 下面程序由键盘输入一个文件名，然后把从键盘输入的字符依次存放到文件中，用"#"作为结束输入的标志。

```
#include <stdlib.h>
#include <stdio.h>
int main()
{
    FILE *fp;
    char ch, filename[20];
    printf("Input the name of file:\n");
    gets(filename);
    if ((fp = ___A___ ) == NULL)
    {
        printf("Can't Open File\n");
        exit(0);
    }
    printf("Enter data:\n");
    while ((ch = getchar()) != '#')
        fputc(___B___ , fp);
    fclose(fp);
    return 0;
}
```

3. 下面程序（源文件名为 hh.c）是将磁盘中的一个文件（aa.dat）复制到另一个文件（bb.dat）中。
   说明：对该程序进行编译和链接，则在 debug 文件夹下生成可执行文件 hh.exe；然后在该文件夹里建立原始数据文件 aa.dat；打开 DOS 命令窗口，进入 debug 文件夹，在提示符后面输入 hh aa.dat bb.dat< 回车 >。

```
#include <stdlib.h>
#include <stdio.h>
int main(int argc, char *argv[])
{
    FILE *fp1, *fp2;
    char ch;
    if (argc < ___A___ )
    {
        printf("parameters missing!");
        exit(0);
    }
    if ((fp1 = fopen(argv[1], "r")) == NULL || (fp2 = fopen(argv[2], "w")) == NULL)
```

```
    {
        printf("Can't Open file!\n");
        exit(0);
    }
    ch = fgetc(fp1);
    while (____B____)
    {
        fputc(ch, fp2);
        ch = fgetc(fp1);
    }
    fclose(fp1);
    fclose(fp2);
    return 0;
}
```

4. 下面程序随机产生 20 个整数（10～99），以每行 5 个数输出到文本文件 D:\data.txt 中，要求每个数据占 5 个字符宽度，并且数据之间以逗号分隔。

```
#include <stdio.h>
#include <stdlib.h>
#include <time.h>
void fd(int a[], int n)
{
    int i;
    srand((unsigned int)time(NULL));
    for (i = 0; i < n; i++)
        a[i] = (rand() % 90) + 10;
    return;
}
void pd(int a[], int n)
{
    int i;
    FILE *fp;
    if ((fp = fopen(____A____)) == NULL)
    {
        printf("Cannot open the file!");
        exit(0);
    }
    for (i = 0; i < n; i++)
    {
        if ((i + 1) % 5 == 0)
            fprintf(fp, ____B____, a[i]);
        else
            fprintf(fp, "%5d,", a[i]);
    }
    fclose(fp);
    return;
}
int main()
{
    int a[20];
    fd(a, 20);
    pd(a, 20);
    return 0;
}
```

5. 从磁盘文件 f1.txt 和 f2.txt 中读出字符，再将读出的字符按从小到大排序后，输出到磁盘文件 f3.txt 中。

```
#include <stdio.h>
#include <stdlib.h>
int main()
```

```
{
       A
    char st[100], ch;
    int n = 0, i, j, m;
    if ((p1 = fopen("f1.txt", "r")) == NULL || (p2 = fopen("f2.txt", "r")) == NULL
       || (p3 = fopen("f3.txt", "w")) == NULL)
    {
        printf("Can't Open File!\n");
        exit(0);
    }
    while ((ch = fgetc(p1)) != EOF) st[n++] = ch;   // 读取文件 f1.txt 的内容, 存入数组 st
    while ((ch =       B       ) st[n++] = ch;
    printf("f1.txt 和 f2.txt 中的字符为: \n");
    for (i = 0; i < n; i++)
        putchar(st[i]);
    for (i = 0; i < n - 1; i++)                      // 排序
    {
        m = i;
        for (j = i + 1; j < n; j++)
            if (st[j] < st[m])
                m = j;
        if (i != m)
        {
            ch = st[i];
            st[i] = st[m];
            st[m] = ch;
        }
    }
    printf("\n");
    printf(" 排序后放入 f3.txt 的字符为: \n");
    for (i = 0; i < n; i++)
    {
        putchar(st[i]);
        fputc(st[i], p3);
    }
    printf("\n");
    fclose(p1);
    fclose(p2);
    fclose(p3);
    return 0;
}
```

6. 以下程序从文件中依次读取某单位每位职工的姓名和工资（整数），然后计算所有职工的工资总和。

```
#include <stdio.h>
#include <stdlib.h>
struct
{
    char name[10];          // 姓名
    int wage;               // 工资
} st[20];
int main()
{
    FILE *fp;
    int i, n = 0;
    long sum = 0;
    if ((fp = fopen("wage.dat", "r")) == NULL)
    {
        printf("file open error");
        exit(1);
    }
```

```
        while (     A     )
        {
            fscanf(fp, "%s%d", st[n].name, &st[n].wage);    // 从文件读每位职工的姓名和工资
            printf("%s\t%d\n", st[n].name, st[n].wage);
            sum = sum + st[n].wage;                          // 统计总工资
                  B
        }
        printf("\n职工总工资: %ld\n", sum);
        fclose(fp);
    }
```

四、阅读程序题

写出以下各程序的运行结果。

1.
```
#include <stdlib.h>
#include <stdio.h>
int main()
{
    FILE *fp;
    char ch;
    if ((fp = fopen("file.txt", "r")) == NULL)
    {
        printf("Can't Open File\n");
        exit(0);
    }
    ch = fgetc(fp);
    while (!feof(fp))
    {
        printf("%c", ch + 2);
        ch = fgetc(fp);
    }
    fclose(fp);
    return 0;
}
```

其中，文件 file.txt 的内容为 “aDB23”。

运行结果: _____。

2.
```
#include <stdlib.h>
#include <stdio.h>
int main()
{
    FILE *fp;
    int count = 0;
    if ((fp = fopen("file.txt", "r")) == NULL)
    {
        printf("Can't Open File\n");
        exit(0);
    }
    while (!feof(fp))
    {
        fgetc(fp);
        count++;
    }
    printf("count=%d\n", count);
    fclose(fp);
    return 0;
}
```

其中，文件 file.txt 的内容为 “aA1bB2cC3dD4”。

运行结果: _____。

3.
```c
#include <stdio.h>
int main()
{
    FILE *fp1, *fp2;
    char ch;
    fp1 = fopen("file1.txt", "r");
    fp2 = fopen("file2.txt", "w");
    ch = fgetc(fp1);
    while (!feof(fp1))
    {
        fputc(ch, fp2);
        ch = fgetc(fp1);
    }
    fclose(fp1);
    fclose(fp2);
    return 0;
}
```
其中，文件 file1.txt 的内容为"C language"。

运行后 file2.txt 的内容是: ＿＿＿＿＿＿＿＿＿＿＿＿。

4.
```c
#include <stdlib.h>
#include <stdio.h>
int main()
{
    FILE *f1, *f2;
    char ch;
    if ((f1 = fopen("file1.txt", "r")) == NULL)   // 以只读方式打开 file1.txt
    {
        printf("Can't Open File\n");
        exit(0);
    }
    if ((f2 = fopen("file2.txt", "w")) == NULL)   // 以只写方式打开 file2.txt
    {
        printf("Can't Open File\n");
        exit(0);
    }
    ch = fgetc(f1);
    while (!feof(f1))
    {
        if (ch >= '0' && ch <= '9')
            ch += 4;
        if (ch >= 'a' && ch <= 'z')
            ch -= 32;
        else if (ch >= 'A' && ch <= 'Z')
            ch += 32;
        fputc(ch, f2);
        ch = fgetc(f1);
    }
    fclose(f1);
    fclose(f2);
    return 0;
}
```
其中，文件 file1.txt 的内容为"abcd1234"。

运行后，文件 file2.txt 中的内容是: ＿＿＿＿＿＿＿＿＿＿＿＿。

5.
```c
#include <stdio.h>
int main()
{
    FILE *fp;
    char *s = "That's a good news";
```

```
        int  i = 98;
        fp = fopen("score.dat", "w");
        fputs("Your score of C Language", fp);
        fputc(':', fp);
        fprintf(fp, "%d\n", i);
        fprintf(fp, "%s", s);
        fclose(fp);
    }
```

运行后，文件 score.dat 的内容是：_____。

6.
```
#include <stdio.h>
   int main()
   {
        FILE *fp;
        int i, a[6] = {1, 2, 3, 4, 5, 6};
        fp = fopen("test.dat", "a+");
        for (i = 0; i < 6; i++)
            fprintf(fp, "%d ", a[i]);
        rewind(fp);
        for (i = 0; i < 6; i++)
            fscanf(fp, "%d", &a[5 - i]);
        rewind(fp);
        fprintf(fp, "\n");
        for (i = 0; i < 6; i++)
            fprintf(fp, "%d ", a[i]);
        fclose(fp);
   }
```

假设文件 test.dat 不存在。

运行后，文件 test.dat 的内容是：_____。

附录 A

C 语言的关键字

auto	break	case	char
const	continue	default	do
double	else	enum	extern
float	for	goto	if
int	long	register	return
short	signed	sizeof	static
struct	switch	typedef	union
unsigned	void	volatile	while

附录 B

双目算术运算中两边运算量类型转换规律

运算数 1	运算数 2	转换结果类型
短整型	长整型	短整型→长整型
整型	长整型	整型→长整型
字符型	整型	字符型→整型
整型	单精度浮点型	整型→单精度浮点型
单精度浮点型	双精度浮点型	单精度浮点型→双精度浮点型
双精度浮点型	长双精度浮点型	双精度浮点型→长双精度浮点型

附录 C

运算符的优先级和结合性

优先级	运算符	运算符功能	运算类型	结合方向
最高 15	( ) [ ] -> .	圆括号、函数参数表 数组元素下标 指向结构体成员 结构体成员		从左至右
14	! ~ ++、-- + - * & (类型名) sizeof	逻辑非 按位取反 自增1、自减1 求正 求负 取内容运算符 取地址运算符 强制类型转换 求所占字节数	单目运算	从右至左
13	*、/、%	乘、除、整数求余	双目算术运算	从左至右
12	+、-	加、减	双目算术运算	从左至右
11	<<、>>	左移、右移	移位运算	从左至右
10	<、<=、>、>=	小于、小于等于、 大于、大于等于	关系运算	从左至右
9	==、!=	等于、不等于	关系运算	从左至右
8	&	按位与	位运算	从左至右
7	^	按位异或	位运算	从左至右
6	|	按位或	位运算	从左至右
5	&&	逻辑与	逻辑运算	从左至右
4	||	逻辑或	逻辑运算	从左至右
3	?:	条件运算	三目运算	从右至左
2	=、+=、-=、*=、 /=、%=、&=、^=、 |=、<<=、>>=	赋值、运算且赋值	双目运算	从右至左
最低 1	,	顺序求值	顺序运算	从左至右

说明： 同一优先级的运算次序由结合方向决定。例如，* 号和 / 号有相同的优先级，其结合方向为从左到右，因此，6/2*7 的运算次序是先除后乘。

常用字符与 ASCII 码对照表

十进制	十六进制	符号	十进制	十六进制	符号
0	0H	（NULL）	24	18H	
1	1H		25	19H	
2	2H		26	1AH	
3	3H		27	1BH	
4	4H		28	1CH	
5	5H		29	1DH	
6	6H		30	1EH	
7	7H		31	1FH	
8	8H	'\b'	32	20H	空格符
9	9H	'\t'	33	21H	!
10	AH	'\n'	34	22H	"
11	BH	'\v'	35	23H	#
12	CH	'\f'	36	24H	$
13	DH	'\r'	37	25H	%
14	EH		38	26H	&
15	FH		39	27H	'
16	10H		40	28H	(
17	11H		41	29H	)
18	12H		42	2AH	*
19	13H		43	2BH	+
20	14H		44	2CH	,
21	15H		45	2DH	−
22	16H		46	2EH	.
23	17H		47	2FH	/

（续）

十进制	十六进制	符号	十进制	十六进制	符号
48	30H	0	88	58H	X
49	31H	1	89	59H	Y
50	32H	2	90	5AH	Z
51	33H	3	91	5BH	[
52	34H	4	92	5CH	\
53	35H	5	93	5DH	]
54	36H	6	94	5EH	^
55	37H	7	95	5FH	_
56	38H	8	96	60H	'
57	39H	9	97	61H	a
58	3AH	:	98	62H	b
59	3BH	;	99	63H	c
60	3CH	<	100	64H	d
61	3DH	=	101	65H	e
62	3EH	>	102	66H	f
63	3FH	?	103	67H	g
64	40H	@	104	68H	h
65	41H	A	105	69H	i
66	42H	B	106	6AH	j
67	43H	C	107	6BH	k
68	44H	D	108	6CH	l
69	45H	E	109	6DH	m
70	46H	F	110	6EH	n
71	47H	G	111	6FH	o
72	48H	H	112	70H	p
73	49H	I	113	71H	q
74	4AH	J	114	72H	r
75	4BH	K	115	73H	s
76	4CH	L	116	74H	t
77	4DH	M	117	75H	u
78	4EH	N	118	76H	v
79	4FH	O	119	77H	w
80	50H	P	120	78H	x
81	51H	Q	121	79H	y
82	52H	R	122	7AH	z
83	53H	S	123	7BH	{
84	54H	T	124	7CH	|
85	55H	U	125	7DH	|
86	56H	V	126	7EH	~
87	57H	W	127	7FH	

附录 E

常用库函数

ANSI C 提供了数量众多的库函数，标准库函数不是 C 语言本身的构成部分，但为标准 C 的实现提供支持。使用库函数要在源文件中包含相应的头文件，C 编译系统不同，则所需包含的头文件也略有差别。本附录仅从教学角度列出最基本的一些库函数。读者如有需要，请查阅有关手册。

E.1 数学函数

调用数学函数时，要求在源文件中包含头文件"math.h"。

函数名	函数原型说明	功　能	返回值	说　明
abs	int abs(int x)	求整数 x 的绝对值	计算结果	有的系统要求包含头文件"stdlib.h"
acos	double acos(double x);	计算 arccos(x) 的值	计算结果	x 在 −1 ～ 1 范围内
asin	double asin(double x);	计算 arcsin(x) 的值	计算结果	x 在 −1 ～ 1 范围内
atan	double atan(double x);	计算 arctan(x) 的值	计算结果	
atan2	double atan2(double x, double y);	计算 arctan(x/y) 的值	计算结果	
cos	double cos(double x);	计算 cos(x) 的值	计算结果	x 的单位为弧度
cosh	double cosh(double x);	计算 x 的双曲余弦函数 cosh(x) 的值	计算结果	
exp	double exp(double x);	求 e^x 的值	计算结果	
fabs	double fabs(double x);	求 x 的绝对值	计算结果	
floor	double floor(double x);	求不大于 x 的最大整数	该整数的双精度实数	
fmod	double fmod(double x, double y);	求 x/y 的浮点余数，符号与 x 相同	该余数的双精度实数	

（续）

函数名	函数原型说明	功　能	返回值	说　明
frexp	double frexp(double val, int *exp)	把双精度数 val 分解为尾数 x 和以 2 为底、指数为 n 的幂，即 val=x*2^n，n 存放在 exp 所指的变量中	返回尾数 x，$0.5 \leqslant x < 1$	
log	double log(double x);	求 lnx	计算结果	$x > 0$
log10	double log10(double x);	求 lgx	计算结果	$x > 0$
modf	double modf(double val, double *ip)	把双精度数 val 分解成整数部分和小数部分，整数部分存放在 ip 所指的变量中，两部分的正负号都与 val 相同	返 回 小数部分	
pow	double pow(double x, double y);	计算 x^y 的值	计算结果	
sin	double sin(double x);	计算 sin(x) 的值	计算结果	x 单位为弧度
sinh	double sinh(double x);	计算 x 的双曲正弦函数 sinh(x) 的值	计算结果	
sqrt	double sqrt(double x);	计算 $\sqrt{x}$	计算结果	$x \geqslant 0$
tan	double tan(double x);	计算 tan(x)	计算结果	x 单位为弧度
tanh	double tanh(double x);	计算 x 的双曲正切函数 tanh(x) 的值	计算结果	

E.2　字符函数

调用字符函数时，要求在源文件中包含头文件"ctype.h"。

函数名	函数原型说明	功　能	返回值
isalnum	int isalnum(int ch);	检查 ch 是否为字母或数字	是，返回 1；否则返回 0
isalpha	int isalpha(int ch);	检查 ch 是否为字母	是，返回 1；否则返回 0
iscntrl	int iscntrl(int ch);	检查 ch 是否为控制字符	是，返回 1；否则返回 0
isdigit	int isdigit(int ch);	检查 ch 是否为十进制数字	是，返回非零值；否则返回 0
isgraph	int isgraph(int ch);	检查 ch 是否为 ASCII 码值在 0x21 到 0x7e 的可打印字符（即不包含空格字符）	是，返回 1；否则返回 0
islower	int islower(int ch);	检查 ch 是否为小写字母	是，返回 1；否则返回 0
isprint	int isprint(int ch);	检查 ch 是否为包括空格的可打印字符	是，返回 1；否则返回 0
ispunct	int ispunct(int ch);	检查 ch 是否为除空格、字母和数字外的可打印字符	是，返回 1；否则返回 0
isspace	int isspace(int ch);	检查 ch 是否为空格、制表、换页、回车或换行字符	是，返回 1；否则返回 0
isupper	int isupper(int ch);	检查 ch 是否为大写字母	是，返回 1；否则返回 0
isxdigit	int isxdigit(int ch);	检查 ch 是否为 16 进制数字	是，返回非零值；否则返回 0
tolower	int tolower(int ch);	把 ch 中的字母转换成小写字母	返回对应的小写字母
toupper	int toupper(int ch);	把 ch 中的字母转换成大写字母	返回对应的大写字母

E.3　字符串函数

调用字符串函数时，要求在源文件中包含头文件"string.h"。

函数名	函数原型说明	功　　能	返回值
strcat	char *strcat(char *s1, char *s2);	把字符串 s2 接到 s1 后面	s1 所指存储单元的地址
strchr	char *strchr(char *s, int ch);	在 s 所指字符串中，找出第一次出现字符 ch 的位置	返回找到的字符的地址，找不到返回 NULL
strcmp	char strcmp(char *s1,char *s2);	对 s1 和 s2 所指字符串进行比较	s1<s2，返回负数 s1==s2，返回 0 s1>s2，返回正数
strcpy	char *strcpy(char *s1,char *s2);	把 s2 指向的字符串复制到 s1 指向的存储区域	s1 所指存储区域的首地址
strlen	unsigned int strlen(char *s);	求字符串 s 的长度	返回字符串中字符（不包括终止符 '\0'）的个数
strstr	char *strstr(char *s1,char *s2) ;	找出字符串 s2 在 s1 所指字符串中第一次出现的位置（不包括 s2 的串结束符）	返回该位置的地址，找不到返回 NULL

E.4　输入 / 输出函数

调用输入 / 输出函数时，要求在源文件中包含头文件"stdio.h"。

函数名	函数原型说明	功　　能	返回值
clearerr	void clearerr(FILE *fp);	清除与文件指针 fp 有关的所有出错信息和文件结束符	无
fclose	int fclose(FILE *fp);	关闭 fp 所指的文件，释放文件缓冲区	出错返回非 0，否则返回 0
feof	int feof(FILE *fp);	检查文件是否结束	遇文件结束返回非 0，否则返回 0
fgetc	int fgetc(FIEL *fp);	从 fp 所指的文件中取得下一个字符	若遇文件结束或出错返回 EOF，否则返回所读字符
fgets	char *fgets(char *buf, int n, FILE *fp);	从 fp 所指的文件中读取一个字符个数不超过 n-1 的字符串，将其存入 buf 所指存储区域	返回 buf 所指存储区域的首地址，若遇文件结束或出错返回 NULL
fopen	FILE *fopen(char *filename, char *mode);	以 mode 指定的方式打开名为 filename 的文件	成功，返回文件指针（文件信息区的起始地址），否则返回 NULL
fprintf	int fprintf(FILE *fp, char *format, args, ...);	把 args，…的值以 format 指定的格式输出到 fp 所指定的文件中	成功返回实际输出的字符数出错返回一个负值
fputc	int fputc(char ch, FILE *fp);	把 ch 中字符输出到 fp 所指文件	成功返回该字符，否则返回 EOF
fputs	int fputs(char *str, FILE * fp);	把 str 所指字符串输出到 fp 所指的文件	成功返回非负值，否则返回 EOF
fread	int fread(char *pt, unsigned size, unsigned n, FILE *fp);	从 fp 所指文件中读取长度为 size 的 n 个数据项存到 pt 所指文件中	返回读取的数据项个数
fscanf	int fscanf(FILE *fp, char *format, args, ...);	从 fp 所指定的文件中按 format 指定的格式把输入数据存入到 args，…所指的内存单元中 (args,…是指针)	成功返回已输入的数据个数，遇文件结束或出错返回 EOF
fseek	int fseek(FILE *fp, long offer, int base);	将 fp 所指文件的位置指针移到以 base 所指出的位置为基准、以 offer 为位移量的位置	成功返回当前位置，否则返回非 0 值
ftell	long ftell(FILE *fp);	求出 fp 所指文件当前的读写位置	成功返回读写位置，出错返回 -1L

（续）

函数名	函数原型说明	功　能	返回值
fwrite	int fwrite(char pt, unsigned size, unsigned n, FILE *fp);	把 pt 所指向的 n*size 个字节输出到 fp 所指文件中	成功返回输出的数据项个数，出错返回小于 n 的值
getc	int getc(FILE *fp);	从 fp 所指文件中读取一个字符	成功返回所读字符，若出错或文件结束返回 EOF
getchar	int getchar(void);	从标准输入设备读取下一个字符	成功返回所读字符，若出错或文件结束返回 −1
gets	char *gets(char *s)	从标准输入设备读取一个字符串，并把末尾的换行符替换为字符 '\0'，输入的字符串存放到 s 所指的存储区域中	返回 s 所指存储区域的首地址。若发生错误，则返回 NULL
printf	int printf(char *format, args, ...);	把 args，…的值以 format 指定的格式输出到标准输出设备	成功返回输出字符的个数，出错返回一个负值
putc	int putc(int ch，FILE *fp);	同 fputc	同 fputc
putchar	int putchar(char ch);	把 ch 输出到标准输出设备	返回输出的字符，若出错，返回 EOF
puts	int puts(char *str);	把 str 所指字符串输出到标准输出设备，将 '\0' 转换成回车换行符	返回一个非负值，若出错，返回 EOF
rename	int rename(char *oldname, char *newname);	把 oldname 所指文件名改为 newname 所指文件名	成功返回 0，出错返回 −1
rewind	void rewind（FILE *fp);	将文件位置指针置于文件开头	无
scanf	int scanf(char *format, args, ...);	从标准输入设备按 format 指定的格式把输入数据存入到 args，…所指的内存单元中 (args，…是指针)	成功返回已输入的数据个数，遇文件结束或出错返回 EOF

E.5　其他实用函数

调用本项目下的函数时，要求在源文件中包含头文件"stdlib.h"。

函数名	函数原型说明	功　能	返回值
calloc	void *calloc(unsigned n, unsigned size);	分配 n 个数据项的内存空间，每个数据项的大小为 size 个字节	返回所分配内存空间的起始地址，如不成功返回 0
free	void free(void *p);	释放 p 所指的内存空间	无
malloc	void *malloc(unsigned size);	分配 size 个字节的存储空间	返回所分配内存空间的起始地址，如不成功返回 0
realloc	void *realloc(void *p, unsigned size);	把 p 所指内存空间的大小改为 size 个字节	返回新分配内存空间的地址，如不成功返回 0
rand	int rand（void）;	产生 0 到 32767 随机整数	返回一个随机整数
exit	void exit(int status);	使程序正常终止执行，status 的值为 0 表示终止成功	无

习题参考答案

第 1 章

二、选择题
1. A   **2.** B

三、填空题
1. 源   目标   可执行
2. c   .obj   .exe

第 2 章

一、计算题
1. 95.5   **2.** 10.5   **3.** −9.0   **4.** 99   **5.** 105   **6.** 102   **7.** 4.0
8. −34   **9.** 12   **10.** 15.0   **11.** 5.0   **12.** 0.5   **13.** 3   **14.** 2

二、选择题
1. B   **2.** B   **3.** A   **4.** C   **5.** B   **6.** D

三、阅读程序题
1. This □□□□ is □□□□□□ C □□□□□□ program.
2. *ABCDEF*\

第 3 章

一、选择题
1. C   **2.** D   **3.** B   **4.** B

二、完善程序题
1. %lf%lf   &x,&y

2. stdio.h   str

3. double 或 float
   "s1=%c, ASCII is %d\n x=%.2f,y=%.2f"   或   "s1=%c, ASCII is %d\n x=%6.2f, y=%6.2f"

4. &a,&b   a=%d, b='%c',c='%c' 或 &a,&b,a=%d,b=\'%c\',c=\'%c\'

三、阅读程序题

1. （1）i=19　　j=12

（2）x=3.14　　y=1.53e+002

（3）*　　*　　*

（4）Hello　　Hel　　He

2. str=A,ASCII=65

str=B,ASCII=66

四、程序改错题

1. scanf("%5.2f, %5.2f" ,&x,&y);　　　改为：scanf("%f, %f" ,&x,&y);

printf("z=%5.2f",&z);　　　　　　改为：printf("z=%5.2f",z);

2. short int x=7654123;　　　　　　改为：long　x=7654123;

printf("x=%d, x);　　　　　　　改为：printf("x=%ld",x); 或：

short int x=7654123;　　　　　　改为：int　x=7654123;

printf("x=%d, x);　　　　　　　改为：printf("x=%d", x);

3. float c1=67;　　　　　　　　　改为：int　c1=67;　或 char　c1=67;

printf("c1=%d,c2=%d",&c1,&c2);　　改为：printf("c1=%d,c2=%d",c1,c2);

第 4 章

一、判断题

1. N　　**2.** N　　**3.** N　　**4.** N　　**5.** Y　　**6.** N

二、选择题

1. D　　**2.** A　　**3.** B　　**4.** C　　**5.** C　　**6.** C

三、完善程序题

1. x<0　　　x>=0&&x<=1

2. t/3　　　d/100.0 或 (float) d/100

3. #include<math.h>　　　sqrt(x);

四、阅读程序题

1. x=10

2. 0, 6, 0

3. ***

第 5 章

一、判断题

1. Y　　**2.** N　　**3.** N　　**4.** N　　**5.** Y　　**6.** Y　　**7.** Y　　**8.** Y

二、选择题

1. D　　**2.** B　　**3.** B　　**4.** D　　**5.** C　　**6.** A　　**7.** C

三、完善程序题

1. &n　　　1.0/y　　　**2.** 20　　　5*i　　　**3.** n　　　n　　　**4.** 100　　　&&　　　**5.** 10　　　pi　　　**6.** continue　　　d

四、阅读程序题

1. 0　　　**2.** −15　　　**3.** The number is 2　　　**4.** *******　　　**5.** m=1　　　n=2

*****　　　m=2　　　n=4

```
                          ***
                           *
                          ***
                         *****
                        *******
```

第6章

一、判断题

1. N　　**2.** N　　**3.** N　　**4.** Y　　**5.** Y　　**6.** N　　**7.** Y　　**8.** N

二、选择题

1. A　　**2.** C　　**3.** D　　**4.** B　　**5.** D　　**6.** B　　**7.** A　　**8.** C

三、完善程序题

1. '\0'　　　　　　　str1[i] − str2[i] 或 str2[i] − str1[i]

2. j < 3　　　　　　 i + j

3. i < 3　　　　　　 b[i][j]

4. max　　　　　　　max = s[i][j]

5. &a[i]　　　　　　 a[i]

6. (int)sqrt(m)　　　2

7. i−−　　　n

8. &a[i][j]　　　　　i == 0 || j == 0

四、阅读程序题

1. QuickC

2. 0　　　1　　　2

　　1　　　2　　　3

3. 12

4. 101

　　010

　　101

5. XYZ678

6. 4　　　3　　　2　　　1　　　0

　　9　　　8　　　7　　　6　　　5

7. −8

8. 4

第7章

一、判断题

1. N　　**2.** Y　　**3.** N　　**4.** Y　　**5.** N　　**6.** N　　**7.** Y

二、选择题

1. A　　**2.** B　　**3.** C　　**4.** C　　**5.** D　　**6.** A　　**7.** B　　**8.** D

三、完善程序题

1. str[i++]=str2[j]　　　str[i]= '\0'

2. length++　　　str, 3, 4

3. i<=y　　　z*x

4. sum=1　　　sum*i

四、阅读程序题

1. 8　　9　　8　　8

2. 201　　21，202　　22，203　　23

3. x=20, x=10

4. Howareyou

5. 7

第 8 章

一、判断题

1. N　　**2.** Y　　**3.** Y　　**4.** Y　　**5.** Y

二、选择题

1. C　　**2.** C　　**3.** A　　**4.** D　　**5.** B　　**6.** C

三、阅读程序题

1. 11

2. 6.15　　11.90

3. max=4, average=3

第 9 章

一、判断题

1. Y　　**2.** N　　**3.** N　　**4.** Y　　**5.** Y　　**6.** Y　　**7.** Y　　**8.** Y

二、选择题

1. A　　**2.** B　　**3.** A　　**4.** D　　**5.** D　　**6.** D　　**7.** D

三、完善程序题

1. s1　　s2　　**2.** s　　n　　**3.** s　　"　　**4.** i　　N-1-i　　**5.** i=0　　0

6. stdlib.h　　calloc　　　**7.** 1　　--（或 =argc-1）

四、阅读程序题

1. x=4　　y=36

2. 12108642

3. 8　6　4　2

　　3　1　12　10

　　11　9　7　5

4. 27

5. 3　2　2

　　8　8　7

　　2　2

　　8　3

6. ---yesterday, today, and tomorrow

7. 9　6　2

8. nvr

第 10 章

一、判断题
1. Y　　**2.** N　　**3.** Y　　**4.** N　　**5.** Y

二、选择题
1. D　　**2.** D　　**3.** C　　**4.** B

三、阅读程序题
1. 10　　**2.** Wu　　**3.** 20,x　　**4.** −7, −1　　**5.** DDBBCC

第 11 章

一、判断题
1. Y　　**2.** N　　**3.** Y　　**4.** Y　　**5.** N　　**6.** Y　　**7.** N　　**8.** Y

二、选择题
1. D　　**2.** B　　**3.** A　　**4.** C　　**5.** B　　**6.** A　　**7.** A　　**8.** C

三、完善程序题
1. (feof(fp) == 0) 或 (!feof(fp))　　　　fclose(fp)

2. fopen(filename, "w")　　　　ch

3. 3　　　　feof(fp) == 0 或 !feof(fp)

4. "D:\\data.txt", "w"　　　　"%5d\n"

5. FILE *p1, *p2, *p3;　　　　fgetc(p2)) != EOF

6. (feof(fp) == 0) 或 (!feof(fp))　　　　n++;

四、阅读程序题
1. cFD45

2. count=13

3. C language

4. ABCD5678

5. Your score of C Language:98
　　That's a good news

6. 1 2 3 4 5 6
　　6 5 4 3 2 1

参 考 文 献

[1] 谭浩强. C 程序设计 [M]. 4 版. 北京：清华大学出版社，2010.

[2] 牛连强，王溪波，贾凤英. C 语言程序设计笔试习题点津 [M]. 大连：大连理工大学出版社，
2002.

[3] 李春葆. C 程序设计教程 [M]. 北京：清华大学出版社，2003.

[4] 李俊杰. C 语言复习指导与题解 [M]. 北京：清华大学出版社，2003.

[5] 郑莉. C++ 语言程序设计 [M]. 北京：清华大学出版社，2001.

[6] 张富. C 及 C++ 程序设计（修订本）[M]. 北京：人民邮电出版社，2005.

[7] 何钦铭，颜晖. C 语言程序设计 [M]. 北京：高等教育出版社，2008.

[8] 郭旭文，郭斌，等. C 语言程序设计与项目实践 [M]. 北京：电子工业出版社，2011.

[9] 苏小红，孙至岗，等. C 语言大学使用教程 [M]. 北京：电子工业出版社，2012.

[10] 冼国庆，等. C 语言开发修行实录 [M]. 北京：电子工业出版社，2011.

[11] 全国计算机等级考试教材编写组. 全国计算机等级考试教程：C 语言 [M]. 北京：人民邮电
出版社，2013.

[12] 朱鸣华，刘旭麟，杨微，等. C 语言程序设计教程 [M]. 3 版. 北京：机械工业出版社，
2013.